建筑应用创新大奖
获奖工程技术成果汇编

（2020—2021年度）

建筑应用创新大奖组委会　**组织编写**

中国建筑工业出版社

图书在版编目（CIP）数据

建筑应用创新大奖获奖工程技术成果汇编：2020—
2021年度 / 建筑应用创新大奖组委会组织编写. —北京：
中国建筑工业出版社，2022.10
ISBN 978-7-112-27886-2

Ⅰ. ①建… Ⅱ. ①建… Ⅲ. ①建筑设计–作品集–中
国–现代 Ⅳ. ①TU206

中国版本图书馆CIP数据核字（2022）第166593号

为扩大宣传，促进交流，建筑应用创新大奖组委会组织编写了《建筑应用创
新大奖获奖工程技术成果汇编（2020—2021年度）》，对第一届近80项获奖工程
技术成果做了介绍,图书侧重总结项目中关键技术的研究和应用、科技创新成果展示，
并辅以直观的项目实图，以便读者更为准确地了解先进的工艺、工法。

责任编辑：葛又畅 李 慧
责任校对：孙 莹

建筑应用创新大奖
获奖工程技术成果汇编
（2020—2021年度）
建筑应用创新大奖组委会 组织编写

*

中国建筑工业出版社出版、发行（北京海淀三里河路9号）
各地新华书店、建筑书店经销
北京鸿文瀚海文化传媒有限公司制版
北京云浩印刷有限责任公司印刷

*

开本：850毫米×1168毫米 1/16 印张：$21\frac{1}{4}$ 字数：496千字
2022年10月第一版 2022年10月第一次印刷
定价：**148.00**元
ISBN 978-7-112-27886-2
（40042）

建筑应用创新大奖（2020—2021年度）评审委员会

轮值主席：
庄惟敏

主席团：
庄惟敏　毛志兵　杜修力　刘加平　吴　晞　侯建群
曾令荣　李　兵　武发德　王　蕴　肖　力　陈　璐

综合创新类
主　任：毛志兵
副主任：王清勤　方东平　周文连　胡德均

单项创新类
主　任：吴　晞
副主任：薛　刚　梁　军　侯建群　蒋　荃　王　越

监察委员会：
赵福明　李静华　苏晨辉

本书编委会

主编单位：
国家建筑材料展贸中心

顾　问：庄惟敏　毛志兵
主　任：屈交胜
副主任：杨　勇　刘泽宇　曹海全
主　编：刘秀明
副主编：任　娜　王柏淞
设　计：赵金辉

支持单位：
中国土木工程学会总工程师工作委员会
中国建筑科学研究院有限公司
清华大学
中国建筑标准设计研究院有限公司
中国建筑材料工业规划研究院

前 言

2020年10月29日，中国共产党第十九届中央委员会第五次全体会议审议通过了《中央关于制定国民经济和社会发展第十四个五年规划和二〇三五年远景目标的建议》。"十四五"规划明确提出了"坚持创新驱动发展　全面塑造发展新优势""完善科技创新体制机制""提升企业技术创新能力，推动产业链上中下游、大中小企业融通创新""推动生产性服务业融合化发展"。同时"落实2030年应对气候变化国家自主贡献目标，制定2030年前碳排放达峰行动方案"。"锚定努力争取2060年前实现碳中和，采取更加有力的政策和措施。"

"建筑应用创新大奖"是中共中央办公厅、国务院办公厅审核批准的全国评比达标表彰保留项目（全国评比达标表彰工作协调小组办公室2015年8月颁布），"建筑应用创新大奖"（2020—2021年度）评审方案获得了国家人力资源和社会保障部审核和备案。

国家建筑材料展贸中心以"建筑应用创新引领建筑、建材行业融通创新、融合发展新时代"为主题，举办"建筑应用创新大奖"（2020—2021年度）评比表彰活动，旨在贯彻和落实国家"十四五"发展规划和"碳达峰、碳中和"双碳目标，打造建筑、建材行业融通创新、融合发展的创新服务平台。这也是主办单位国家建筑材料展贸中心作为国家级事业单位公益性属性的体现。

"建筑应用创新大奖"（2020—2021年度）经过自愿（推荐）申报、资格审查、专业组初审、终评会议评审、大奖组委会审核以及公示等环节，最终有80个优秀项目获得表彰。为表彰先进、树立典型、扩大宣传、促进交流，我们编撰出版《建筑应用创新大奖获奖工程技术成果汇编（2020—2021年度）》，对获奖项目进行了简要介绍，并配用了代表性图片，以便读者更为直观地领略获奖项目之精髓。另外，我们希望借助此集锦的发行，赢得更多建筑、建材领域的行业专家对"建筑应用创新大奖"进一步了解、支持、参与。推动建筑、建材行业不断增强融通创新能力、加快融合发展步伐，不断提升企业竞争力和影响力，助力建筑应用从"制造赋能"向"创新赋能"的转变，为实现双碳目标贡献应有的力量。

在此，向为集锦提供支持的获奖单位、个人以及为作品集的编撰提供指导的领导、专家表示诚挚的感谢。

建筑应用创新大奖组委会

建筑应用创新大奖简介

宣传片

　　"建筑应用创新大奖"（Architectural Application Innovation Award）是经中共中央办公厅、国务院办公厅审核批准的全国评比达标表彰保留项目，名列中央国家机关保留项目第380项（详见《全国评比达标表彰保留项目目录》，全国评比达标表彰工作协调小组办公室2015年8月颁布），与"鲁班奖""詹天佑奖""国家优质工程奖""广厦奖""梁思成建筑奖""中国建筑工程装饰奖"等同在一个目录。

　　建筑应用创新大奖创建于2006年9月，"第十二届亚洲建筑师大会"及"2006亚洲建筑展"在北京胜利召开，为了促进建筑与建材两大行业的互动交流，提高我国建筑业和建材业的整体创新水平，国家建筑材料展贸中心和中国建筑学会共同发起了"2006中国建筑应用创新大奖"评选活动。作为国家级公益性评比表彰活动，因其公开、公平、公正和专业性而备受建筑施工、建材生产、建筑设计、设备设施、运营管理等企业及科研院所、高等院校的青睐与认可，最终被保留在《全国评比达标表彰保留项目目录》，大奖的名称最终核定为"建筑应用创新大奖"（以下简称"大奖"）。作为国务院国有资产监督管理委员会直属事业单位的国家建筑材料展贸中心（以下简称"中心"）成为大奖的主办单位。

　　中心以"建筑应用创新引领行业融通创新　融合发展新时代"为主题，举办大奖评比表彰活动，旨在深入贯彻和落实国家"十四五"规划和双碳目标，坚持创新驱动发展，推动绿色低碳发展，全面塑造发展新优势；"建筑应用创新大奖"是建筑、建材行业融通创新、融合发展的创新服务平台。

　　为做好大奖的评审组织工作，中心特成立了建筑应用创新大奖组委会，常设评审管理办公室，并组织了建筑、建材行业等企业，以及科研院所、高等院校具有高级技术职称的行业专家成立了专家委员会；同时邀请了清华大学、中国建筑科学研究院有限公司、中国建筑标准研究设计院有限公司、中国建筑材料科学研究总院等机构知名专家成立了评审委员会；另外聘请了中国建筑业协会、中国土木工程学会、中国勘察设计协会的专家成立了监察委员会，保证了大奖的公开、公平、公正、合规、权威。

　　大奖的参评对象主要为在建筑工程中有应用创新的建筑施工、建材生产、建筑设计、设备设施、BIM及信息应用、运营管理等企业及科研院所、高等院校或个人，鼓励产、学、研、用协同创新、联合申报。

大奖的参评范围是应用在工程项目中的新材料、新技术、新工艺、新设备、BIM及信息应用、运营管理等单项创新成果，以及上述多项创新应用于同一项目的综合应用。

大奖的参评要求主要包含以下几点：

1. 坚持以习近平新时代中国特色社会主义思想为指导，贯彻、落实党的方针和政策，增强"四个意识"、坚定"四个自信"、做到"两个维护"。

2. 符合国家相关法律法规和工程建设强制性标准规范。

3. 贯彻"适用、经济、绿色、美观"的建筑方针，突出建筑使用基础功能，推动"双碳"目标的落实。

4. 注重整体创新、管理创新、设计创新、施工创新、技术创新、材料创新、工艺创新、智能建造、运营创新等，居国际、国内同行领先水平，且应用恰当、合理，并有效推动工程项目高质量完成。

5. 在经济效益、环境效益、社会责任等方面具有行业引领性，且无质量、信用等问题，拥有良好业内评价和市场认知度。

6. 项目竣工验收合格满一年（国家重点、重大工程等除外）。

7. 申报同类别（综合类和单项类）项目不得超过二个，单项类以品类申报总数之和为准。

8. 两个或两个以上单位共同完成的项目，由项目主持单位或第一完成单位与其他完成单位协商一致后申报。

大奖坚持采取自愿报名、行业组织推荐、专家组提名、省市科协推荐等参评方式，参评单位登录建筑应用创新大奖官网（www.cbmea.com），点击"报名/登录"进入申报系统注册，填写申报资料。

大奖评审过程包含报名组织、资格预审、初评入围、入围公示、现场复核、大奖终评、获奖公示7个阶段。

根据中共中央办公厅、国务院办公厅印发的《评比达标表彰活动管理办法》（中办发〔2018〕69号)以及《全国评比达标表彰保留项目目录》规定，大奖每两年评选一届，每届表彰数量为80个。对获奖单位统一授予"建筑应用创新大奖"奖杯及证书，不设金、银、铜奖，也不设一、二、三等奖。

目 录

» 综合应用创新类

》 单项应用创新类

装配式建筑应用创新类

建筑材料应用创新类

建筑部品部件应用创新类

综合应用
创新类

成都大魔方演艺中心项目

完成单位：中国五冶集团有限公司、四川大学

完 成 人：谭启厚、周桐、李永帅、葛琪、叶小斌、高长玲、周斌、刘志华、姚平、程旭

一、项目背景

本项目以成都大魔方演艺中心项目为依托，通过对大型场馆建造关键技术进行了科研攻关和工程实践，解决了施工支撑工作平台快速周转、预应力大跨钢屋盖整体提升与卸载和封闭受限空间内构件运输难题，建立了装配式模块化的一体化施工工作平台、大跨度预应力空间钢桁架整体提升与分阶段同步等比卸载技术和封闭受限空间内预制部件快速运输技术，实现了集重型大跨度外挑混凝土结构模板支撑、外倾曲面幕墙安装及安全防护一体化施工，复杂预应力钢桁架屋盖快速提升与安全卸载，封闭受限空间内高差大、作业面广预制构件的轻量化快速运输及安装。

二、科学技术创新

借助数字化、信息化技术迅速发展，结合应用技术创新，对大型场馆建造中的施工支撑及工作平台、屋盖提升与卸载和封闭受限空间内预制构件运输等关键技术进行了研究，取得了以下创新成果：

创新1. 形成了集重型外挑混凝土结构模板支撑、自由曲面幕墙安装及安全防护一体化的施工技术

（1）研发了装配式、标准化、模块化的一体化工作平台，实现平台快速安装、拆卸和重组，满足快速搭建、周转不同施工场地的需求。详见图1。

一体化工作平台　　　　　　　　工作平台局部　　　　　　　　模块化单元拆分

图1　装配式、标准化、模块化的一体化工作平台

（2）研发了一体化工作平台滑移系统，快捷满足其他项目施工。详见图2。

（3）基于BIM技术研制了定型模板系统，实现混凝土结构施工准确定位；给未形成受力体系提供足够支撑；提升模板安拆效率和周转率。详见图3。

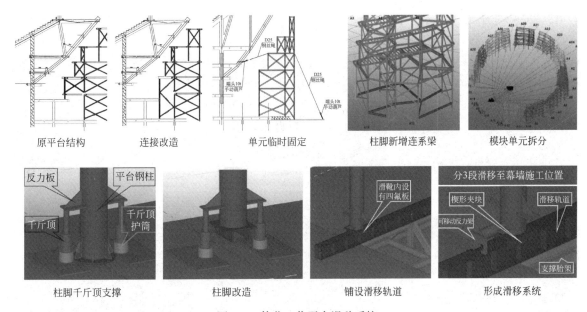

原平台结构　　连接改造　　单元临时固定　　柱脚新增连系梁　　模块单元拆分

柱脚千斤顶支撑　　柱脚改造　　铺设滑移轨道　　形成滑移系统

图 2　一体化工作平台滑移系统

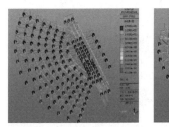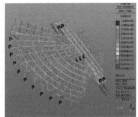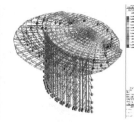

钢模BIM建模　　定形钢模加工　　支撑平台与钢模结合　　重型悬挑柱成形效果

图 3　基于 BIM 技术研制定型模板系统

创新2. 提出了大跨度预应力空间钢桁架整体提升与分阶段同步等比卸载技术，实现了复杂预应力桁架钢屋盖快速提升与安全卸载

（1）建立了复杂钢结构施工全过程分析模拟技术，详见图4。

建立了大跨预应力钢桁架屋盖提升、卸载、成型施工全过程分析模拟技术，实现了屋架脱离胎架—提升—张拉—卸载全过程结构内力和位形时变连续模拟。

胎架边界及50%预应力　　提升边界及全部预应力　　屋盖提升对接完成　　复杂桁架节点应力

图 4　钢结构施工全过程应力分析

（2）提出了屋盖整体提升条件下预应力分级张拉控制技术，详见图5。

实现对不同边界的模拟分析；选出了相对有利的五种工况进行分阶段张拉和提升，确保了提升与分级张拉协同施工安全可控。

| 胎架上张拉至50%预应力 | 50%预应力后试提升150mm | 试提升后张拉至100%预应力 |
| 整体提升和位移监控 | 进行主桁架钢管对口 | 屋盖其他部分吊运施工 |

图 5　预应力钢屋盖提升施工工艺流程

（3）研发了基于计算机控制的分阶段同步等比卸载技术，详见图6。

消除施工过程中各千斤顶的上、下降偏差等因素影响；对结构与支撑架之间接触—脱离—再接触等作用精确分析；采用整体卸载、分步、分级循环释放的卸载方法，提升到卸载结构体系平稳安全转换。

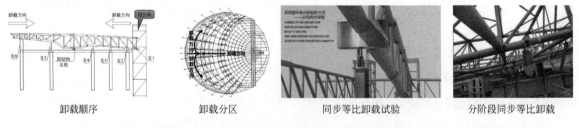

| 卸载顺序 | 卸载分区 | 同步等比卸载试验 | 分阶段同步等比卸载 |

图 6　基于计算机控制的分阶段同步等比卸载技术

（4）实现了桁架屋盖无换杆快速安装固定技术，详见图7。

通过吊点设计，增加支撑及联系杆件，实现无换杆安装就位。通过C形提升支撑架设计，可快速将液压千斤顶受力转换至可靠临时支撑结构上，有效防止了屋盖桁架长时间对接引起的安全风险。

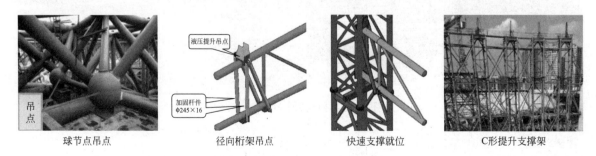

| 球节点吊点 | 径向桁架吊点 | 快速支撑就位 | C形提升支撑架 |

图 7　桁架屋盖无换杆快速安装固定技术

创新3. 研发了封闭受限空间内预制部件快速运输技术，解决了封闭室内空间大型预制部件的快速运输及安装难题

（1）研发了附着式轻型缆索吊系统，详见图8。

利用屋盖的自身承载裕度作为缆索吊系统的支撑，缆索吊的承重索、起重索及牵引索架设在桁架节点上形成绳索系统；对卷扬机进行模块集成设计形成总成机具；以卷扬机作为起重和牵引动力对卷扬机进行容绳量扩充；通过摆动滑轮导向作用解决了绳索防缠绕难题；研发了起重绳内力消减装置；通过附着式轻型缆索吊系统设计，解决受限空间内构件垂直和径向快速运输难题。

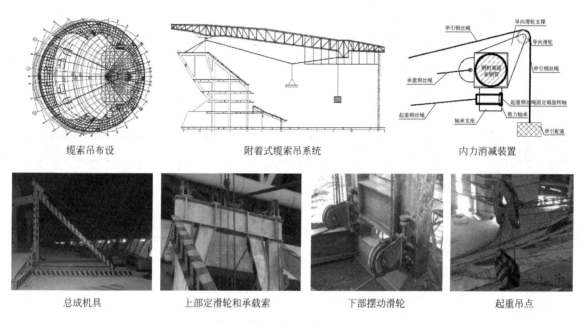

缆索吊布设　　　　附着式缆索吊系统　　　　内力消减装置

总成机具　　　上部定滑轮和承载索　　　下部摆动滑轮　　　起重吊点

图8　附着式轻型缆索吊系统

（2）研制了轻型水平运输及门架安装装置，详见图9。

研制了环向轻型运输及安装装置，完成预制构件的准确就位安装。

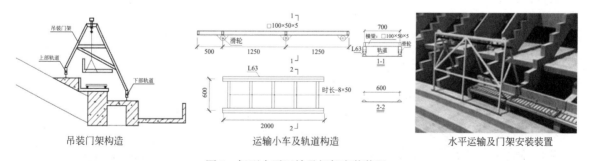

吊装门架构造　　　运输小车及轨道构造　　　水平运输及门架安装装置

图9　轻型水平运输及门架安装装置

三、健康环保

（1）一体化施工平台采用标准化的构件形成装配式模块单元，实现了材料的可循环、可回收利用。

（2）项目采用变风量空调、空调冰蓄冷系统、节能灯、可调灯和自动监控系统等节能机电设备。

（3）在楼栋内楼梯间设有建渣垃圾回收系统，可加工成砌体顶部滚砖、地沟盖板、混凝土砌块等。

（4）现场设有循环水系统，通过收集雨水并净化，用于车辆冲洗、厕所清洁、绿化用水等，节约了水资源。

四、综合效益

1. 经济效益

共计节约1634.6万元。其中通过一体化工作平台等节约643万元；通过大跨度预应力空间钢桁架等节约956.6万元；通过封闭受限空间内预制部件快速运输安装技术等节约共计26万元。

2. 工艺技术指标（表1）

工艺技术指标　　　　　　　　　　　　　　　　　　　　　　　　表1

对比指标	国内外先进技术	本项目技术参数	实施效果
成果一：一体化施工工作平台			
用钢量	钢管脚手架：21kg/m³	13.20kg/m³	减少37.1%
成本（按360天）	钢管脚手架：4648元/t	周转6次均摊2000元/t	费用减少57.0%
节点数（个/100m³）	钢管脚手架：463	1.4	节点减少99.7%
安全稳定性分析	强度分析，并按构造要求设置	对平台的强度和稳定性分析	实现强度与稳定性的全面分析
功能集成服务	不同阶段需大面积改造，成本高，隐患大	局部拆分，快速平移	一体化多功能施工平台
成果二：大跨度预应力空间钢桁架整体提升和卸载技术			
提升阶段模拟	针对特定阶段和部位建立的计算分析	充分考虑边界和荷载时变建立的计算分析	真实反映时空演变和复杂边界条件
卸载阶段模拟	采用支座位移法模拟	运用约束方程法模拟	真实模拟千斤顶复杂运动关系
预应力张拉阶段模拟	针对特定阶段和部位施加张拉力分析	形成全过程分析的无缝连接	弥补复杂边界条件转换的计算缺陷
成果三：封闭受限空间内预制部件快速运输安装技术			
运输效率	根据不同吊装工况，定制不同系统	实现室内空间全覆盖运输与安装	效率高、运输全覆盖
经济性	包含承重结构体系和传输系统	以结构自身承载裕度作承重体系	实现措施轻量化、经济性好
设备灵活性	特定工况一次性投入	集成设计，灵活机动	周转快，使用灵活

3. 社会效益

该场馆成为地标性建筑，获得国资委、人民网等众多报道，获国家优质工程奖，并成为产学研项目。

洛阳市隋唐洛阳城应天门遗址保护展示工程 + 大跨度遗址保护展示工程绿色建造技术

完成单位：河南六建建筑集团有限公司、清华大学建筑设计研究院有限公司、金星铜集团
有限公司

完 成 人：金跃山、王贤武、刘五军、宋福立、徐珂、田建勇、周海亮、朱帅奇、罗彦海、
杨喜宝

一、项目背景

本项目以隋唐洛阳城应天门遗址保护展示工程项目为依托，联合设计单位清华大学建筑设
计研究院、金星铜集团等，通过科研攻关和工程实践，研究出斜向大跨度钢框架体系的关键建
造技术，建立了仿古建筑铜木装饰构件的装配式建造关键技术。

二、科学技术创新

创新1. 大遗址保护建筑设计理念创新

在文物发掘和历史文化研究后，确定建筑物各建筑形制尺寸和色彩搭配，运用现代建筑技
术和材料进行选型，并采用大跨度结构技术跨越遗址，以免对遗址造成损坏，做到保护与展示
并举。详见图1、图2。

图 1　应天门遗址鸟瞰　　　　　　图 2　西阙遗址考古现场

创新2. 大跨度结构跨越遗址区不落地基础体系创新

采用了柱脚预应力刚性拉杆 + 斜柱支撑 + 空间转换桁架构建自平衡结构跨越遗址区结构体系
创新，箱形斜柱与空间桁架层的转换节点采用了刚度较大的铸钢节点。详见图3、图4。

创新3. 空间桁架钢结构与混凝土斜墙组合结构整体抗震关键技术创新

通过设计将建筑造型化为规则，最终结构指标优于钢结构，提高了结构整体抗扭和抗震性
能。详见图5。

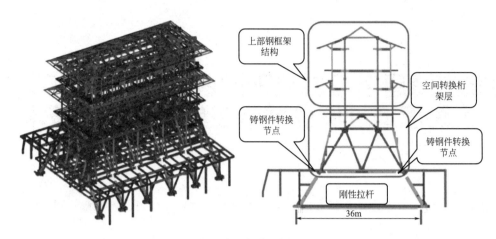

图3　应天门典型剖面图

图4　应天门跨越遗址预应力顶管平衡结构体系三维示意图

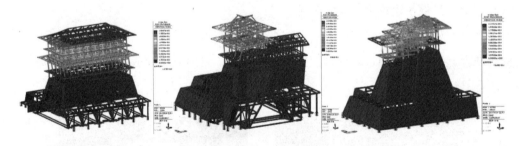

图5　城楼、飞廊＋朵楼＋连廊、阙楼第一周期模态

创新4. 预应力顶管梁施工技术

在混凝土顶管施工作业中引入全站仪测量技术，设置定位滑靴，保证钢顶管在混凝土管内的定位；通过研发钢绞线定位支架和引线牵引装置，解决预应力钢绞线穿束、穿束钢绞线缠绕和钢绞线外保护套损坏问题；通过Midas模拟分析，科学解决控制预应力分阶段平衡上部结构自重产生的水平推力问题。详见图6。

创新5. 遗址区大跨度钢结构制造与安装技术

应用CAD和BIM三维建模方法进行仿古建筑钢结构的二次设计和优化设计，并采用Tekla Structures进行三维建模与深化。详见图7。

创新6. 复杂节点实体有限元分析与铸钢件应用技术创新

利用ANSYS有限元分析技术解决多杆交汇节点深化设计问题，保证结构的安全。详见图8、图9。

图 6 非开挖基础预应力顶管梁施工

图 7 应天门典型节点三维示意图

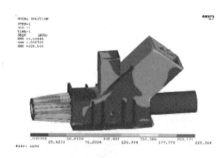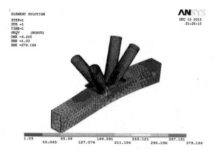

图 8 柱脚节点位移云图　　　　　图 9 装换层桁架节点应力云图

创新 7. 大跨度结构有限元施工分析与应力应变监控技术

在基础顶管梁内布置振弦式应变计，在上部钢结构中布置应变计，保证施工过程的安全。详见图 10。

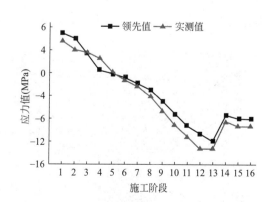

结构施工阶段应力图　　　　　　　随施工阶段监测点应力值变化

图 10 框架斜柱施工阶段应力变化

创新8. 钢木结合施工技术创新

运用BIM三维放样设计确认后下料加工，木结构采用俄罗斯樟子松防腐木，增加使用年限和耐久性，成本更为经济。木材高温定性防腐、免腻子处理工艺及油漆材料改用汽车普通漆，提高木构件的防腐性能、漆面耐久性。详见图11。

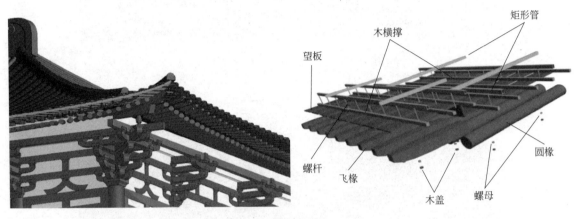

图 11　仿古木结构 BIM 模型

创新9. 多屋脊铜质金属屋面系统施工技术创新

屋面系统设计为基层花纹钢板、面层铜瓦铜装饰的瓦屋面，金属铜瓦由不锈钢龙骨固定于钢结构屋面，龙骨之间填充岩棉保温形成屋面系统。详见图12、图13。

图 12　仿古铜瓦屋面俯视图　　　　　图 13　仿古铜瓦屋面

创新10. 仿古建筑装配式铜质部品构件装饰装修施工技术创新

斗栱、柱、枋等古建结构构件，门、窗、栏杆等古建功能性构件均采用装配式铜质构件，在满足设计历史考究、尊重历史的前提下，减轻结构自重，增加其耐久性。详见图14、图15。

图 14　室外环廊仿古铜装效果　　　　　图 15　室内仿古铜装平棊吊顶效果

创新11.大型仿古城墙施工技术创新

城墙砖与浮雕内部留暗缝可变形伸缩，青石台明和浮雕均采用石材干挂工艺，城墙采用斜墙平砌的方法，为减少仿古城墙对结构的不利影响，仿古城墙砖荷载分区分级卸载通过挑檐传递至主体结构。

三、健康环保

主体结构采用钢大跨度结构，柱、斗拱等外装修采用铜板，室内装修采用铜皮包柱、铜艺斗拱和铜艺天花吊顶等，钢构件和铜制构件均采用计算机控制切割技术，各构件在现场铆接设计中充分考虑使用者的心理特征和行为方式，营造多层次的展示环境，创造多境界的景观，满足人们多样的心理需求。

四、综合效益

1. 经济效益

高强度厚板焊接工艺提高一次性成功率，合格率提升15%。节省焊材使用量和人工，节省约100万元；装配式铜构件施工工艺提高效率、质量，节省约80万元；仿古木椽特殊防腐工艺提高耐久性，节省约80万元。

2. 工艺技术指标（表1）

工艺技术指标 表1

序号	工艺标准	控制指标
1	混凝土顶管中线测量偏差	轴线位置3mm，高程0 ~ +3mm
2	混凝土顶管接头处偏差	接头处偏差 ±3mm
3	仿古木椽含水率控制	热处理完成后含水率在10%内
4	仿古木椽漆膜厚度控制	漆膜总厚度不宜小于150μm
5	仿古木椽钢骨架安装定位偏差	定位偏差 ±10mm
6	桩顶水平位移	桩顶水平位移不超过 ±2mm
7	城墙仿古砖砌体平整度	平整度5mm
8	铜装饰栏杆纵横向弯曲度	弯曲度3mm
9	铜装饰包柱垂直度	垂直度3mm

3. 社会效益

本科技成果由河南六建建筑集团有限公司自主研发，从设计到施工形成一套完整的大跨度遗址保护展示工程绿色建造施工技术方法。该工程丰富了隋唐洛阳城的文化底蕴，它使文物古迹得到保护，是打造洛阳国际文化旅游名城、传承中华文明的重要举措。央视戏曲晚会和中秋晚会曾在隋唐洛阳城应天门遗址保护展示工程北广场举办。

哈尔滨万达文化旅游城产业综合体
——万达茂工程

完成单位：中国建筑第二工程局有限公司、北京市建筑设计研究院有限公司、北京维拓时
代建筑设计有限公司、铭星冰雪（北京）科技有限公司、天津大学、中建二局
第四建筑工程有限公司、江苏沪宁钢机股份有限公司、浙江精工钢结构集团有
限公司、中建二局安装工程有限公司

完 成 人：张志明、王全遽、马立功、薛阳、高飞、王健涛、朱忠义、杨艳红、张琳、
王哲、仇健、李洪求、王广宇、荣彬、胡杭、罗瑞云、董鹏、杨文侠、邓良波、
张运、李志民、宁鑫、杜怡

一、项目背景

本项目以哈尔滨万达文化旅游城产业综合体——万达茂工程为依托，联合科研、设计、施
工等多家单位和多名科研人员，通过科研攻关和工程实践，结合寒地工程实践难点和结构设计
特点，得出高纬度大温差地区大型室内滑雪场关键技术，提升了国内大跨度钢结构、室内滑雪
场、大型综合体的施工水平，解决严寒地区大型室内滑雪场建造难题，建立了严寒地区大型室
内滑雪场关键技术，填补了寒地大型室内冰雪体育建筑设计与施工的空白。

二、科学技术创新

对室内滑雪场雪道以及基于BIM的信息化建造技术进行深入研究和应用，取得了"大倾角
巨型框架结构体系和纵向框架+粘滞阻尼器的支承耗能系统""大倾角巨型框架结构抗震扭转效
应的计算方法和适应于大温差和低温环境的结构设计技术"等7项创新成果，经院士团队鉴定整
体达到国际领先水平。

创新1. 大倾角巨型框架结构体系和"纵向框架+粘滞阻尼器"的支承能耗系统

该结构体系为国内外首创使用，满足大型室内滑雪场对大跨度、大落差、重荷载等因素的
要求，实现了上部钢结构和下部混凝土结构之间的刚度匹配，提高了结构抗震性能。详见图1。

室内滑雪场东区为大倾角巨型框架结构，在西侧南北侧设置两个仅承担竖向荷载的混凝土
筒体，混凝土筒体支承侧面大桁架，南北方向布置楼面次桁架，东西方向布置楼面次梁。在楼
面层上局部布置雪道支承结构，在侧面桁架上布置屋面结构。西区、中区为"纵向框架+粘滞阻
尼器"的支承能耗系统，采用减少超静定约束的设计方案以及纵向框架的结构体系。为提高地
震作用下的耗能性能，在纵向两端柱间设置粘滞阻尼器。详见图2～图4。

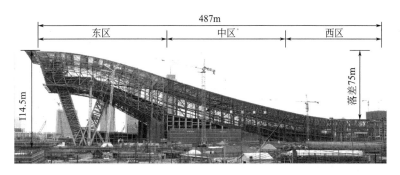

图 1   钢结构立面图

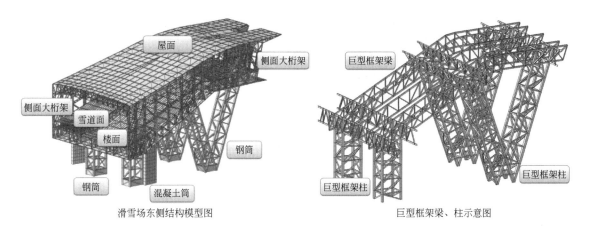

图 2   滑雪场东侧结构体系

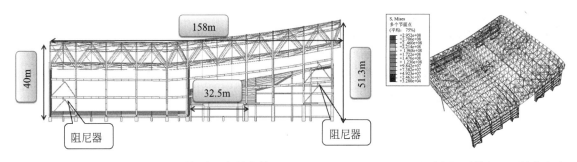

图 3   滑雪场中西侧结构体系

图 4   连续倒塌计算的屋顶结构应力

创新2. 大倾角巨型框架结构抗震扭转效应计算及适应大温差和低温环境的结构设计技术

提出将结构变形与变形处结构高度的比值作为扭转位移比的判断标准，并用反应谱及补充地震时程计算证明该标准可行，填补了理论的空白。详见图5。

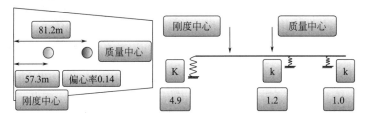

图 5   滑雪场东侧结构水平刚度分布

创新3. 大跨钢结构大倾角带支架滑移技术

提出使用沿滑移方向向下倾斜的轨道，轨道与楼板之间、滑靴与屋盖之间同时设高支架体系，实现国内外首例高空变坡度长距离累积滑移高效施工，达到国际领先水平。详见图6、图7。

图6 滑移轨道

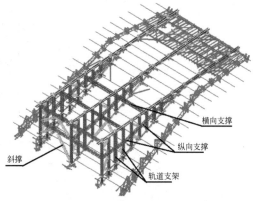

图7 轨道及支撑系统模型图

创新4. 大跨屋盖跨中两点式有约束提升技术

创新研发应用了一种用于约束被提升结构水平晃动的智能控制系统，大幅减小提升架顶端水平荷载，减小提升架弯矩，减小提升架尺寸和规格，以确保施工安全。详见图8、图9。

图8 门式提升架

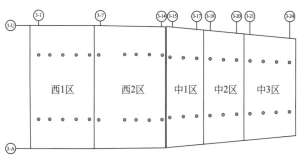

图9 屋盖提升点平面图

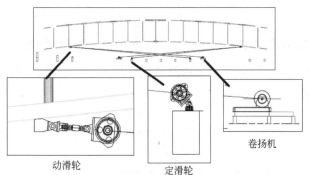

图10 约束系统原理示意图

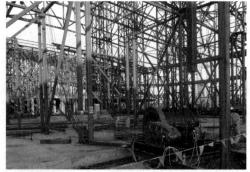

图11 约束系统

创新5. 大倾角大面积多层复合雪道层施工技术和新型防滑防开裂构造方法

国内外首次对复合雪道抗滑移性能进行系统的研究，研发应用了新型防滑防开裂构造，使得雪道无开裂、无滑移。详见图12、图13。

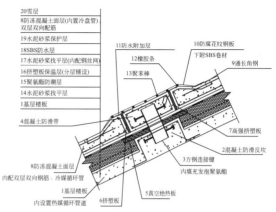

图12 雪道抗滑移能力试验　　　　　　图13 复合雪道新型防滑防开裂构造方法

创新6. 大空间大落差多目标的环境营造技术及制冷系统废热回收技术

研发使用了岩棉+PIR的高效复合保温材料，在制冷系统中增设了一套废热回收系统，降低了能源的消耗。研发使用了新型的冷源分离式造雪机、环境智能控制系统。详见图14、图15。

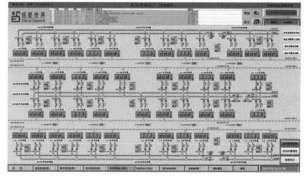

图14 室内滑雪场实景　　　　　　图15 智能控制系统雪场区界面

创新7. 基于BIM的信息化建造技术

研发了基于BIM的信息化建造技术，提升了管理效果。详见图16、图17。

图16 基于GIS技术建立的BIM　　　　　　图17 滑雪场施工流水4D模拟

三、健康环保

东区巨型框架结构和中西区支承能耗系统通过多次优化，节约用钢量1.9万t。创新提出大型钢结构安装方案，提升作业效率、降低机械成本，将大量的高空作业变为地面作业。

研发使用冷源分离式造雪机，造雪成本仅为43kW·h/m³，比国外机器节能28%以上。

通过回收制冷剂显热热量，持续加热乙二醇溶液，为融雪系统、融霜系统及地面防结露系统等提供热源，系统功率达750kW，节能效果明显。

研发使用计算机智能控制系统，现场布置9000余个传感器，实现微差环境智能营造。

四、综合效益

1. 经济效益

该建筑已成为市级地标性建筑，通过工程技术创新，推动了企业人才管理水平的提高，节约成本3148.94万元，总承包合同额17.25亿元，科技进步效益率1.83%。

2. 工艺技术指标

严寒地区大型室内滑雪场关键技术改变了工程技术人员对工程施工的传统认识，通过使用专业知识和技术为工程施工服务，拓宽了施工技术的发掘范围，推动了施工技术的进一步发展。

3. 社会效益

随着社会对绿色建筑发展的越来越重视，如何低成本、高效率地施工已成为建设行业极为重视的课题。通过高纬度大温差地区大型室内滑雪场关键技术的创新应用，提升了国内大跨度钢结构、室内滑雪场、大型综合体的施工水平，也为国际上类似工程及相关技术的发展提供了新思路。CCTV4国际频道《走遍中国》栏目对该工程建设进行了专题报道，社会效益显著。

西安交通大学科技创新港科创基地项目设计与施工综合技术

完成单位： 陕西建工集团股份有限公司

完 成 人： 解崇晖、王奇维、杨斌、张国禄、张党国、云鹏、张洪洲、解昕、柴长富

一、项目背景

本技术成果以西安交通大学科技创新港科创基地项目为依托，联合科研、建设、设计、施工等多家单位和多名科研人员，通过科研攻关和工程实践，解决了工程项目设计与施工综合技术问题，提高了建筑内在品质和科技含量，保证了工期，降低了成本，并取得了良好的经济效益和社会效益，实现了绿色节能。

二、科学技术创新

创新1. 创新建筑设计与规划布局

项目以"西迁大道"对称布局，传承"南阳公学"及百年交大建筑文脉，提炼角楼、坡屋面、老虎窗、柱廊、拱圈等设计元素，融入传统院落对称布局，形成简欧风格的围合巨构单体建筑形式，科研楼内连廊相通，体现各学科相互"交叉、融合、拓展"理念。文科楼U形环抱式平面布局，中心部位节节攀升，顶端镶嵌校徽，庄严挺拔，展现西安交大"胸怀大局、无私奉献"的西迁精神。

创新2. 首创中深层地热地埋管管群供热系统成套技术

详见图1、图2。

图1 中深层地热地埋管管群供热系统技术原理图　　　　图2 分布式能源站位置图

（1）建立热流耦合数值模型，创新中深层地热地埋管管群换热设计方法，发明复合式土壤源热泵系统及控制方法。详见图3～图5。

 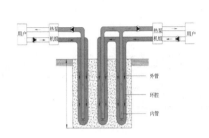 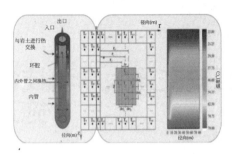

图3　换热结构模型　图4　地埋管管群供热系统原理图　图5　双连续介质有限元热流耦合数值模型

（2）研发中深层地热地埋管供热关键设备创新及智慧管控系统技术。详见图6～图9。

 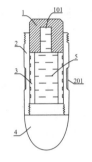 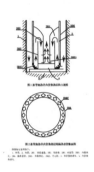 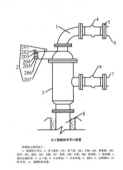

图6　新型地热地埋管供热热泵机组　图7　地埋管密封装置（示意）　图8　新型换热结构　图9　地热地埋管井口装置（示意）

采用中深层地热能地埋管管群系统供热技术，具有地热储量大、可循环再生、取热不取水、不干扰地下水资源，绿色低碳、环保零排放以及供热持续稳定等优势。

创新3. 采用西北半干旱地区海绵城市建设创新成套技术

结合创新港河滩边低洼地势，设计独立的城市雨水排放系统，在规划设计过程中融入海绵城市理念，整体按照"源头减排、过程控制、系统治理"建设思路，构建"两轴四廊"自然生态格局，形成"三纵一横"水系，形成《中国西部科技创新港海绵城市专项规划》，为一个城市单元小区进行海绵城市综合整体规划。详见图10、图11。

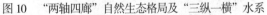

图10　"两轴四廊"自然生态格局及"三纵一横"水系　　图11　创新港绿楔水系

采用屋顶绿化、道路透水铺装、室外场地复层绿化、雨水收集综合利用等技术，充分利用雨水，发挥绿地减少地表径流和保护城市生态水环境的功能。详见图12、图13。

创新4. 采用新型宽带移动网络业务协同与智能控制关键技术

用于创新港智慧学镇5G智能校园建设，由物联网、大数据、云计算、人工智能移动互联、三维可视化构成的智慧校园大脑，可以实现对交大四大校区的人、车、资源、科研可视化运营管控，运行安全、高效。项目有线、无线、物联网及5G通信网络"四网融合"，全过程BIM技术应用，实现教学科研、能源管理、物业后勤、安全监控等管理服务一体化的智慧5G校园。详见图14。

图 12　创新港种植屋面空中花园

图 13　创新港微地形塑造水系

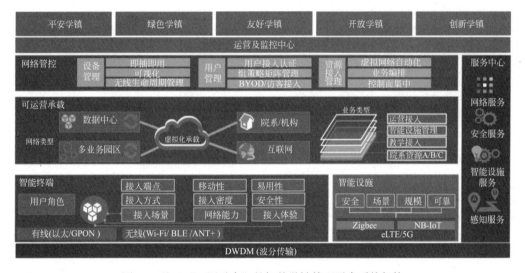

图 14　基于"四网融合"的智慧学镇管理平台系统架构

创新 5. 采用特殊结构施工及超长混凝土结构防裂控制关键技术

核心地下室超长结构设计为无变形缝设计，采用有限元模拟应力分析法计算应力云图，后浇带与微膨胀混凝土加强带结合的设计方法，控制超长结构裂缝的产生。详见图15～图18。

6号楼非规则板柱剪力墙结构设计与施工，结合有限元模拟计算得到异形结构内力分部图等，有效解决了高大异形结构带来的施工技术难题，并形成成套施工工艺。详见图19～图21。

创新 6. 研发装配式异形框架结构设计与施工技术

发明了预制现浇组合节点技术，解决了梁柱预制、现浇等组合节点部位连接难题。详见图22～图24。

创新 7. 创新传统石材、复合板背栓复合式干挂技术

发明了吊顶新型T、Z形组合挂件，减少纵向龙骨，节约材料，提高工效；采用开放插接式干挂铝板幕墙系统新技术，解决了玻璃幕墙与铝板交接部位的漏水隐患，面板之间不打胶，可减少铝板表面的污染；消除了各项质量隐患。详见图25～图27。

创新 8. 创新超大规模群体工程EPC项目集群管理理论

项目立足于工程总承包实践创新，形成了超大规模工程EPC项目集群管理理论；围绕推广

图16　地下室外墙温差和收缩效应有限元仿真分析图

图17　地下室顶板温差和收缩效应有限元仿真分析图

图15　长度630m的核心地下室结构无变形缝设计　　　图18　超长地下室结构后浇带设置位置图

图19　6号楼异形复杂结构中庭

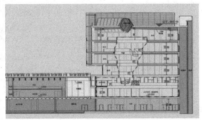

图20　异形复杂结构贯通中庭剖面

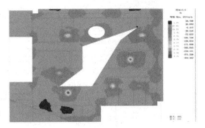

图21　有限元模拟楼板荷载弯矩图

图22　15号楼异形结构装配式建筑

图23　15号楼装配式异形框架BIM模型

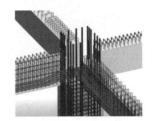

图24　梁柱节点构造BIM模型

绿色建造、智慧工地、BIM技术应用，创新建立了矩阵式项目集群组织的科学管理体系框架，创造了"四用理念""五个一流""六比六赛"等一系列现代化项目管理模式。

创新9. 建筑业十项新技术应用

项目应用建筑业新技术10大项49小项，达到国内领先水平。

三、健康环保

采用中深层地热地埋管管群供热，取热不取水，具有储量大、可循环再生、不干扰地下水资源，绿色低碳、环保零排放等优势，159万 m^2 建筑采暖每年可节约标准煤2.54t，减少二氧化碳排放6.8万t，减少二氧化硫、氮氧化物有害物排放850t；采用透水铺装、生态草沟、下凹式绿地、雨水花园、城市绿楔等雨水回收利用系统，发挥绿地减少地表径流和保护城市生态水环境的功能，实现雨水自然渗透和自然净化、可持续水循环，提高水生态的自然修复能力；采用西北地区最大的（72000 m^2）种植屋面，达到"三季有花、四季常青"；利用中水冲洗厕所、浇灌

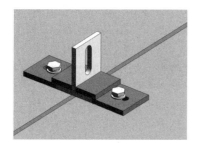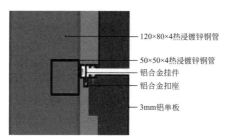

图 25　吊顶 T、Z 形组合挂件模型　　图 26　开放插接式干挂铝板幕墙系统立剖面图　　图 27　陶土板干挂节点构造

园林，节约市政用水；采用太阳能热水、空气源热泵等节能设施和二氧化碳采集监控，三个学生食堂屋面 530m² 太阳能集热板热水器，16 台空气源热泵，每天可提供 60t 热水，保证 3 万人就餐的食堂热水 24h 供应，每年可节约用电 16 万度左右。项目采用多项绿色节能环保措施，节能减排和绿色健康环保效益显著。

四、综合效益

1. 经济效益

运用陕西建工"精品工程建造"质量管理模式，通过开展科技创新、智慧建造、全生命周期 BIM 技术应用、大体量机电管线明装等技术，节约工程造价近 3.48 亿元；交付 BIM 运维模型，使业主每年节约运营成本约 260 万元；深层地热能采暖，每个采暖季可节约成本 1754.96 万元；运用建筑业十项新技术及绿色施工技术，取得经济效益 20571.75 万元，占合同工程造价的 3.44%。

2. 工艺技术指标

项目建成国际领先的可控核聚变实验 Z 箍缩等多项大科学装置，西北核技术研究院 Z 箍缩及应用研究中心，以及动力工程多相流实验室、电力设备电气绝缘实验室、空天动力航空实验室等多项国家重点实验室和实验中心，建成国际一流的分析测试中心、生物医学中心、高性能计算机中心、实验动物中心，为国家战略需求发挥着重大作用。研发了国际领先的超高压交流 GIL 输电绝缘和放电关键核心技术，为特高压大功率高难度输电提供技术保障；研发了"超高压电性能的透明铁电单晶材料"，是新一代声呐、医用超声、工业超声和量子通信等国家与国防重大需求的核心关键材料，入选"2020 年中国科学十大进展"；研发的国内首台 F 级 50 兆瓦重型燃气轮机整机，打破了国际垄断，是我国燃气轮机发展历程中的一个重要里程碑，被评为"2020 年十大国家重器"项目。

3. 社会效益

创新港面向世界科技前沿、面向国家重大需求、面向国民经济主战场、面向人民生命健康，构建国家科研创新高地和高端人才培养基地，已建成 300 多个国家级、省级科研平台，可容纳至少 2 万名研究生，3 万名全球青年学者和高端人才，吸引至少 500 家国内外知名企业在此设立研发中心，已成为一流的科技创新中心、成果转化中心、人才汇聚中心，取得了多项高端科技创新成果，成为引领西部、辐射全国、影响世界的科技创新体，为西部经济发展、丝路产业融合、国家战略需求发挥着巨大作用。

"芙蓉花"状双曲异形剧院工程施工技术与应用

完成单位：北京城建集团有限责任公司
完 成 人：刘京城、赵换江、张羽、苏李渊、胡小勇、李哲

一、项目背景

本项目以长沙梅溪湖国际文化艺术中心为依托，联合科研、设计、施工等多家单位和多名科研人员，通过科研攻关和工程实践，研发了"芙蓉花"状双曲异形剧院建造关键技术，解决了大体量双曲单层网壳结构安装技术难题；确保了钢结构精准稳固安装；实现了异形GRC幕墙的高精度、全栓接、可调节、可拆卸；满足了特殊建筑形体、界面对声学性能的设计要求；达到了设计、制造、安装和运维的数据共享。

二、科学技术创新

创新1. 采用计算软件对整体结构进行受力分析及研究，根据结构受力特点，首创提出了大跨度双曲单层网壳分区安装、分区卸载、整体合拢技术，通过设置合拢缝（共用边界梁）将整个屋面划分5个区域，共用边界梁及中间区域通过伞撑的方式与混凝土结构连接，共用边界梁与其他4个区域固定连接，与中间区域滑动固定连接，故被合拢缝（共用边界梁）切开后形成的5个区域具有相互独立的支撑体系。分区域进行结构的安装与卸载后，再进行整体合拢，化大为小，降低了施工难度及风险，保证了精准施工，提高了施工效率，并为下一阶段幕墙工程提前插入施工创造了条件，缩短了近一个月的工期，为大跨度、大体量钢结构的施工提供了新的技术思路。详见图1。

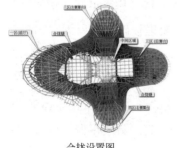
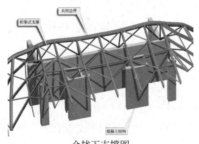

合拢设置图　　　　　　　　合拢下支撑图　　　　　　　　合拢完成图

图1　大跨度双曲单层网壳合拢过程分解图

创新2. 根据结构的受力特点，利用计算机仿真技术，通过受力基准点，将倾斜式竖向承重双曲单层网壳划分为3个部分，两边区域构件采取上下叠加的方式悬装，中间构件采用"自身结

构体系支承+设置临时支撑"的方式斜拉安装。在保证结构安全的前提下，避免了传统采用整体满堂架高空散装的方式，减少了胎架数量，提高了施工效率，缩短了近30%的工期。详见图2。

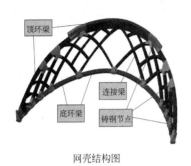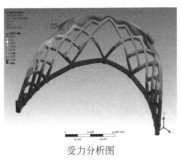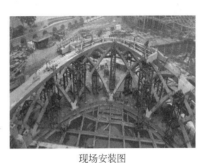

网壳结构图　　　　　　　　受力分析图　　　　　　　　现场安装图

图2　网壳部分图

创新3. 针对传统木模板异形GRC模具，研发了一种数字化双曲模具生产技术，其结合飞机机翼制造工艺中的多点柔性模具蒙皮拉形技术，将传统的整体拉形模具离散成规则排列的基本单位体矩阵，形成多点式、可数字化控制的模具。模具基本单元体的高度由计算机自动控制，通过调整每个基本单元体的高度，可构造出不同型面的多点模具，实现了1～2mm的高精度成形（传统±5mm），突破了大规格、大批量生产的限制，提高了约30%的工作效率。详见图3。

图3　GRC模具加工过程图

创新4. 针对复杂曲面高性能混凝土板喷射难、流挂现象严重、影响产品规格和性能等难题，研究分析高性能混凝土的特性，通过对材料组成配比协同化及试验，在充分利用高活性掺合料性能的基础上，借助喷射助剂及改性剂调节浆体的喷射流动特性和黏聚特性，实现高性能混凝土的可喷射性能，GRC喷射设备采用专用双通道喷枪，在喷口处增加旋转气流通道，增强材料的雾化均匀度，并成功应用于本工程的GRC中。同时通过膨胀剂补偿收缩，减少GRC表面的收缩变形，降低开裂和龟裂的可能，使得制造的GRC构件抗压强度达100MPa以上（传统50～60MPa），具有超高的耐久性。详见图4～图6。

创新5. 针对11353块任意曲面GRC板一般标准件连接难的问题，发明了一种任意曲面幕墙三维可调连接与安装技术，GRC板连接由插入端和闭合端组成，其可根据建筑整体造型特征，实现高达180°的旋转，调节各部分连接件的角度，实现GRC板背负钢架与主体结构的灵活连接，有效降低非标准大量设计生产的成本。各节点均采用螺栓连接，实现了装配式绿色施工。经第三方单位复测，安装精度最大偏差仅为1.8mm，满足普通石材幕墙的安装精度。详见

图7 ~ 图9。

图4 双通道喷枪示意图

图5 现场喷射GRC图

图6 GRC成形后的效果图

图7 插入端图

图8 闭入端图

图9 现场安装节点图

创新6. 发明了基于运维的超大规格幕墙板独立拆卸及复位技术，其通过原安装连接件支撑吊装龙门骨架，解开固定螺栓，结合移动导轨、倒链、滑轮组，采用旋转开窗式吊装方法，完成独立板块的拆卸及复位，实现了直接在屋面上简单操作便可完成超大板块的快速独立拆卸及复位，解决了狭窄空间内的管线及防水层维修难题。详见图10 ~ 图12。

图10 龙门架示意图

图11 板块拆卸图

图12 板块拆卸完成图

创新7. 为解决非对称复杂空间的声学控制难问题，项目团队联合专业单位、检测实验室开展了技术攻关，采用了CAD平剖面的二维声线分析、Rhino模型的三维声线分析、计算机模拟分析技术和1：20缩尺模型试验4种高新技术手段，对建筑形体进行巧妙微调，改善观众厅表面的声学扩散性，把所有可能产生音质缺陷的表面进行了改善。委托同济大学对典型凹槽灯带的构造、材质进行试验检测，验证灯带的吸声性能，消除其不良影响。创造性地采用座椅作为观众厅中最主要的吸声面，通过多达5次软件计算、试验检测、座椅内部构造的调整等，达到最终的音质效果，在节省墙顶面大面积吸声材料的同时，为今后吸声技术提供了新的思路、新的方法。

详见图13 ~ 图16。

 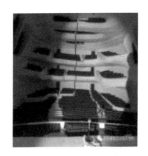

图 13　三维声线模拟分析图　　　图 14　缩尺模型声学检测图

图 15　典型灯带试验检测图　　　图 16　观众厅图

创新8. 为实现对 GRC 幕墙三维可视化信息管理，项目团队联合科研单位开发了基于微信平台的GRC管理系统。其主体界面主要包括项目风采、管理系统和扫一扫功能，登录后可查看相关权限下信息。点击扫一扫便可开启摄像头，扫描二维码便可浏览GRC板基本信息列表及目前施工状态，形成动态监测，实现数据信息共享和传递。同时通过授予的权限，完成出厂、进场、安装无纸化验收工作，在保证可追溯性的情况下实现验收过程的绿色节能。通过GRC管理系统对GRC板信息进行录入和采集，形成项目级大数据，以此作为GRC幕墙运维的数据基础，真正意义上实现了设计、制造、安装和运维的数据共享。详见图17。

主体界面图　　　　　GRC粘贴二维码图　　　　　GRC板基本信息列表　　　　　无纸化验收界面

图 17　信息化管理图

三、健康环保

工程建设始终坚持健康、环保、可持续发展的理念，节能率达到51%，获评省二星绿色建筑。

四、综合效益

1. 经济效益

工程自2014年3月开工以来至今，项目新增利润累计15603.64万元，通过一系列课题技术攻关，采用了自主研发的创新技术，节约资金4927万元，项目累计产生经济效益达20575.64万元。

2. 工艺技术指标

项目研究成果填补了国内外任意曲面GRC幕墙加工制作及安装、大体量双曲单层网壳结构的安装、非对称复杂空间的声学控制技术等相关领域的空白，实现了异形GRC幕墙数控化加工，装配式、可拆卸安装，攻克了大体量双曲钢结构施工难题，满足了特殊建筑形体、界面对声学性能的设计要求，达到了设计、制造、安装和运维的数据共享，提升了建造质量、加快了建造速度、节约了建造成本。已获授权发明专利12项，实用新型专利5项，软件著作权1项，省级工法13项，出版专著1本，在国内核心期刊发表学术论文12篇。主要研究成果已主编地方标准2项，行业标准1项，经专家组鉴定，研究成果整体达到国际先进水平，2项技术达到国际领先水平，有力地推动了我国建筑技术的进步。

3. 社会效益

长沙梅溪湖国际文化艺术中心工程作为湖南省地标性建筑物，自开工以来就受到社会各界的广泛关注。项目创新研究成果确保了本工程的出色建造，自竣工交付以来，已举办500多场大型演出，尤其是成功举办了泛珠三角区域合作行政首长联席会议、省会城市市长联席会议等，得到了社会各界人士乃至各级政府的高度评价，被英国女王伊丽莎白二世评价其为中英创意合作的典范。运行3年多来，累计参观人数约900万次，已成为湖南省乃至全国的旅游文化景观资源。

成都博物馆新馆项目＋全系统隔震防震技术

完成单位：中国建筑第二工程局有限公司

一、项目背景

博物馆是让文物在保护和利用中活起来的载体，文物及展柜浮置于馆舍楼面之上，其防震安全性受到建筑场地、馆舍结构、展陈结构等诸多因素影响。按现行抗震规范标准建设或改建的博物馆，存在"馆舍不倒，围护设备及展陈柜坏""展陈不坏，文物倒""文物隔震后地震时仍然坏"等大量文物震损情况。针对"地震动＋馆舍＋展陈＋文物"全系统防震设计理念，项目总结形成了一整套博物馆隔震防震综合施工技术，发明了新型隔震支座抗拉装置、馆舍结构扭转效应控制措施，国际上首次系统解决了隔震层抗拉、防震扭转效应控制技术难题。

二、科学技术创新

项目开展地震工程、建筑工程、文物保护等多领域交叉集成创新，发明隔震结构抗拉及抗扭控制方法及装置，采取设置钢弹簧浮置板和隔震沟双重措施，减少地铁振动对结构和馆藏文物的影响；研究应用深基础隔震结构的隔震沟围护墙及其构成方法，解决超深隔震沟有限空间施工难题；联动组合隔震支座，实现了博物馆全系统隔震防震要求。

创新1. 发明新型隔震支座抗拉装置

项目发明了新型隔震支座抗拉装置，有效解决了馆舍整体隔震实际应用的关键技术难题。详见图1、图2。

图1　抗拉装置构造

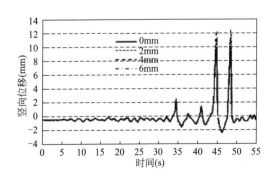

图2　隔震层抗拉性能设计

创新2. 超深隔震沟技术

隔震垫设置于地下室底，基坑支护为永久支护结构，与周围基础结构有机结合，形成双墙围护体系，与主体结构之间设隔震沟。双墙围护结构施工、围护结构特殊防水处理以及护壁桩上钢肋板施工解决了狭小空间的深基坑施工难题。

采用施工临时支护结构与隔震沟围护结构相互独立的施工工艺，将永久桩锚体系与现浇钢筋混凝土挡土墙有机组合，成功解决了20.3m深隔震沟的施工难题，并结合长期监测结果，整个围护结构变形满足要求。详见图3。

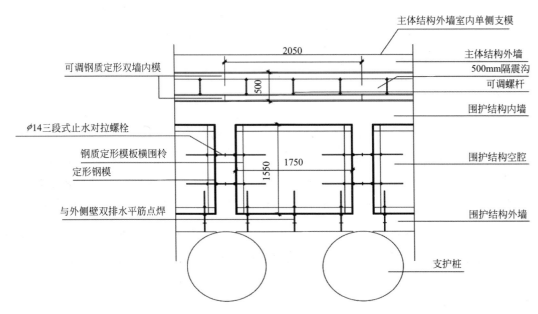

图3 围护结构墙体模板图

通过沿护壁桩弧形埋件板通长设置竖向钢肋板，与水平型钢横梁进行焊接连接，作为混凝土横墙内配筋连接构件，便于钢筋混凝土板墙内竖向及水平钢筋的拉结固定和整体受力。块肋板沿着高度方向每间隔200mm设置一个U形槽，以便新增混凝土墙板水平钢筋贯穿，起到钢筋固定和拉结的作用，解决了永久性围护结构钢筋工程施工难题。详见图4、图5。

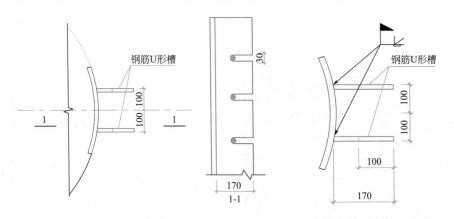

图4 护壁桩肋板大样　　　　图5 肋板与预埋件连接做法

创新3. 多连体隔震支座高精度安装技术

研发出多连体橡胶隔震支座高精度安装工法，攻克了隔震支座安装偏位影响防震效果的难题。详见图6、图7。

研发一种组合隔震支座的安装调整方法，利用水平仪和焊接自制平整度控制件来保证下支墩安装的水平误差，保证预埋板标高精度。详见图8、图9。

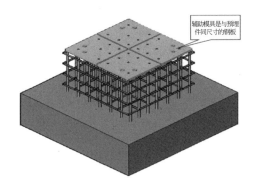

图 6　辅助模具安装

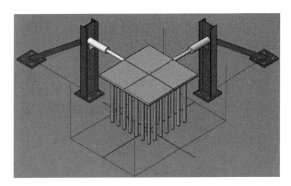

图 7　下预埋件平面位置调整

图 8　水平仪应用

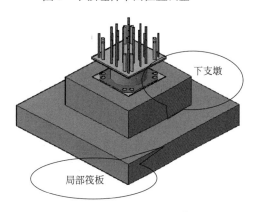

图 9　上支墩预埋件安装

创新4. 运用BIM、智能定位等信息技术

通过施工全过程仿真模拟分析，确定卸载过程分级控制及卸载方案，保证悬挑、大跨度等结构受力复杂部位变形可控。详见图10、图11。

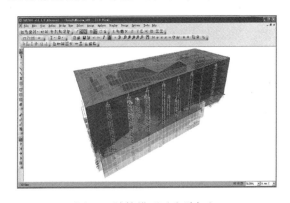

图 10　计算模型（含胎架）

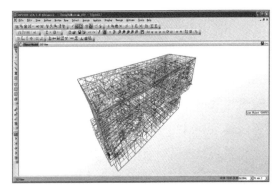

图 11　计算模型（不含胎架）

基于虚拟建造技术的塔式起重机布置，对市中心狭小空间塔式起重机事先控制，满足主体结构构件的吊装需要。详见图12。

创新5. 穿孔率55%拉索铜网幕墙施工技术

开发出盒体超薄金铜板幕墙制作安装施工工法，保证了幕墙的安装精度和施工效率。详见图13。

图 12　虚拟建造效果图

图 13　金铜网遮阳效果

三、健康环保

为贯彻党的十八届五中全会提出的"绿色发展理念"，落实中共中央关于"绿色化"发展的要求，实施绿色建造，推进绿色施工，强化过程管理和技术创新。基于BIM技术，结合绿色施工"四节一环保"的理念，从设计深化、现场策划施工全过程利用绿色建造技术，重点控制固体废弃物、扬尘、噪声等目标值，促进建设施工与城市环境的相互和谐，取得显著效果，并被评为全国建筑业绿色施工示范工程，成为国家节能减排事业发展的率先垂范。

全过程运用信息化技术，攻克钢框架＋钢网格博物馆设计、施工及运维方面的技术难题；钢构件及幕墙构件工厂化制作、装饰装修干法作业、轻质隔墙板安装等工业化建造技术，为类似公共建筑智慧建造、绿色建造提供重要借鉴。

四、综合效益

1. 经济效益

成都博物馆新馆工程项目使用的创新技术在满足馆舍＋文物抗震要求基础上，节约工期，并取得显著经济效果。

2. 社会效益

建成后的成都博物馆结构安全，各系统运行正常，使用功能良好，是汶川地震后防震减灾技术发展的杰出工程代表，是"国内领先、世界一流"的文化建筑，充分展示了"天府之国"的历史文化底蕴，极大地满足了广大人民群众的精神文化需求，成为展示四川文化和形象的靓丽窗口。该馆全方位展示成都数千年的璀璨文明，先后举办了"花重锦官城""丝路之魂""现代之路"等大型展览活动，经中央、省、市电视台及网络媒体多次报道，获得社会各界人士的高度好评。

国贸三期 B 工程

完成单位：中建一局集团建设发展有限公司、北京中研新源工程材料有限责任公司

完成人：刘卫未、翟海涛、常奇峰、马楠、崔基、王晶、杨威、范昕、李静、范金城、朱晓枫

一、项目背景

本项目以国贸三期 B 工程为依托，通过科研攻关和工程实践，总结出多项技术成果，建立了超高层建筑施工关键技术，减少设计与现场施工失误，降低了大量不必要的损失，加快施工进度，取得了显著的经济效益和社会效益。

二、科学技术创新

创新 1. 城市中心区超高层建筑施工安全管控技术

（1）现场管理采用全方位多层次立体式安全防护体系，从上往下覆盖核心筒钢结构、核心筒土建、外幕墙等作业面，实现了施工过程零伤亡。详见图 1。

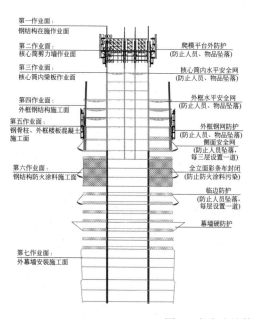

图 1　安全防护体系

（2）研发了封闭结构下轻型钢结构半自动自爬升吊装机构，该系统与上部爬模平台、下部钢楼梯共同形成主塔楼施工期间作业面人员的消防逃生通道。详见图 2。

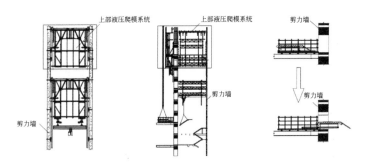

图 2　液压爬升吊装机构工艺原理图

创新 2. 超高层建筑混凝土综合施工技术

（1）运用超高层建筑大体积混凝土底板连续无缝浇筑施工技术，通过正交设计及试配试验确定大体积混凝土的配合比，大掺量矿物掺合料加入控制混凝土温升，现场施工组织、采用整体斜面分层推移式浇筑方法实现超厚大体积混凝土无缝一次性浇筑。详见图 3、图 4。

图 3　底板混凝土浇筑　　　　　　　　图 4　底板混凝土养护

（2）采用多点小吨位液压爬模架，施工工艺简单、速度快。研发附着于爬模系统的全自动喷雾式混凝土养护装置，解决超高层结构核心筒先行混凝土的养护难题。详见图 5、图 6。

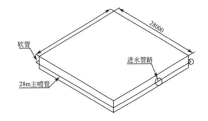

图 5　多点小吨位液压爬模　　　　　图 6　喷雾式混凝土养护装置简图

（3）采用自主研发的水汽联洗技术，节约混凝土约 1500m³，降低了施工成本。详见图 7。

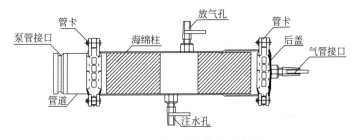

图 7　水汽联洗接头构造示意图

创新 3. 钢结构施工技术

（1）研发并应用了大跨度钢桁架整体拼装、逆序提升施工技术，成功解决了场地狭小状态下多层大跨度重型钢结构安装困难的问题，实现了景茂街提前通车的需求。详见图8。

图 8　景茂街重型钢桁架逆序提升

（2）创造性地使用大间隙厚板分步焊接技术，成功解决40mm大间隙100mm厚板的焊接难题。详见图9～图11。

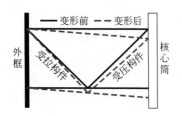  

图 9　结构内外筒不均匀变形　　图 10　L6～L7层伸臂桁架　　图 11　L27～L28层伸臂桁架

（3）研发了内筒、外框同芯高精控制测量技术，并借助三维数字扫描和BIM实时模拟，实现了主楼钢桁架、V形柱等复杂钢构的精确定位和安装。详见图12～图14。

图 12　构件修整图纸　　　图 13　首层 V 形柱　　　图 14　L32 层倒 V 形柱

创新 4. 经济高效的垂直运输规划

（1）创新性地采用了外附塔式起重机附着转换方式，缩短了施工工期。详见图15。

（2）使用正式电梯分段安装施工技术，使正式电梯更早得提前投入使用，增加了垂直运力，节约了施工工期，节省了施工成本。详见图16。

创新 5. 信息化时代的智慧建造技术

采用"智慧工程"信息管理技术，结合BIM、物联网、可视化技术、数字化施工系统、信息管理平台技术等，通过三维设计平台对工程进行精确深化设计和施工模拟，建立互联协同、智能生产、科学管理的施工项目信息化生态圈。详见图 17。

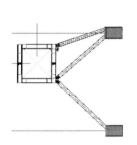

图 15　塔式起重机附着示意图

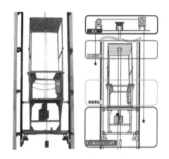

图 16　施工电梯分段安装示意图

图 17　主楼钢结构模型

三、健康环保

（1）针对扬尘控制、有害气体排放控制、建筑废弃物控制、水土污染控制、光污染控制、噪声与振动控制等方面，均采取具体措施以保护环境。

（2）尽量就地取材，从深化设计到现场施工，对建筑材料和周转进行严格控制。

（3）制定各施工阶段用水指标并严格控制；现场施工养护采用塑料薄膜养护方法。

（4）施工现场制定节能措施，提高能源利用率。

（5）现场平面布置在满足环境、职业健康与安全及文明施工要求的前提下，减少废弃地和死角，根据不同施工阶段的用地特点进行各阶段的平面布置策划。

四、综合效益

1. 经济效益

积极推广、应用新技术、新工艺、新材料，有效节省资金1290万元，经济效益率达1.7%（表1）。

经济效益表

表1

序号	推广应用	经济效益（万元）
1	采用节水型降尘设备	10
2	铝模板节约	30
3	大直径钢筋技术	50
4	核心筒新型液压爬模技术	40
5	内筒钢结构自动安装技术	50
6	桁架整体提升技术、基坑优化设计、钢结构深化设计等	1000
7	泵送及车辆冲洗用水循环利用、节水器具	20
8	现场及办公照明采用LED节能灯，生活区采用时控开关	70
9	泵送剩余混凝土来制作方砖铺路及钢板铺路	20
经济效益合计：1290万		

2. 社会效益

国贸三期B工程作为北京市建筑业新技术应用示范工程、北京市绿色安全工地，获得了业主及行业内的一致好评，社会反响良好，其建造技术在行业内得以广泛推广，推动行业进步。本工程于2018年获评"改革开放40年百项经典工程"，以国贸为中心的CBD地区，已经形成了一个极具活力的经济商圈，辐射带动了周边经济的快速发展，社会效益显著。

矿坑生态修复利用工程关键技术

完成单位：中国建筑第五工程局有限公司
完 成 人：黄虎、何昌杰、吕基平、李璐、吴智

一、项目背景

矿坑生态修复利用工程位于湖南省长沙市，依托历经50年开采而形成的百米废弃矿坑建造。项目采用地景式的设计手法，将主体建筑隐藏于地平线以下、悬浮于矿坑之中。工程建设适用了湖南省工矿棚户区改造和湘江流域治理的工作政策，同时也契合国家生态文明建设和加强生态修复、城市更新的发展方向，项目汇聚绿色建造、环境保护、高科技应用于一身，同时具有"地质复杂、重载大跨、业态叠加"的工程难点。深废矿坑开发利用过程中围绕"生态修复、深坑建造、绿色低碳"三个方面开展了技术创新与应用。

二、科学技术创新

在研究与应用过程中，创新了废弃矿坑生态重构的设计方法，构建了建筑结构与岩壁协同承载的结构新体系，攻克了喀斯特地质环境岩壁承载的稳定性问题，研发了矿坑岩壁微扰动修复加固技术，提出了大型室内滑雪场保温节能方法，解决了深坑环境重载、大跨建筑的建造技术难题，多项技术填补了国内外矿坑修复建造的空白。

创新1. 创新了百米深废弃矿坑"生态修复、更新利用"的设计理论

（1）首创了工矿遗址"保护、改造、更新、修复"生态重构的设计新思路。设计基地为工矿棚户区遗留的废弃矿坑，为保留原有地势地貌，修复好"城市伤疤"，并利用好其独特的优势，设计摒弃以"填埋式"的处理方式掩埋矿坑，而是突显"疤痕"的独特和壮美。建筑设计首次采用地景式的谦逊手法，将主体建筑隐藏于地面以下、悬浮于矿坑之中。整体建筑宛若从矿坑崖壁生长出来一般，生动流畅的线条犹如贯通崖壁的水幕，建构出与自然遗产有机融合的人文奇观。详见图1~图4。

图1　原始矿坑

图2　矿坑与建筑结合

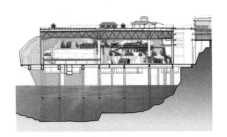

图3　建筑位于地平线以下　　　　　图4　矿坑与建筑立面关系

（2）构建了建筑结构与矿坑岩壁协同承载的设计新体系。开展了岩壁与矿坑建筑结构协同承载的互馈机制研究，建立了深坑建筑结构与矿坑岩壁相互作用的多点滑动支承约束结构体系，增强了建筑结构的侧向稳定。通过对温度及地震作用下结构与岩壁多点滑动支承的分析，研发了重型结构与岩体间限位滑动的支承装置，释放了结构与岩体之间的水平约束，解决了温度及地震作用下结构与岩壁相互制约破坏的设计难题，创建了矿坑结构与岩壁协同承载的新型结构体系。详见图5、图6。

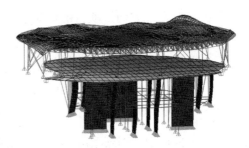

图5　结构与岩壁多点滑动支承　　　　图6　项目结构整体分析

创新2. 创新了矿坑重载大跨度结构"因地制宜、深坑筑造"的建造技术

（1）研发了矿坑岩溶发育边坡微扰动加固与生态修复技术。提出了岩溶发育边坡超长锚索精细成孔方法。针对深坑岩壁锚索加固成孔率低的问题，利用超前地质雷达扫描成像及锚索原位孔试验获取各地层和特殊地质的参数及分布状况，结合激光地形扫描建立三维地质模型，将地下地质情况可视化，确定了地层和特殊地质的空间分布规律，攻克了复杂岩溶地质陡峭岩壁60m超长锚索加固难题，提升了深坑岩壁边坡稳定性及支撑重载的能力。详见图7、图8。

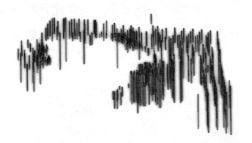

图7　超前钻钻孔布置　　　　　　图8　三维地质模型

研发了一种在混凝土及岩石表面快速营造生态的苔藓覆绿技术以及快速恢复植被的方法。从基质层、植被选择两方面入手，发明了一种苔藓专用定植胶，配合整块苔藓覆绿，可以同混凝土及岩石有效地连接，并提供植被生根必要的养分条件，解决了植被在混凝土基底以及岩石表面上成活的问题。植被选择生长速度快，抗寒能力强。该表面适宜暴晒、耐旱的物种，并且能够适宜其他高等植物的生长，有助于加快植物群落的演替，快速出景观效果。详见图9、图10。

图9 整块苔藓覆绿　　　　　　　　图10 岩壁苔藓覆绿效果

（2）开发了百米深坑向下混凝土高质量输送技术。通过不同落差、管径、坡度的混凝土管道溜送试验，开发了一套百米级深坑大落差向下输送混凝土溜管装置，该装置通过岩壁设置钢筋锚杆、支撑角钢和钢爬梯、设计安装溜管管件、焊接进出口料斗等技术工艺，并通过喷水管保湿、主溜管末端设置缓冲装置及二次搅拌等措施保证混凝土输送的安全及入模前的质量稳定。整个输送管道结构简单，设备造价及使用成本低。相比较传统泵送混凝土，溜管输送混凝土效率高，未出现传统泵送过程中堵管拆管的情况，施工过程节电、节水、噪声小、绿色环保。详见图11 ~ 图13。

图11 溜管沿岩壁布置　　　图12 溜管装置　　　图13 缓冲装置

（3）建立了与结构共同作用的高大支撑体系设计理论与实践方法。利用施工期混凝土结构与模板支撑相互作用的机理进行试验及模拟研究成果，针对项目60m高平台梁进行支撑体系设计，采用格构柱+贝雷梁的支撑方式。开展高支模与叠合法结合应用的稳定性分析，通过不同加载方式影响机理研究（图14），确定了支撑体系布置方式及混凝土梁叠合浇筑方法（图15），解决了深矿坑内60m高重载大跨度混凝土梁的高支模难题，保障了支撑体系安全性，节约了大量支撑结构材料，实现了经济建造的目的。详见图14、图15。

（4）提出了深矿坑重型钢结构高精度控制背拉式液压提升方法。提出了矿坑重型钢桁架背拉式液压提升安装法（图16、图17），通过背拉式液压提升，有效控制钢结构提升过程对支撑产生的侧向变形。具体原理如下：在柱身另一侧施加荷载，与提升吊点一侧的提升荷载相互平衡，抵消支撑钢柱的单向变形。平衡荷载由钢柱另一侧上部吊点和下部柱脚对拉产生，即在与提升吊点对称的一侧反向背拉，产生与提升荷载平衡的荷载，保证钢柱受力均衡，减少水平位移达到60%，实现了重载大跨度钢结构的高精度安装。详见图16、图17。

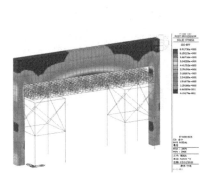

图14　分层浇筑叠合梁支撑仿真分析

图15　混凝土梁叠合浇筑支撑体系

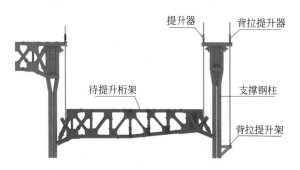

图16　主桁架背拉提升模型图

图17　主桁架背拉提升现场图

三、健康环保

目前国内矿山废弃地多为工业遗址，其存在对土地资源、水资源、生物生态、大气质量等都造成了很大危害，矿山废弃地的生态修复和可持续发展对于环境发展有很好的生态价值。本工程通过对工矿区的绿化建设等措施实现健康环保的矿坑生态修复。

（1）改善了周边的居住环境，通过对矿坑岩壁及周边土地以绿色植被覆盖，修建休闲公园，带动周边商业、交通、医疗、教育的蓬勃发展，给周边居民带来良好的居住环境。

（2）提高了水资源的利用，实现了地下矿坑裂隙水和周边雨水的循环使用。通过水处理后进行植被灌溉，改善了水环境，节约了水资源。

（3）提升了空气质量，原本工业水泥厂遗址对周边的空气污染严重，通过绿色改造，减少了粉尘污染，净化了空气。

四、综合效益

1. 经济效益

项目于2020年5月顺利完成竣工，项目建成后直接创造就业岗位5000余个，间接就业岗位2万余个，年综合效益超10亿元，带动了周边经济的蓬勃发展。同时，项目技术推广至长沙童乐园世界等14个项目的应用，共产生经济效益12亿元，新增利润1.44亿元，具有良好的推广价值，是城市更新的典范工程，具有良好的示范性和引领性。

2. 工艺技术指标

项目提出了微扰动矿坑边坡加固方法，有效解决了重载作用下60m超长锚索加固难题；研发快速修复深废矿坑岩壁的苔藓绿化技术，利用苔藓植物在混凝土结构上进行生态营造，解决了植被在混凝土结构基底上成活的问题；创新性地采用大落差混凝土的输送工艺，解决了百米深基坑大方量混凝土高质量输送问题；通过模型试验及数值模拟，阐明了施工阶段支撑体系与结构体的共同作用机理，实现了支撑体系的轻量化，节约了30%的支撑体系材料，提出背拉式液压提升法，有效地控制了重型钢结构液压提升过程中悬臂支撑结构的变形，减少提升过程中的钢柱变形达到60%，实现重型钢桁架的高精度安装。

3. 社会效益

许多矿山废弃地给城市的生态文明建设带来制约，本项目集新型城镇化生态城区建设于一体，汇聚生态修复、绿色建造、经济节能于一身，是对废弃矿坑进行生态修复利用的典范工程，为城市更新和绿色发展提供了很好的示范作用。同时，矿坑修复利用技术中许多科学问题是建筑行业所面临的共性问题，研究成果对于岩土工程、建筑工程的关键技术问题也具有十分重要的参考意义，有力地促进了我国建筑业的发展与进步。

海峡文化艺术中心

完成单位：中建海峡建设发展有限公司

完成人：王耀、张书锋、陈仕源、余畅、官灿、付绪峰、蒋清容、李傲、李佳、赵泽民

一、项目背景

本技术是以海峡文化艺术中心为依托，联合科研、设计、施工等多家单位和多名科研人员，通过科研攻关和工程实践，提出了一套以数字建造为主线，集设计研发、投资、建造、运营于一体的建筑全生命周期的解决方案，实现了大跨度、高空间、复杂钢结构等难度施工。

二、科学技术创新

创新 1. 基于文化自觉的建筑新型材料创新

（1）通过自主研发的制备技术，赋予陶瓷丰富的微孔结构和相对较高的密度，实现了声学性能、艺术效果和文化传承的完美融合，材料吸声、防火、导热率低、耐水性好，且可以水洗，维修安装方便。详见图1、图2。

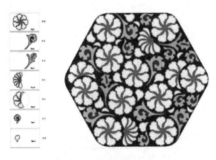
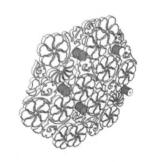

图 1　氧化锆消声微孔陶瓷面层基本单元　　　图 2　面层体系灯具的整合

（2）研发了异形曲面GRG艺术陶片内饰建造技术，通过BIM技术、三维扫描技术、逆向建模优化技术和机器学习技术，实现了仅使用一种310mm×380mm的"茉莉花"陶瓷片基本单元组，在3750m² 异形曲面空间，完成铺贴150万块艺术陶瓷片。详见图3、图4。

创新 2. 基于数学模型和非线性的全专业标准化数字建造技术

（1）提出超大长细比幕墙结构柱考虑初始缺陷的直接分析法，通过MIDAS有限元分析，对幕墙柱平面内和平面外的截面承载力进行验算。幕墙钢管柱的应力比均可以控制在0.85以下，计算结果作为结构和构件在承载能力极限状态和正常使用极限状态下的设计依据。详见图5、图6。

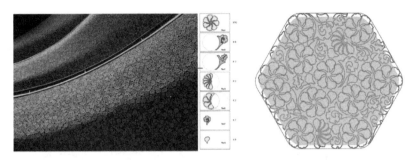

图 3 "一簇马赛克"

图 4 歌剧院氧化锆消声微孔陶瓷面层体系完成效果

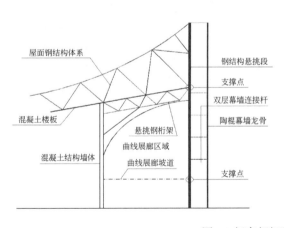

图 5 超高超细幕墙结构钢柱

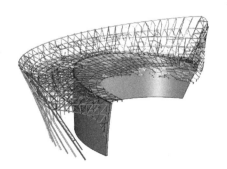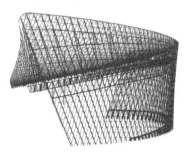

图 6 幕墙钢结构计算模型

（2）提出了基于标准化设计的"归一化"构件设计技术，通过"七个一"的设计理念，实现了复杂建筑实体的多专业标准化数字建造，保障了质量和工期。详见图7、图8。

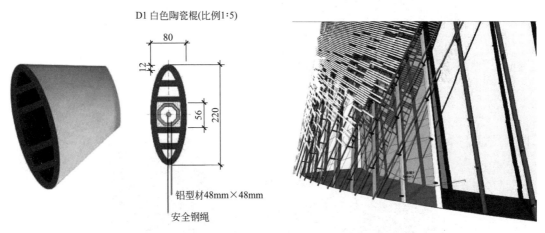

| 图7 陶棍百叶 | 图8 陶棍幕墙解构 |

创新3. 基于数字建造的复杂曲面幕墙玻璃面板标准化生产技术研究

通过基于CATIA的复杂曲面幕墙玻璃面板参数化建模技术，将原四边形板块玻璃优化成梯形板块，实现了无规则异形曲面的弧度高适应性，同时对优化好的板缝翘曲情况进行分析，确定安装时分格缝的对齐方式，获得翘曲的最优数据值，实现了92%玻璃的幕墙尺寸"归一化"设计问题，极大减少了材耗并提高了现场施工效率。详见图9。

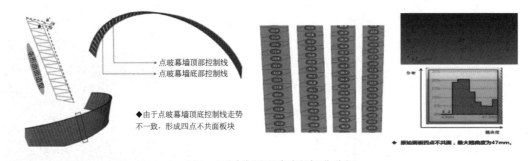

图9 不同分隔下玻璃的翘曲分析

创新4. 无规则异形曲面幕墙综合建造技术

提出了无规则内外倾异形曲面钢构柱点云测控技术，通过三维扫描采用多点交互3D扫描技术，研究并分析了钢构柱的变形情况，保证模型衔接误差最小，保证结构复核的精度偏差在2mm以内。详见图10。

在获得点云模型后，采用逆向建模技术，通过以点布线建面的方式，从数亿个点中找到影响幕墙施工的关键结构体系，通过这些点云来重新修建主体结构模型，得到与实际结构一致的主体结构模型，在此基础上完成幕墙模型的深化建模，保证了幕墙模型的精度。通过该技术，分析出幕墙的百叶安装需要的调节范围为84°～95°，超出了原百叶的可调范围。为解决原百叶可调范围不足的问题，项目发明了一种幕墙百叶片连接件，解决了陶棍直线形式与曲面空间表现之间的矛盾。详见图11、图12。

图 10 多点交互扫描过程中标靶球布置

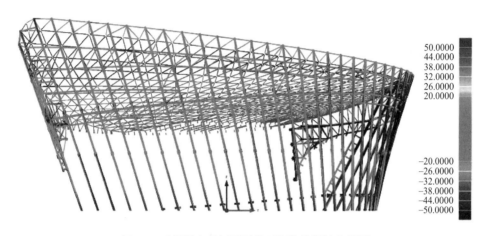

图 11 无规则内外倾异形曲面钢构柱测控色谱图

图 12 海峡文化艺术中心幕墙完成效果

三、健康环保

海峡文化艺术中心建造关键技术研究创新提出了将现代的建造技法与中国传统材料陶和竹相融合，建筑的材料90%以上采用本土化生产，在贯彻"适用、经济、绿色、美观"的同时，具有良好的环境效益。创新提出的集设计研发、投资融资、工程建造、科学运营为一体的全生命周期的数字化建造技术，大大提高了建造的标准化程度，在无规则异形组合幕墙体系的建造技术应用中，实现了98%陶棍和92%玻璃的幕墙尺寸"归一化"设计问题，大大节省了材料。自主研发的海水顶托作用区江水源热泵取水技术，是国内外首次使用传感器+机器学习技术对取水管开关阀门进行智能控制，保障了热泵机组的稳定性和安全性；通过自主研发的智慧能源管理系统，实现绿色高效运营。

四、综合效益

1. 经济效益

截至目前，本技术多项创新成果已在周口体育场、鹤壁体育场、创业大厦外幕墙项目、融创大厦外幕墙项目和兰州盛达金城广场幕墙工程、中旅城、世界妈祖文化论坛永久会址项目、莆田会展中心项目、福州海峡文化艺术中心等投入工程使用，并取得良好的施工效果，在保障施工质量的条件下，大大提升了工业化程度，同时有效加快了施工进度。目前累计销售额达到30814万元，新增利润4425万元。

2. 工艺技术指标

自主创新的氧化锆消声微孔陶瓷面层体系，解决了在3750m²连续三维空间异形曲面建筑内表皮上铺贴150万块艺术陶瓷片的难题，同时实现完美建筑声学效果，拓展了陶瓷材料的功能；无规则异形曲面幕墙综合建造技术，解决了全球首例超大长细比钢构柱–异形双曲幕墙标准化的安装难题，最大长细比达380，为类似工程提供成熟案例。经鉴定，海峡文化艺术中心建造关键技术达到国际领先水平。

3. 社会效益

海峡文化艺术中心建造关键技术的成功研发，确保了项目的顺利建设，项目作为肩负福州与世界的文化交流、促进东西方文化有效链接的城市新名片，自2018年投入使用以来，承办了多项国内外重要活动，作为联合国教科文组织第44届世界遗产大会的主会场，赢得了国际社会的青睐与好评；并多次得到央媒专题报道、聚焦点赞、大力推送，产生了良好的社会反响。

腾讯北京总部大楼项目

完成单位：中建三局第一建设工程有限责任公司
完 成 人：赵延军、文江涛、黄国前、樊冬冬、杨丽君、吴卓、赵庆科

一、项目背景

本项目以腾讯北京总部大楼为依托，应用BIM正向设计，采取办公单元模块化布置策略、办公工位均好性策略、室内净高控制策略、水平交通组织策略、垂直层间联系策略、空间导引策略、自然通风采光策略、空调系统策略、空气质量控制策略、防火分区面积及防火分隔材料策略、疏散楼梯在首层直通室外策略、消防电梯设置数量及位置策略等，完美解决了超大平面建筑中的空间布局、交通组织、物理环境控制及消防设计难题。施工过程中针对项目施工重难点进行技术创新及科技攻关，形成了一系列创新技术。

二、科学技术创新

创新1. "凝聚、融入、沟通"的功能布局与外观设计

基于"用地集约、布局集中、功能集聚"的规划理念，项目布置在7hm²用地的开放式景观花园中，适应腾讯企业"凝聚、融入、沟通"的IT文化。建筑外形方正简约，建筑立面底部切角处理，满足室外交流空间、流动通风的功能要求。大楼内部通过主街、次街、环路划分成相对独立的办公单元，营造出"外在形象整体，内部空间灵动"的建筑特点。详见图1～图3。

图1 腾讯北京总部大楼全景　　　　图2 建筑外立面切角　　　　图3 室内庭院

创新2. 高烈度地区超长悬挑结构设计与处理

首次提出钢筋混凝土核心筒－长悬臂巨型钢桁架－混凝土框架结构体系，中部由钢筋混凝土核心筒及框架组成，外围设置围合的长悬臂巨型钢桁架。详见图4～图7。

创新3. 超大平面建筑的智能采光及通风设计

采用智能动态调光玻璃，智能动态调光玻璃系统可以在不同的环境下，根据员工对光线敏

感度的区别自行调节玻璃的透光率，实现建筑节能。并在外幕墙的装饰翼后面隐藏着一条条竖向设置的电动通风器，可以通过自动控制系统开启，既可以实现成组控制，也可以把权限交给员工通过手机APP独立控制。详见图8、图9。

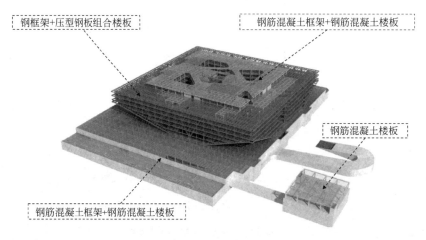

图 4　BIM 模型图

图 5　钢筋混凝土核心筒

图 6　长悬臂矩形钢桁架

图 7　框架

图 8　智能调光采光顶

图 9　电动通风器

创新4. 智慧建筑及绿色建筑设计

以智能建筑为平台，兼备信息设施系统、建筑设备管理系统、公共安全系统等，集结构、系统、服务、管理及其优化组合为一体，使建筑信息化、数字化；同时开发面向对象的全面应用，将人、设备、空间有机结合，建筑采用AI人脸识别技术，实现全视频快速通行；采用反向寻车技术、周界入侵报警技术、非接触式电子巡更技术，确保巡检安全有效。访客可通过智慧建筑 App 预约，获得授权后进入大楼，出大楼采用自动感应开闸。采用智能化机房技术、电梯可视化对讲等技术实现智能楼宇。园区开放空间内采用智慧停车技术、数字公共广播技术、智慧信息发布技术、环境参数化与能效管理技术，打造新一代"智慧园区"。详见图 10、图 11。

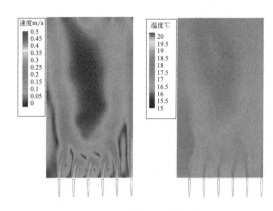

图 10　智慧停车管理　　　　　　　　　图 11　通风器 CFD 模拟技术

创新 5. 冬施期间大间距后浇带超厚基础底板施工技术

通过优化底板施工缝设置，优化混凝土配合比，掺入新型复合防裂抗渗材料及精心科学的施工组织，实现大楼最大差异沉降为 0.45‰，关键技术经鉴定达到国际领先水平。详见图 12。

图 12　大间距后浇带超厚基础底板施工现场

创新 6. 81m 大悬挑复杂空间结构有支撑悬伸步进施工技术

通过采用大悬挑复杂空间结构有支撑悬伸步进施工技术确保施工质量及安全，完美实现设计意图。详见图 13 ~ 图 15。

创新 7. 精准化施工与全生命周期 BIM 技术研究应用

基于 BIM 的智能放样软件调用智能全站仪的通信接口，通过 Wi-Fi 连接，实现对智能全站仪的遥控操作，通过二次开发实现了虚拟现实交互功能，为施工 BIM 应用提供了一个结合 BIM 模型成果和放样生产操作的平台，帮助测量员在现场直接利用 BIM 模型成果进行测量放样，计算工作完全自动化。相对国外选用基于 BIM 的放样技术只能选择 iPad，采用 Android 操作系统能够

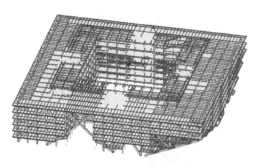

图 13　吊柱位移计算模型　　　　　　　　　图 14　防止吊柱端口水平位移

图 15　81m 大悬挑复杂空间结构有支撑悬伸步进施工现场

在移动终端的型号选择上有更大的余地，以 Android 原生 App 的方式，结合移动 BIM 组件进行开发，分别实现 LN-100 的底层通信接口、仪器的各项功能指令、BIM 模型的三维浏览和管理、放样任务的管理、放样与测量功能和作业流程控制等，并且注重用户界面、用户体验的设计，形成一套易用性强、符合施工放样实际需求的技术。详见图 16 ~ 图 19。

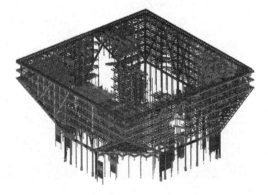

图 16　项目整体 BIM 模型图　　　　　　　　图 17　钢桁架 BIM 模型图

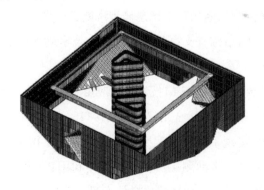

图 18　幕墙 BIM 模型图

腾讯北京总部大楼项目
BIM服务器

图 19　BIM 智能放样系统图

三、健康环保

采用自然采光、自然通风，节约大量的能耗。应用竖向百叶（装饰翼）及智能动态调光玻璃遮阳技术，保证大空间的舒适室内环境，并降低能耗。采用室内空气质量控制技术，从污染源头对建筑室内空气质量进行控制。采用节能灯具及智能照明控制技术，对不同功能空间的光环境的营造采用不同的照明方式。采用设备自动监控系统技术，进行各类设备监视、控制及自动化管理。

四、综合效益

1. 经济效益

以互联网技术为手段，打造智慧园区、高科技园区为目标，众多新技术融入设计，在此基础上，为人性化定制运用服务打下基础，为使用者打造个性化、主动、精准服务，为资产运营商提供安全、高效、绿色的运营措施，为资产拥有者提供资产保值、降本增效。

2. 工艺技术指标

施工过程中采用了大间距后浇带超厚基础底板施工技术、施工现场物联网应用技术、基于BIM的智能施工测量放样技术、复杂超限结构信息化施工技术、施工全过程BIM技术、大悬挑复杂空间结构有支撑悬伸步进施工技术、连续大截面箱形转换劲性梁施工技术、钢结构吊柱受力状态转换施工技术、智能建筑综合技术等创新技术，确保了项目施工质量及安全。

3. 社会效益

该建筑是承载腾讯文化与科技创新的重要阵地，其实施的创新技术获得了各类国内外奖项，得到了使用单位的高度认可，获得良好的社会效益，是腾讯公司在北京网媒接待的重要门户和腾讯公司国际形象的代表，也是海淀区乃至北京市的一个标志性建筑。

雀儿山隧道工程

完成单位：中国建筑第五工程局有限公司
完成人：宋鹏飞、谭芝文

一、项目背景

本项目以雀儿山隧道工程为依托，联合科研、设计、施工等多家单位和多名科研人员，通过科研攻关和工程实践，针对本项目的"三低"环境特点，采用现场测试、数值模拟、理论计算及调研的手段，对高海拔隧道施工的供氧标准通风技术、机械配置以及混凝土结构抗防冻等内容展开研究，重点探讨高海拔隧道的人体缺氧等级划分标准、氧含量控制标准、洞内氧浓度预测方法、漏风率修正方法、CO浓度控制方法等相关技术。

二、科学技术创新

创新1. 提出了高海拔隧道基于气象要素的选线设计理念，建立了寒区隧道结构保温防冻设计施工综合关键技术

将气象、水文与地质因素结合，为高海拔越岭隧道选线提供了新思路；形成了衬砌-围岩约束的隧道冻胀力理论方法和寒区隧道综合抗防冻设计方法，研发了离壁式保温衬套抗防冻结构，开发了智能温控冻害抑制养护系统和高寒地区隧道施工通风升温系统，提升了高海拔地区特长隧道抗防灾能力。详见图1~图3。

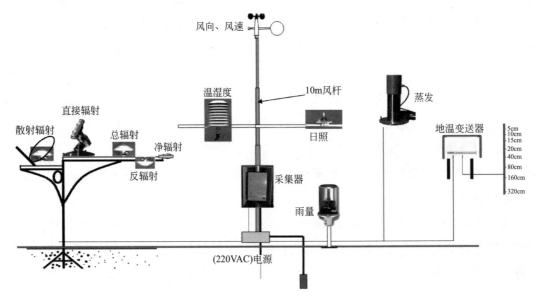

图1 气象观测数据采集系统图

图2 雀儿山隧道轴线方案比选示意图

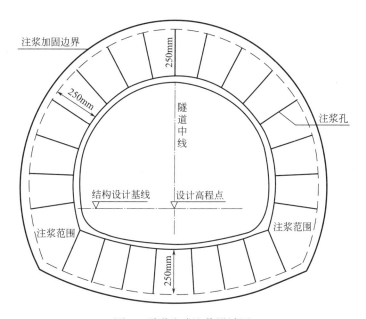

图3 隧道防冻注浆设计图

创新2. 创新提出了高海拔隧道施工供氧标准

建立了"三低"环境下空气含氧量多源衰减计算模型；基于肺泡氧分压理论的人体缺氧危险等级划分及控制标准，制定了高海拔隧道施工供氧方案；开发了基于穿戴设备的人员机体健康实时监控系统；解决了9%低含氧量特长隧道独头掘进4000m的通风供氧难题。详见图4～图8。

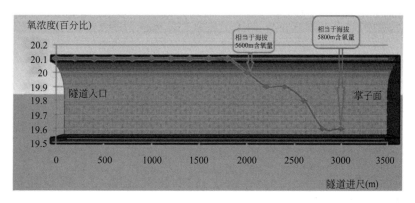

图4 氧浓度随隧道掘进距离的分布规律图

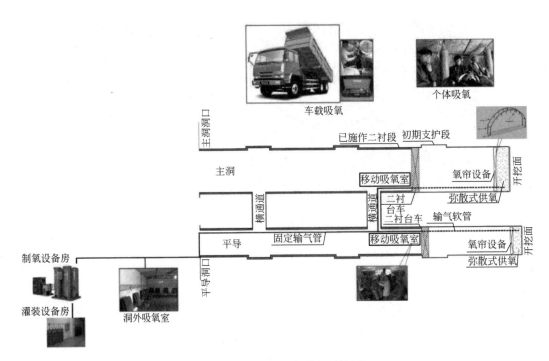

图 5　雀儿山隧道制氧供氧系统图

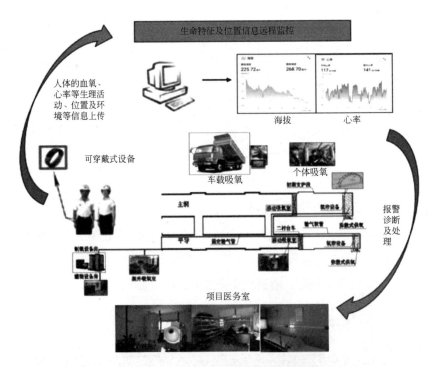

图 6　人体健康状态实时监控应急系统

创新3. 创新了高海拔"三低"环境下隧道作业机械效能保持应用方法

制定了适用于海拔5000m隧道通风计算新标准；开发了高海拔隧道风机升效节能技术；构建了"富氧+涡轮增压"的双控组合机械效能提升方法；形成了高海拔特长公路隧道施工通风综合设计方法与施工设备配置与效能提升技术，为制定高海拔特长隧道施工组织管理体系提供了直接的理论依据。详见图9～图11。

图 7 移动氧吧车

图 8 医用高压氧舱作为后勤医疗急救供氧设备

图 9 隧道对旋轴流风机

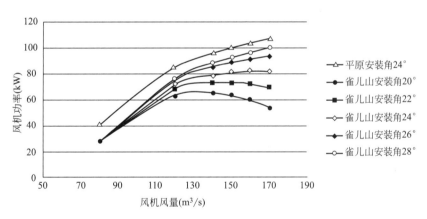

图 10 不同叶片安装角风机功率变化曲线图

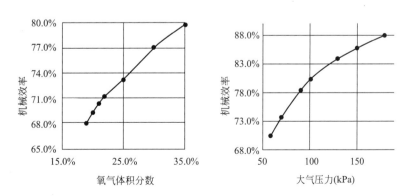

图 11 富氧涡轮增压条件下不同进气氧含量和气压下的机械效率变化图

创新 4. 创新了高海拔隧道建造生态环境保护与利用技术

提出了隧址地热资源的高效利用思路，研发了基于天然温泉循环的路面冰害自防系统；提出了机械与自然通风相统一的隧道通风设计原则，降低了运营通风成本；实践了隧道弃渣回收利用及隧区植被恢复技术，为生态环境脆弱地区隧道工程的绿色建造提供示范。详见图12。

图 12　雀儿山隧道利用温泉热能消除路面冰雪灾害现场施工图

三、综合效益

1. 经济效益

雀儿山段是国道317线在四川境内最高的一段，灾难性的交通事故和非交通事故时有发生，通过雀儿山隧道设计施工科技创新，取得了系列成果，并已成功应用于四川汶马高速工程中，取得了显著的应用效果，产生直接经济效益4376万元。

2. 社会效益

工程建设期间现场未发生一起安全质量事故，运营期间水土保持及环境保护等方面的性能均达到设计要求，满足道路通行能力。原本2个多小时的艰险山路，通车后穿越雀儿山只需10min，为藏区人民带来了便捷和安全的交通环境，也为甘孜社会经济的发展注入了新动力。本工程的建成，获得了业主、监理、地方政府的一致好评，在政治、经济、军事等方面也具有十分重要的意义。

创新技术（设备）成就广州市第八人民医院
应急防疫空调工程

完成单位： *广州市城市规划勘测设计研究院、山东雅士股份有限公司*
完成人员： *刘汉华、李刚、封和平、吴哲豪、罗显华、廖悦、张湘辉、刘文茜*

一、项目背景

广州市第八人民医院为广州市传染病专科医院，在新冠疫情防控中发挥重大作用，院内交叉感染零感染。广州市第八人民医院应急防疫工程含住院部大楼、感染病住院楼和扩建医技楼等建筑，总占地面积10.57万 m^2，总建筑面积9.1万 m^2。感染病住院楼，建筑面积24900m^2，顶标高39.1m；地上面积14430m^2，属于高层建筑。地下室为设备用房；首层～二层为感染门诊区；三层～八层为负压隔离病房区域。另一栋为医技楼，建筑面积8328m^2，顶标高27.2m；地上面积6060m^2，属于高层建筑。地下室为设备用房；首层～二层为门诊区和部分办公区等；三层～五层为实验室区域和部分办公区等。两栋建筑均采用独立的夏季供冷（含热回收）、冬季供暖的空调系统。详见图1。

图1　应急防疫工程项目俯瞰图

二、科学技术创新

创新1. 隔离确诊病房送排风系统
详见图2。
创新2. 负压病房关键技术参数的控制
详见图3。
创新3. 新风预冷蒸发除湿技术的应用
详见图4。
创新4. 平疫结合通风空调系统设计
创新5. 病区（三区两通道）的压力梯度控制技术
详见图5。

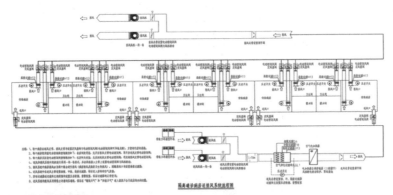

病房走道现场实景

五层各房间压差现场实测

诊室压差现场实测

图 2　隔离确诊病房送排风系统图

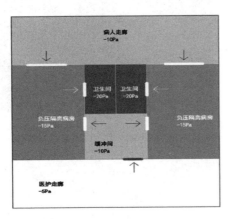

图 3　负压病房压差梯度示意图

压缩机　冷凝盘管　蒸发盘管　主表冷盘管

图 4　新风预冷蒸发除湿技术示意图

创新6.动力分布式变风量通风系统

创新7.新风质量处理技术

详见图6。

创新8.中央集中远程控制技术

山东雅士股份公司为本项目提供了深度除湿新风机组、AAHM-H洁净手术室用空气处理机组、低温型高效节能风冷冷热水机组等。

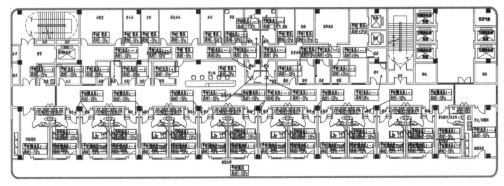

梯级压差要求:

清洁区(+)→半污染区(-)→污染区(--);

半污染区医护走廊(-5Pa)→病房缓冲间(-10Pa)→病房(-15Pa)→病房卫生间(小于-15Pa)。

图5 病区的压力梯度(平时、疫时)控制图

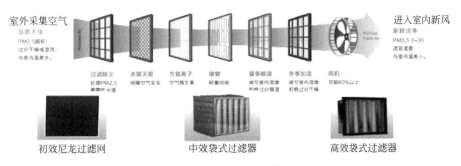

图6 新风质量处理技术

三、健康环保

项目建成后,经院方测试合格后投入使用。2020年,全年累计收治新冠相关病例2467人,占广州市94%以上,也是全国收治外籍患者最多的医院;救治率在全国及全球是领先,达到国际一流先进水平。当然这与广大医务人员辛勤努力、奋战在一线有关,但本项目为广东省的抗疫提供了一流的硬件。

四、综合效益

市八医院新址二期项目感染病住院楼可为新冠肺炎患者提供1080个床位,项目原计划2020年6月30日竣工投入使用,但疫情突然降临,各方于当年4月加班赶工,项目建成后,经院方测试合格后投入使用,在本项目病区救治了2020年2月至今广东省50%以上的新冠肺炎患者,由于快速设计,积极配合施工安装及时建立了市八医院感染病住院楼1080个床位,全面投入到广东省的抗击新冠肺炎疫情当中,节省三甲综合医院改造费2.5亿,节省方舱医院改造投资约1亿,及疫情控制住广州市应急收治新建工程(广州火神山应急医院)未建,节省投资2.1亿,共计节省投资约5.6亿。市八医院二期建设为广州市疫情及时管控提供硬件,避免广州市出现大范围封

控，降低疫情对广州市经济的影响，经济效益预计近千亿。

由于设计提供负压病区，广州市救治率在全国及全球是领先，达到国际先进水平。本项目应用多项创新技术和设备，获广州市优秀设计建环专业奖一等奖，广东省优秀设计建环专业奖二等奖，全国行业优秀勘察设计奖新冠肺炎应急救治设计奖二等奖，并获国家级－建筑应用创新大奖（综合奖）。

青岛西站综合施工技术研究

完成单位：中铁十局集团有限公司

完 成 人：王庆、骆明足、楚艳海、李冰、周世亮、李和超

一、项目背景

本项目以青连铁路青岛西站为依托，联合高校、设计、施工等多家单位和多名科研人员，通过科研攻关和工程实践，建立了大跨度波浪形屋盖空间结构抗风计算理论创新、大跨度屋盖–劲性钢骨（钢管）混凝土框架组合结构体系设计分析方法、站房屋盖结构及围护系统梯次一体化施工技术、曲线站台"切线支距放样、折线变缝排版"施工技术、铁路站房数字化管理系列关键技术，对铁路站房类大型公共建筑的抗风理论计算、结构体系分析、综合快速施工具有显著示范作用。

二、科学技术创新

创新1. 大跨度波浪形屋盖空间结构抗风计算理论创新

（1）针对大跨度波浪面屋盖结构的等效静风荷载计算方法

对大跨度波浪面屋盖结构的平均风响应、背景风响应和共振风响应进行了理论分析，并推导出结构等效静力风荷载理论计算公式；其次，通过分析理论公式中各参数对计算结果的影响，提出了便于实际应用的等效静力风荷载简化计算方法。详见图1。

 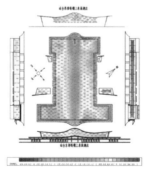 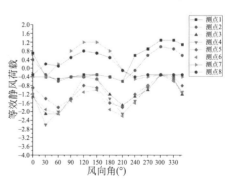

图1　大跨度波浪形屋盖空间结构抗风计算理论

（2）基于大跨度波浪面屋盖结构的风振响应分析方法

先挑选控制模态再进行有效风致响应计算的"二步法"，具有提取信息简单、精度高、收敛快等特点。详见图2。

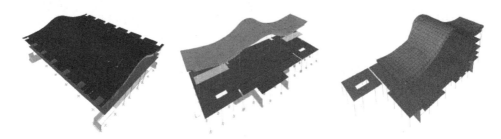

图 2　基于大跨度波浪面屋盖结构的风振响应分析方法

（3）基于大跨度波浪面屋盖结构的流固耦合作用分析方法

通过对站房在来流风下的振动频率特性进行研究，发现附加质量是影响大跨度波浪面屋盖结构振动频率的主要因素，附加质量随风速增大而增大，从而导致振动频率下降。详见图3。

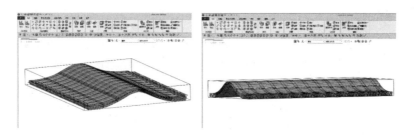

图 3　基于大跨度波浪面屋盖结构的流固耦合作用分析方法

（4）针对大跨度波浪面屋盖结构极值风压估算方法的研究

通过互信息分析确定短时程风压样本独立分段的合理观测时距，再应用峰值分段平均方法估算该观测时距下样本的极值风压，最后由不同观测时距的极值转换关系换算得到目标观测时距下的极值风压。详见图4。

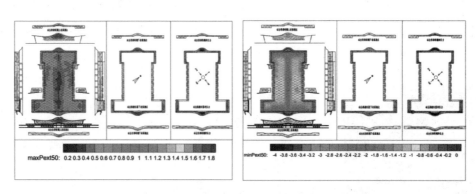

图 4　大跨度波浪面屋盖结构极值风压估算方法的研究

创新2. 大跨度屋盖–劲性钢骨（钢管）混凝土框架组合结构体系设计分析方法创新

（1）抗风设计分析方法

借鉴《建筑抗震设计规范》GB 50011—2010（2016年版），提出适合于大跨度屋盖的多级抗风设防标准、设计原则和概念设计方法。

（2）抗震设计分析

进行了整体结构下的地震动响应性能化分析和国内外大量震害研究，构建了能够真实反映结构受力状态的大跨度屋盖+劲性钢骨（钢管）混凝土框架+预应力钢筋混凝土楼盖组合结构体系的优化设计分析理论。详见图5。

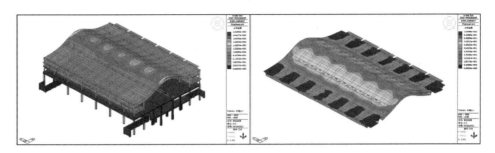

图5　大跨度屋盖-劲性钢骨（钢管）混凝土框架组合结构体系抗震设计分析

（3）温度效应设计方法

应用温度效应对大跨度钢结构的影响及敏感性理论分析，采用有限元软件建立了铁路站房钢屋盖结构模型，探究温度作用对钢屋盖应力和变形的影响。采用下部支承结构侧向刚度及温度变形的设计方法，进行有限元分析。详见图6。

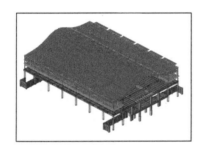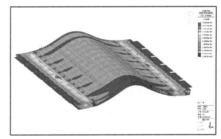

图6　大跨度屋盖-劲性钢骨（钢管）混凝土框架组合结构体系抗震设计分析

创新3. 大跨度管桁架、大倾角玻璃幕墙、复杂弧面铝垂片吊顶梯次一体化控制的快速提升施工技术创新

（1）大跨度管桁架屋盖"原位拼装+整体液压提升"关键技术

采用仿真分析在钢管桁架拼装时预起拱，并在吊点位置设置内收值，解决钢结构施工时变形大的通病；将传统千斤顶工艺利用液压泵源确保提升动力；采用"模块化液压泵源系统+计算机同步控制系统"实现26个提升点同步提升。详见图7。

图7　大跨度管桁架屋盖"原位拼装+整体液压提升"技术

（2）倾斜面幕墙玻璃轨道提升安装施工工艺

研发了一种幕墙玻璃一体化运输提升平台，形成了倾斜面幕墙玻璃轨道提升安装施工工艺，减少了玻璃在水平运输和斜向安装过程中的破损，提高了斜面玻璃的安装速度。详见图8。

图 8　倾斜面幕墙玻璃轨道提升安装施工工艺

（3）高大空间新型铝垂片吊顶反吊法施工工艺

采用微型吊机提升反吊技术解决垂直运输问题的高大空间铝垂片吊顶全新施工方法，实现铝垂片快速、精准就位，减少施工占地面积和占地时间，使石材地面、墙面能同步流水施工，实现内部空间自循环。详见图9。

图 9　高大空间新型铝垂片吊顶反吊法施工工艺

创新4. 高铁曲线站台边线放样施工技术——"切线支距放样、折线变缝排版"曲线站台施工新技术

为确保铁路限界安全和站台铺贴效果，研发了"切线支距放样、折线变缝排版"曲线站台施工新技术，填补了铁路站场在不铺轨的前提下精确铺贴曲线站台工艺的空白。详见图10。

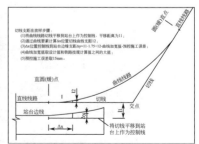

图 10　高铁曲线站台边线放样施工技术

创新5. 铁路站房数字化管理创新——基于GIS+BIM深度融合的数字化技术

青岛西站GIS模型通过地理信息定位，与BIM模型有机结合，合成BIM+GIS模型应用，基于

GIS+BIM深度融合的数字化技术，全过程运用信息化技术，攻克大型枢纽高铁客站设计、施工及运维方面的技术难题。详见图11。

 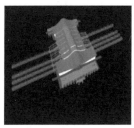 

图 11   BIM+GIS 模型

三、综合效益

1. 经济效益

通过对青岛西站综合施工技术的研究，熟练掌握了大型铁路站房复杂的施工技术，提高了相关工艺的施工速度，产生了较大的经济效益。

（1）通过"四新技术"应用，节约人工费及材料费约1014万元。

（2）通过研究"大跨度波浪面屋面空间结构等效静风荷载、风致振动特性计算理论""大跨度屋盖–劲性钢骨混凝土框架组合结构体系设计分析方法""大跨度管桁架、大倾角玻璃幕墙、复杂弧面铝垂片吊顶梯次一体化控制的快速提升施工技术"等，节约费用约1269万元。共计节约成本约2313万元。

2. 工艺技术指标

（1）大跨度波浪形屋盖空间结构抗风计算。提出并在优化设计中应用了等效静风荷载简化计算方法、风致振动响应计算"二步法"以及"三水准抗风设防原则"和"三阶段抗风设计方法"。

（2）大跨度屋盖–劲性钢骨混凝土框架组合结构体系设计分析方法。提出了拱形空间结构的抗风、抗震、温度效应有限元分析方法。

（3）站房屋盖结构及围护系统梯次一体化控制施工技术。研发了循环顶进提升系统、幕墙玻璃一体化运输提升平台、直轨式微型提升工装等专利技术。

（4）研发了"切线支距放样、折线变缝排版"曲线站台施工新技术。

（5）铁路站房数字化管理采用基于GIS+BIM深度融合的数字化技术，研发了铁路站房信息化管理平台。

3. 社会效益

青岛西站全过程运用BIM、有限元分析、数字化加工等信息化技术和智能建造技术，形成了一系列高水平技术成果，实现了高铁站房施工的多项技术突破和创新，推动了高铁站房的智慧、节能、优质建造，创造了良好的社会、经济效益，极具推广应用价值。建成后的青岛西站各系统运行良好，交通运输功能不断提升，总列车数已达77次，方便了新区人民交通出行。

槐房再生水厂

完成单位： 北京城建集团有限责任公司、北京市市政工程设计研究总院有限公司、北京城市排水集团有限责任公司、北京市园林绿化集团有限公司

完 成 人： 李久林、张建新、刘奎生、李振川、张文超、段劲松、温爱东、刘震国、马军英、窦一、李明奎、郭利佳、袁云峰、冯硕、高兴军、王海波、申振士

一、项目背景

本项目以槐房再生水厂项目为依托，联合建设、设计、施工等多家单位和多名科研人员，通过科研攻关和工程实践，解决了全地下构筑物安全运行、超长超宽水工构筑物结构渗漏、再生水厂工艺调控依靠经验存在的周期长、风险大、滞后性及资源浪费、污泥处理处置、全地下水处理构筑物顶板湿地水域及种植屋面防水等问题，建立了中心城区特大型地下生态水厂现代化建造关键技术，实现了"环境友好、社会和谐、功能齐全、绿色高效"的生态水厂建设理念，真正做到污水处理无臭味、低噪声，实现再生水利用、污泥资源化、能源利用等全方位资源循环利用。

二、科学技术创新

通过科学技术创新成果研究，弥补了北京市中心城区污水处理设施建设的诸多不足，破解了城市发展难题。首次将小直径盾构技术引入城市污水、再生水管线施工，针对屋面湿地景观建设，进行浅覆土顶板湿地防水排水、人工湿地建植、无公害防治等方面的技术研究。

创新1. 地下生态再生水厂集成规划设计技术

通过地下式再生水厂规划设计技术、集约化综合节地技术，将污水处理设计为目前最为节地的MBR处理工艺，采用组团布置进一步节省地下空间和地下式再生水厂及地面湿地公园的建设形式，解决了传统污水厂的邻避效应，增加了周边土地的价值。详见图1。

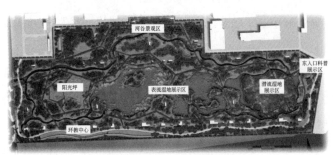
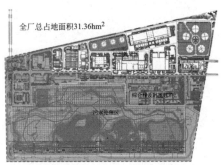

槐房再生水厂平面布置图　　　　　　槐房再生水厂水处理区湿地平面图

图1　大型屋顶生态湿地建造与养护技术

创新2. 超长、超宽混凝土抗裂防渗技术

通过大型地下水厂防渗漏的设计措施、超大型水工构筑物跳仓法施工技术、水工构筑物大面积滑动层施工技术，提高了水工构筑物结构的防水性、耐久性。详见图2。

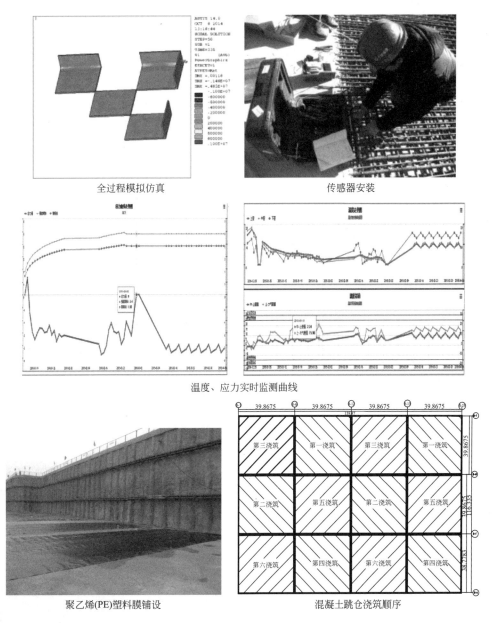

全过程模拟仿真　　　　　　　　　　传感器安装

温度、应力实时监测曲线

聚乙烯(PE)塑料膜铺设　　　　　　混凝土跳仓浇筑顺序

图2　超长、超宽混凝土抗裂防渗技术

创新3. 进退水管线小直径盾构施工技术

通过小直径盾构机始发施工技术、小转弯半径施工技术，采用FLAC3D数值模拟软件模拟管片纵向受力，解决空间狭小情况下始发的难题。详见图3。

创新4. 大型屋顶生态湿地建造与养护技术

通过浅覆土屋顶生态湿地防水排水施工技术、再生水人工湿地系统建植技术、人工湿地有害生物无公害防治，形成一个完整且多种功能的新型蓄、排水系统，解决了潜流湿地陶粒遇水

漂浮、导致基质流失的难题，提升了湿地公园有害生物防控的自我调节能力。详见图4。

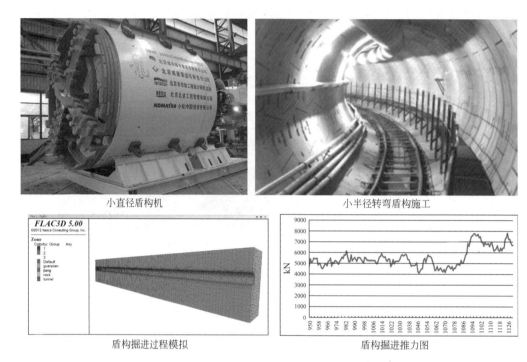

图3　进退水管线小直径盾构施工技术

图4　大型屋顶生态湿地建造与养护技术

综合应用创新类 · 069

创新5. 互联网+模拟与监控技术

通过采取BIM模型、三维GIS和物联网技术相结合的智慧建造理念，建立了一套自主知识产权的三维物联网施工管控平台，实现了对施工现场的安全、进度、质量、成本等方面的管控，有效地提高了本项目利用信息技术进行施工精细化管控的能力。详见图5。

图5　互联网+模拟与监控技术

三、健康环保

槐房再生水厂课题的实施与成果应用在我国有着广泛的市场需求，适用于大型再生水厂工程，对于提高建筑工程安全、质量水平，降低人工和劳动强度、加快建造速度、实现绿色建造和节能减排，以及建设资源节约型、环境友好型社会具有重要意义。

再生水人工湿地公园研究全面应用于槐房再生水厂绿化景观湿地工程，解决了工程建设中荷载、屋顶漏水和植物积水、植物建植、有害生物防控等关键技术难题，为亚洲最大的地埋式再生水处理厂浅覆土顶板湿地公园顺利建成提供了可靠的科学依据和技术保障。在顶板式湿地公园方面专项研究技术弥补了绿色建造领域的空白，为水生态治理、人工湿地建造与运维提供了数据支撑，对城市生态环境建设和城市可持续发展做出了积极贡献。

四、综合效益

1. 经济效益

经过对北京市中心城区特大型再生水厂全地下建造、特大型全地下再生水厂智慧建造、特大型全地下再生水厂绿色建造技术研究与应用，节地达常规建设用地的40%，节约总工期约60d，节约造价647万元，恢复了南城湿地生态保护区，实现生态水厂建设理念。该成果为建造全地下再生水厂做了很好的技术集成研究，进行了针对性的创新和技术提升，经济效益显著。

2. 工艺技术指标

（1）采用MBR工艺节地约30%，组团式布置节地约10%，节省约40%。

（2）利用污水中的能量用于厂区的集中供热供冷，节约大量的一次能源；采用热水解+消化的污泥处理技术路线，污泥脱水含水率60%以下，该成果成功应用于北京槐房再生水厂，每年可以为河道补充2亿m³的高品质再生水，占河道生态需水量的30%，满足了凉水河的生态基流，恢复了凉水河的水环境生态。

（3）热水解的改性作用使消化池的单位处理能力增加3.5倍，节省约68%的消化池建设投资，同时使有机物降解率从40%提高至52%，消化产物的稳定性进一步提高，污泥减量化率从28%提高至66%。5个污泥处理中心稳定运行，每年减少碳排放21150t。

3. 社会效益

槐房再生水厂设备运行平稳，各项指标满足设计及规范要求。每年产生600t的生物碳土，用于林地抚育、土壤改良、苗圃种植等领域。热水解厌氧消化年产沼气2100万m^3，用于厂区发电、供暖，实现部分能源自给。槐房再生水厂工程的建设，较大程度缓解城南地区水环境污染问题，极大缓解辖区内及下游水污染状况，大幅减少城市向天然水体污染物的排放量，对防止污染、保护生态环境和人民群众身体健康、保障下游地区居民及工业企业用水安全、改善投资环境、提高城市整体形象、保证城市可持续发展都将发挥巨大的作用。

新建成都至贵阳铁路乐山至贵阳段毕节站站房及相关工程

完成单位：中建交通建设集团有限公司、中信建筑设计研究总院有限公司

一、项目背景

毕节站站房工程中间候车大厅屋盖表面为双坡斜面，采用正放四角锥钢网架结构，采用上弦周边柱点支撑，柱间距最小8m，最大20m，节点形式为螺栓球，长132m，跨度56m。候车大厅屋顶有三层高差屋面，每层高差均大于2m，且此处为大跨度空间候车厅，采用变截面多层空间网架，实现屋顶高差变化，形成一个异形变截面多层空间球型螺栓节点网架结构体系。屋盖网架杆件采用无缝钢管，节点为螺栓球节点，局部使用焊接球节点，钢材质为Q345B，屋盖系统总重量约250t。详见图1。

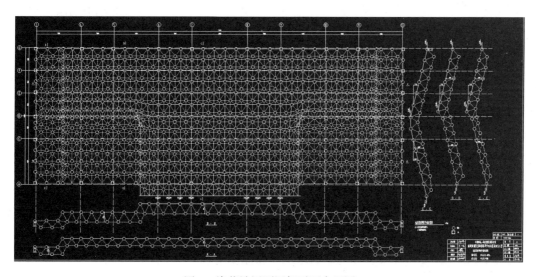

图1 毕节站屋顶网架平面布置图

二、科学技术创新

创新1. 结构特点

（1）钢结构构件均通过电脑模拟空间定位，在工厂加工制作，机械化生产，运至工地就位现场拼装，加工精度高，便于现场安装。

（2）施工工艺简便，操作便捷，施工工期短。

（3）采用钢结构网架与稳定性较高的支撑体系共同作用，使网架在安装过程中受力均匀，

安装精度高，质量可靠。

创新2. 施工方案

钢结构网架安装采用高空散装法，即施工区域下方按照施工顺序，第一块区域搭设满堂红脚手架，在脚手架上满铺脚手板形成一个工作平台，施工人员在平台上完成安装作业。施工人员在工作平台上将网架每个网格拼装成一个三角锥体后，借助人力将三角锥体的网架小单元吊至网架安装部位，由安装工人将三角锥体的三个顶端的高强螺栓逐个拧入螺栓球孔中，这样形成一个网格和一个网格空中拼接式，拼装到每个支撑点后，将支座校正后和预埋件焊接牢固直至网架整体封闭合拢。

创新3. 施工工艺与总结

（1）施工流程

测量放线定位→调整预埋件→支撑体系搭设→半成品堆放→安装对称轴上的构件→调整杆件位置→对称轴局部网架调整→向两侧对称推进→支座焊接→马道安装→支托安装→主檩条安装→落架（产生应力转换）。

（2）施工技术要点

本工程网架施工流水段的划分：按照设计图纸结构形式，以钢屋盖网架施工区域现浇混凝土拱架为界划分为九个施工区段，安装顺序为先安装东区，然后西区，每个工区段采用控制中间轴线标高的方法拼装，从中间向两侧推进安装，以减小累计偏差和便于控制标高，使误差消除在边缘上。单元间拼装完成时采用倒链和千斤顶进行安装精度调整和校正。

1）测量放线。先利用原有基准点，用经纬仪确定对称轴上一排螺栓球的位置，由此轴线向四面扩散，将所有螺栓球的位置标记出来形成控制网。测量时，特别是夏季要避免在中午进行，以减少温差对施工精度的影响。

2）本工程中预埋件种类较多，拱内侧及东、西区弧梁上为平板埋件，拱下为预埋螺栓，各处标高均不同。在安装钢结构前做到认真、反复核测，如有偏差，必须进行处理。

3）支撑体系的选择与优化。支撑体系采用扣件式脚手架，编制相应的搭设方案，并根据图纸将网架支撑点搭成井字架，并将每个螺栓球下底面标高控制线标注在脚手架上，支撑点设在下弦节点处，用可调支撑调整螺栓球标高。支撑点的位置、数量、支点高度应统一安排，支点下部应适当加固，防止网架支点局部受力过大，支撑架下沉。

4）半成品运至现场，经探伤合格后吊至作业区，所有材料分类分区铺放在脚手架作业平台上，不允许堆放，防止产生集中荷载。

5）杆件及配件应根据编号按图纸进行安装，先安装对称轴及两侧的下弦杆件，对螺栓球进行位置、标高修正，准确无误后安装腹杆及上弦杆件，腹杆与上弦球连接的高强螺栓必须全部拧紧。再按照一球三杆的小单元拼装方法，按对称轴由一侧向另一侧安装，安装过程应不断复核各点位置。

6）小单元安装及固定确认无误后，向两侧对称推进进行大面积安装，在安装过程中要严格复检杆件尺寸及螺栓球偏差，每三个单元的顺向三根杆件应复查其总尺寸，并随时检查其基准轴线、位置、标高及垂直偏差，并应及时校正。网架的整体挠度可通过上弦与下弦尺寸的调整来控制挠度值。

7）安装一旦发生偏差，应立即进行调整。

8）拧紧螺栓用的扳手为专用工具，不可将扳手柄接长或多人用力，以免力矩过大。校正好高强螺栓与螺栓孔安装角度后方可初拧，将高强度螺栓用扭矩扳手按规程规定紧固，随时复拧，当天终拧完毕。

9）安装完成并复核无误后进行支座焊接工作，焊接顺序同安装顺序，采用围焊。

10）拆除工作应在所有节点都安装或焊接完成并检测合格后进行。

三、健康环保

施工场地和作业限制在工程建设允许范围内，合理布置、规范围挡等安全防护措施，严格执行高空作业规章规程。在安全方面，高空散装法与一般网架吊装相比，安全更加可控，工人更易操作；在环保方面，其产生的施工噪声更小更少，加上优先选用低噪声辅助机械设备，使得整个网架安装过程中，该施工空间噪声一直处于允许值之内。

四、综合效益

项目采用高空散装异形变截面多层空间球形钢结构网架施工工艺，质量可靠，安装精度高，施工工期短，为紧张的工期赢得了宝贵的时间，为后续工序施工创造了良好的施工条件。采用高空散装搭设脚手架工作平台，虽然投入的周转材料较多，但减少了复杂的吊装和调整工序，因此安装工期较短，减少了周转材料的使用天数，工程整体节约了成本，从技术经济分析采用散装法较为经济适用。

青岛新机场航站楼屋盖工程

完成单位：中建三局第一建设工程有限责任公司

完 成 人：袁东辉、徐京安、赵文龙、高迪、何兴鹏、陈鹏飞、靳亚飞、金鑫年

一、项目背景

本项目以青岛新机场航站楼工程标段二屋盖工程为依托，研发应用超大面积超纯铁素体屋盖系统综合施工技术，包括大跨度、不规则网架的整体提升技术，集耐腐蚀性能强、防水性能高、耐久性长等优势于一体的施工技术，实现了航站楼屋盖系统非对称网架单元整体提升、屋盖系统自动焊接，达到提高屋盖系统施工效率、提高屋面耐久性的效果。

二、科技技术创新

创新1：千吨级非对称支点屋面网架整体提升施工技术

屋面施工采用"超千吨多支点非对称屋面网架单元拼装整体提升施工技术""屋面网架不平衡受力再平衡技术"等，解决了大型机场航站楼网架结构与屋面系统综合施工难题。一方面，利用MIDAS等软件，建立屋面网架不对称支点整体提升受力模型，对各工况进行施工仿真模拟分析，对提升安装过程中的结构变形、应力状态进行预先调整控制；利用各个支点反力支座，将不平衡的重力进行分摊，建立受力再平衡，保证网架整体平整，受力均匀；另一方面，项目以Revit为基础数据平台，以二次开发为实现方法，将场布图纸（CAD数据）不失真地读入基础数据平台，借助二次开发的成果，智能生成三维场布模型。

各区网架拼装时，为避免网架拼装时的累积误差，网架拼装时需从中间向两端进行拼装。网架拼装工作主要是将网架构件散件吊装至L3层楼面，拼装前的工作包括运输构件到场的检验、拼装平台搭设与检验、构件组拼、焊接、吊耳及对口校正卡具安装、中心线及标高控制线标识、安装用脚手架搭设、上下垂直通道设置，拼装单元验收等工作。详见图1。

网架提升流程示意见表1。

创新2：不锈钢连续焊接屋面相关技术

本工程采用焊接不锈钢屋面系统，通过自动焊接机器人，采用直立锁边安全控制技术，将屋面形成一张完整无缝的金属整板，焊接设备自动化程度高，焊接速度快，质量稳定可靠，防渗漏性能明显提高。本技术采用光污染处理技术、屋面防渗漏控制技术、应力释放与控制技术、热胀冷缩控制技术、直立锁边安全控制技术、不锈钢屋面自动焊接施工技术，实现屋盖系统自动焊接，达到提高屋盖系统施工效率、提高屋面耐久性的效果。不锈钢屋面安装施工工序见表2。

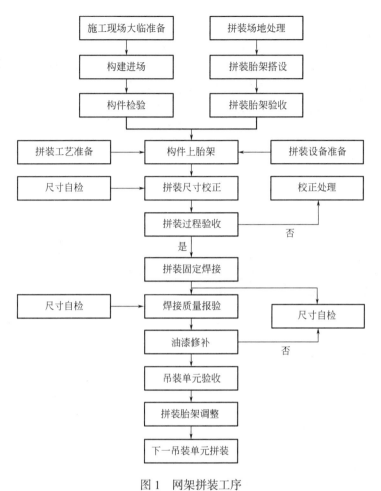

图 1　网架拼装工序

网架提升流程示意　　　　　　　　　　　　　　　　　　　　　　表 1

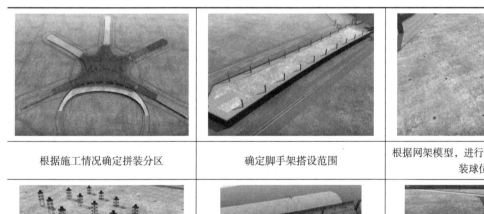

	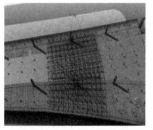	
根据施工情况确定拼装分区	确定脚手架搭设范围	根据网架模型，进行投影定位，确定拼装球位置
搭设拼装胎架，根据相对标高调节胎架高度	以网架初始拼装点向四周进行网架单元拼装	网架及主、次檩条拼装完成，拼装质量进行验收

续表

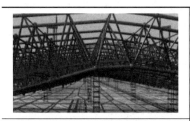		
按照设计荷载的20%、40%、60%、80%、90%、95%、100%的顺序逐级加载，直至提升单元脱离拼装平台	网架离开拼装胎架约150mm后，利用液压提升系统设备锁定，空中停留4～12h做全面检查	提升作业过程中，完成4个提升行程后，利用液压提升系统设备锁定，进行姿态的调整，使结构处于正确的姿态
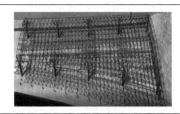		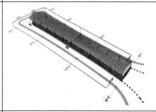
网架提升至设计位置后，利用液压提升系统设备锁定，进行屋盖网架后补杆件的安装	后补杆件安装完毕后，进行屋盖网架"分区卸载"，注意结构的同步性、安全性控制	按照与第1块网架相同的提升步骤，完成指廊第2块屋盖网架提升作业
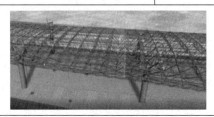		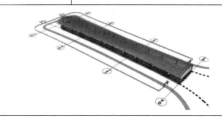
指廊屋盖网架第2块提升完成后，进行后补杆件及合拢缝处杆件的安装		后补杆件及合拢缝处杆件安装完成后，进行指廊屋盖网架卸载

不锈钢屋面安装施工工序　　　　　　　　　　　　　　　　　　　　　　　表2

主檩托、檩条安装	次檩托、檩条安装	镀铝锌穿孔钢底板安装
衬檩支座安装	无纺布、吸声棉安装	衬檩安装

续表

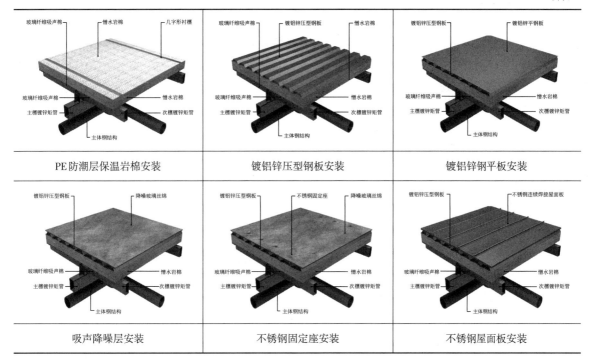

PE防潮层保温岩棉安装	镀铝锌压型钢板安装	镀铝锌钢平板安装
吸声降噪层安装	不锈钢固定座安装	不锈钢屋面板安装

三、健康环保

通过采用机场航站楼超纯铁素体屋盖系统智慧建造综合施工技术，钢网架构件进行工厂化预制加工，现场组合拼装，并采用BIM技术智能控制，对网架系统进行整体提升，提高网架提升安全性和施工效率。

四、综合效益

1. 经济效益

网架施工采用整体网架提升模式，提高焊接效率，整体节省费用约500万元；屋面施工采用连续焊接不锈钢屋面系统，只需要一层主次檩条，整个屋面可节约钢材880t，节约资金大约500万元；采用焊接不锈钢屋面系统，节约自粘性防水卷材大约33000m²，节约资金大约180万；采用连续焊接不锈钢屋面系统，节约施工成本合计约1430万元；根据实际对比经济效益及工期经济效益综合分析，节约施工成本合计约1930万元。

2. 工艺技术效益

编制了适用于机场航站楼超大面积超纯铁素体屋盖系统综合施工技术的作业指导书及项目验收标准等指导参考文件，总结了一整套大面积钢结构屋盖系统综合施工方法，为业内类似工程提供可参考借鉴价值，同时445J2不锈钢具有极强的抗腐蚀能力，将屋面板的使用寿命延长到80年以上。

3. 社会效益

通过航站楼大跨度网架结构与屋面系统关键技术实施应用，提高钢网架安装质量，对解决大跨度、大体量、造型复杂空间钢网架结构的施工难题，精确控制高落差网架整体提升精度有很好的借鉴意义。综合技术的成功使用，满足了行业发展的需要，为类似工程的施工提供有力的指导和参考，具有良好的社会、节能和环保效益，具有非常强的推广性和研究价值。

长春市严寒地区城市轨道U形梁预制安装综合技术

完成单位：中建交通建设集团总承包工程有限公司

完 成 人：刘殿凯、马春泉、齐孝龙、谢中原、张华、邸忠魁、丛楠、周国新、侯俊杰、
　　　　　赵东鑫

一、项目背景

本项目以长春市快速轨道交通北湖线一期试验段二标段项目为依托，联合科研、设计、施工等多家单位和多名科研人员，通过对城市轨道交通装配式预应力混凝土U形梁施工技术科研攻关和工程实践，解决施工中存在设施、材料消耗浪费及施工场地受限等共性问题，建立了严寒地区城市轨道U形梁预制安装关键技术，对推动城市U形梁预制安装施工具有重要意义。该研究成果工程应用前景广泛。

二、科学技术创新

课题创造性地形成了一套严寒地区城市轨道U形梁预制安装综合技术，解决施工中存在的共性和特性问题，保障了U形梁在预制安装过程中的安全性、可靠性、合理性及经济性。

创新1.轨道正交预制场龙门吊场内转向运梁技术

研发并应用了轨道正交预制场龙门吊场内转向运梁技术，减少大型设备和施工场地投入。本技术实现了轨道正交预制场内转向运梁。详见图1。

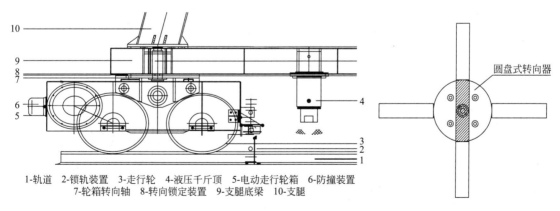

1-轨道　2-锁轨装置　3-走行轮　4-液压千斤顶　5-电动走行轮箱　6-防撞装置
7-轮箱转向轴　8-转向锁定装置　9-支腿底梁　10-支腿

图1　龙门吊转向原理示意图

创新2.一种单龙门吊水平旋转梁体装车技术

研发了一种单龙门吊水平旋转梁体装车技术，解决了运梁车组载梁总长度超过龙门吊跨径

装车出场难、传统运梁炮车与轨道正交落梁方式受制于大型设备局限性等问题，减少了梁场建设宽度和面积。详见图2。

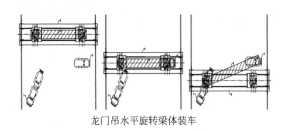

龙门吊水平旋转梁体装车　　　　　　　旋转梁体装车实景图

图2　单龙门吊水平旋转梁体装车原理

创新3. 一种新型竖向高分子弹性体伸缩缝施工技术

研发了一种新型竖向高分子弹性体伸缩缝施工技术，具有更好的安全性、通用性和可操作性，提高了竖向高分子弹塑体伸缩施工效率，降低了施工成本。详见图3。

充气气囊安装图　　　　　　侧压板安装图　　　　　　涂刷底涂料

安装支撑钢管　　　　　　弹性体养护　　　　　　模型系统拆除

图3　新型竖向高分子弹性体伸缩缝施工示意图

创新4. 可周转使用的钢底模台座及配套模板体系技术

研发了一种可周转使用的钢底模台座及配套模板体系技术，提升了周转效率，减少了模板投入，缩短了工期，提高了场地使用效率，并通过模数化、标准化设计，可适用于不同规格的预制梁制作。详见图4。

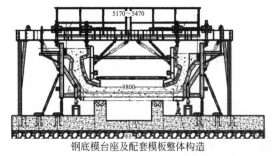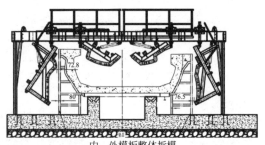

钢底模台座及配套模板整体构造　　　　　　内、外模板整体拆模

图4　钢底模台座及配套模板体系

三、健康环保

严寒地区城市轨道 U 形梁预制安装综合技术应用包括轨道正交预制场龙门吊转向运梁技术、单龙门吊水平旋转梁体装车技术、一种新型竖向高分子弹性体伸缩缝施工技术和可周转使用的钢底模台座及配套模板体系技术，节约了大量钢筋、模板等资源，减少占地，提高场地利用率，减少使用燃油机械设备可减少对环境的污染，使用可循环材料，减少施工垃圾，环境效益明显。

四、综合效益

1. 经济效益

严寒地区城市轨道 U 形梁预制安装综合技术通过对设备进行优化，减少大型机械的投入，使用可循环模板，降低模板、钢筋等材料数量，同时制定相应措施，有组织、有计划地进行施工，避免人机料的浪费，充分利用可回收资源，采用 BIM 软件项目信息模型和其他相关模型，提供有效决策依据等多种方式节约项目成本，为项目创造最高效益，根据统计结果得出累计效益金额为 803.6 万元。

2. 社会效益

通过以上创新技术在长春市快速轨道交通北湖线一期试验段二标段工程的应用，提升了施工效率，并且在满足进度的前提下保障了施工质量，相比传统施工方法，有着显著的优势，取得监理单位及业主单位一致好评，为项目创造了良好的社会效益，对类似工程具有一定的借鉴作用，推广前景良好。

超大吨位平转斜拉桥施工技术

完成单位：中建交通建设集团有限公司、中铁工程设计咨询集团有限公司、北京工业大学
完 成 人：陈永宏、张文学、吴拥军、焦亚萌、成都、陈桂瑞

一、项目背景

项目依托于保定市乐凯大街南延工程跨南站主桥项目，联合科研、设计等多家单位，通过科研攻关、试验和工程实践，取得超大吨位转体桥下部结构施工技术、超大吨位球面平铰制安关键技术等诸多成果，解决了近百米扩底桩施工、大体积高强度等级混凝土承台冬期施工、超大吨位平转桥施工及安全监控等难题，形成了超大吨位平转斜拉桥施工技术，实现了世界最重平转桥4.6万t和3.5万t子母塔顺利转体和精确对接。

二、科学技术创新

创新1. 超大吨位转体桥下部结构施工技术

（1）超深大直径钻孔扩底灌注桩施工技术。利用CMC、膨润土等材料配置优质泥浆稳定液和泥浆净化装置保证泥浆质量，严控全过程施工参数，选择主动扩底方式，可视化数控液压魔力扩底钻头扩底，通过数控屏实时监测扩底尺寸偏差，在地下96m位置精确扩底，较一般扩底桩施工深度扩大了一倍，解决了地下百米精确扩底施工难题。详见图1。

扩底钻头闭合　　　　　　　液压钻头主动展开　　　　　　扩底尺寸数控监测

图1　超深扩底桩施工控制措施

（2）C50承台大体积混凝土冬期施工防开裂技术。通过优化混凝土施工配合比等方法，建立模型进行温度场分析，优化各控制参数具体数据，制定详细的温控方案，并因地制宜利用基坑设置养护棚，利用冷却水温水养护，达到"内降外保"的目的。详见图2。

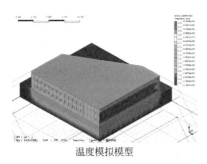

| 温度模拟模型 | 冷却水管布置 | 暖棚保温布置 |

图 2　大体积高强度等级混凝土承台施工控制措施

创新 2. 超大吨位球面平铰制安关键技术

（1）设计了一种使用厚钢板加工的可组装式球面平铰，详见图 3。

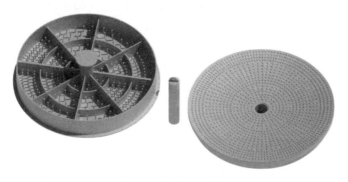

图 3　组装式球面平铰

（2）运用超大吨位球面平铰制造技术，建立空间接触有限元模型，分析球面平铰的受力特点及构造特征，制定合理组拼方案和加工制造工艺流程，并制定了相对应的成品验收细则。

（3）利用支撑骨架和调位螺栓完成球面平铰初步定位和多向精调定位；针对大尺寸球面平铰下混凝土浇筑施工，通过多次实验研究，配置自流平混凝土，并提出了球面平铰下板底面预布气泡引排钢丝绳＋预留注浆孔道相结合的大吨位平面球铰下混凝土施工质量控制关键技术。

创新 3. 超短预应力束低回缩锚一次装顶两次张拉配套装置

针对传统的低回缩锚具及其张拉过程，提出安装张拉配套装置→张拉→锚固→退回张拉配套装置调节环→二次张拉→拧紧低回缩锚螺母→放张的快速张拉工艺，并研发改善了超短预应力束锚固损失的辅助装置，通过大量现场试验验证了工艺和装置的实用性。详见图 4。

| 超短预应力张拉装置试验 | 超短预应力束锚固损失的辅助装置 |

图 4　超短预应力束低回缩锚一次装顶两次张拉配套装置

创新4. 超大吨位平转桥梁多点联合称重技术

提出了在上下转盘和梁端联合顶起称重技术，以转盘称重为主，梁端为辅，多点同步起顶进行，解决转盘下应力集中、空间不足问题；推导了联合称重计算公式，并结合具体过程实践，制定了多点联合称重流程及注意事项。详见图5。

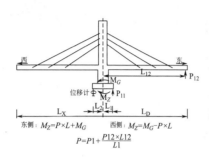

图5 超大吨位平转桥梁多点联合称重技术

创新5. 提出基于振动加速度监测的转体结构整体稳定性监控方法

结合工程实测和理论分析，分别基于无限自由度理论、转体结构动力响应方程和拟动力叠加方法推导了平转连续梁桥和平转斜拉桥梁端振动加速度响应与墩底弯矩计算公式，给出了转体结构梁端振动加速度安全预警值简化计算方法和预警限值。

创新6. 大跨度转体桥超宽混凝土箱梁合龙段纵向开裂成因分析

进行了混凝土早期收缩试验及控制混凝土收缩试验研究，制定对合龙口两侧既有混凝土提前进行洒水润湿+合龙口两侧箱梁横向预应力钢筋延迟张拉技术措施。详见图6。

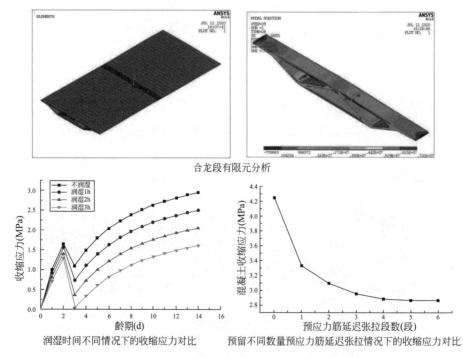

图6 超宽混凝土结构合龙口纵向防开裂技术

三、健康环保

超大吨位球面平铰原料采用钢材，拼装成形，具有加工方便、造价低、绿色环保等特点；超短预应力束低回缩锚一次装顶两次张拉配套装置在满足张拉控制要求的前提下，大大降低了张拉工作量，减少了工人工作时间，可缩短施工工期所需时间。超大吨位平转桥梁多点联合称重技术不仅实现了超大吨位平转桥不平衡称重，从设备投入到能源节约等方面，都有更好的表现。

四、综合效益

1. 经济效益

多点联合称重技术，使反顶设备节和人工费用共节省22.1万元；一种转体桥转铰滑块辅助安装装置及滑块安装方法，节省人力成本1.8万元；冬期大体积高标号混凝土施工技术，节省冬施成本93.61万元、跨冬管理费187.6万元、工期管理成本93.99万元；超深大直径钻孔扩底灌注桩施工工法，工艺费用节省463.8万元；钢筋节省323.6万元；混凝土节省330.1万元。

2. 工艺技术指标（表1、表2）

超大吨位球面平铰制安关键技术　　　　　　　　　　　　　　　　　　　　表1

项目	精度要求
平铰接触面粗糙度	Ra12.5
上平面各处平面度	≤1.0mm
平铰边缘各点高程差	≤1.0mm
水平截面椭圆度	≤1.5mm
下平铰内平面各镶嵌滑板顶面应位于同一平面上，其误差	≤1.0mm
平铰上下平面形心轴与平面转动中心轴务必重合，其误差	≤1.0mm
上下平铰相焊接钢管中心轴务必与转动轴重合，其误差	≤1.0mm

转体过程振动稳定性评价指标及预警　　　　　　　　　　　　　　　　　　表2

预警级别	预警限值	处置建议
黄色	$\min\{0.5a_{y\max}, 2a_{s\max}\} < a_t < \min\{0.7a_{y\max}, 3a_{s\max}\}$	加强监测
橙色	$\min\{0.7a_{y\max}, 3a_{s\max}\} < a_t < \min\{0.85a_{y\max}, 4a_{s\max}\}$	放慢转速 查找原因
红色	$\min\{0.85a_{y\max}, 4a_{s\max}\} < a_t$	停止转体

超宽混凝土结构合龙口纵向防开裂技术，是合龙段新老混凝土龄期差大于7天时，建议取合龙口两侧延迟张拉横向预应力梁端长度$L=\min\{0.5B, 2l\}$（B为桥面宽度，l为合龙段长度），合龙两侧梁段建议提前2天洒水润湿。

3. 社会效益

项目确保了4.6万t和3.5万t级的转体施工，顺利完成了世界最重平转桥施工任务，研究的相关内容既解决了施工过程中遇到的难题，同时也加快了施工进度，保证了施工工期的实现。该桥在2020年1月15日提前通车，进一步缓解了保定市交通拥堵的局面，有效带动了周边经济发展；进一步推动了京津冀在地域建设、生态建设、交通建设等方面的一体化发展。

北京地铁16号线二期北安河车辆段工程

完成单位：中铁电气化局集团北京建筑工程有限公司

一、项目背景

北京地铁16号线北安河车辆基地位于北京市海淀区北安河组团东部，项目运用库、联检库、二级开发小汽车库的结构形式为钢筋混凝土框架剪力墙劲性钢结构，用钢量约7.8万t，主要钢柱类型为组合柱、十字型、H型以及钢板墙组合结构，钢板墙最大厚度60mm，钢翼缘板最大厚度100mm，单体最大重量约24t。项目通过科研攻关和技术实践，解决了现场一系列施工难题，保证了施工质量，缩短了施工工期。

二、科学技术创新

创新1. 劲性钢结构中采用整体深化及BIM深化新技术

在钢结构深化设计中考虑土建钢筋混凝土结构中钢筋、预应力筋排布、穿孔、锚固、大钢模板对拉螺栓孔等需求，统筹考虑劲性钢结构各类关键工序，形成整体深化设计，在劲性结构深化设计中，对钢筋、预应力、钢构件等采用BIM技术整体建模，对复杂节点应用BIM技术进行模拟冲突碰撞，优化节点构造，提高钢构件下料的精度，优化梁柱节点锚固做法。详见图1。

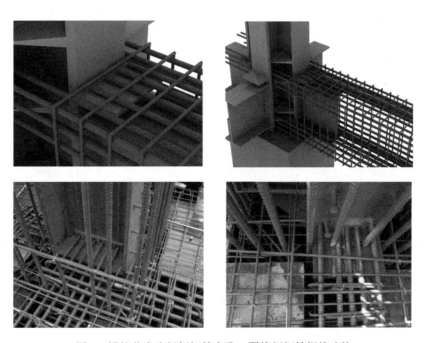

图1　梁柱节点腹板侧钢筋穿孔、翼缘板钢筋焊接连接

创新2. 超长结构采用型钢混凝土劲性结构配预应力的新技术

预应力技术在超长结构中的应用，解决了超长混凝土结构的收缩问题。而把预应力技术合理应用在劲性混凝土梁中，则兼具了承载力高、跨度大、安全度储备高、适应超长结构等优点。同时采用纤维补偿收缩混凝土，进一步提高了混凝土的抗裂性能，此技术在已经完成的北京地铁16号线北安河车辆基地的咽喉区、运用库和联检库中应用效果良好。详见图2。

图2　有、无粘结预应力安装图

创新3. 埋入式钢柱施工技术

北安河车辆段型钢混凝土结构体量大，均为埋入式柱脚，底部钢支架与柱脚一体进行深化，当型钢截面尺寸较大时，埋入式柱脚的承台高度受规范的构造埋置深度要求限制，增加了施工难度。为方便施工，发明了一种可以埋入钢结构柱脚的承台内钢结构支托的构造措施，方便了型钢的固定及架设，解决了承台内型钢无法可靠固定的难题。

三、健康环保

北安河车辆段所涉及的技术创新、应用创新、管理创新及实用新型专利技术均在很大程度上提高了施工效率，节约了人、材、机等资源，符合当下绿色、低碳、环保的发展理念。

四、综合效益

1. 经济效益

施工过程中采取了一系列技术措施，采用BIM技术对型钢、预应力、钢筋整体进行深化设计，发明的埋入式钢结构柱脚的承台内钢结构支托的构造措施保证了柱型钢施工过程中的有效固定，节约了人工费、工期成本，并极大加快了施工进度，有效缩短了承台内钢结构安装原计划时间约30%，节约人工和机械材料成本约10%。

2. 社会效益

工程利用BIM技术及相关科研成果对北京市住房和城乡建设委员会印发的《关于推广绿色施工节能降造措施指导意见》做出了直接响应，成果得到业主单位及各参建单位认可，树立了良好的社会形象。项目设立3项科研课题，发表论文2篇，工法3篇，为类似工程提供了很好的参考及借鉴价值，社会效益显著。

长沙梅溪湖国际新城城市岛

完成单位：湖南建工集团有限公司

一、项目背景

本项目以梅溪湖国际新城城市岛工程为依托，综合运用BIM仿真技术及智能型全站仪自动放样技术，连接了BIM与智能型全站仪之间的数据通信关系，综合BIM技术三维坐标快速群导出及智能型全站仪自动定位、快速测量的优点，解决了项目中双螺旋体异形大截面双螺旋体异形钢结构的柱脚锚栓、钢斜立柱、环形通道定位安装及变形控制精度问题，使得钢结构安装定位精度得到了保证。

二、科学技术创新

该项技术创新地将BIM技术与智能型全站仪结合起来，综合BIM技术三维坐标快速群导出及智能型全站仪自动定位、快速测量的优点，满足平面及空间定位的精度要求，使钢结构安装定位精度得到了保证。

创新1. 综合运用BIM仿真技术及智能型全站仪自动放样技术，通过工程实践及技术研究，解决了BIM与智能型全站仪之间的数据通信关系，提出了"BIM+智能型全站仪"的施工测量方法。

创新2. 通过该项目的实践与应用，确定了基于BIM的精密测绘施工工艺及技术指标参数，解决了基于BIM的异形结构安装精度控制问题。详见图1～图5。

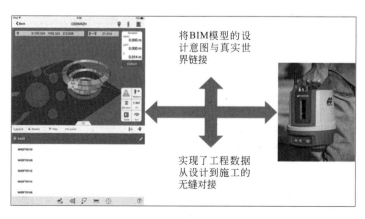

将BIM模型的设计意图与真实世界链接

实现了工程数据从设计到施工的无缝对接

图1　放样原理图

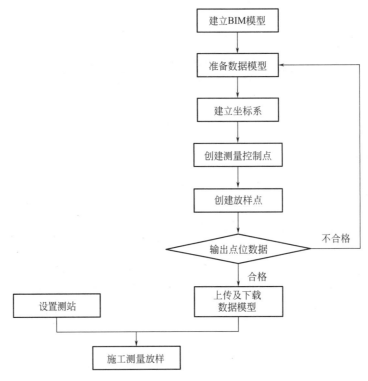

图 2　"BIM+智能型全站仪"测量放样施工工艺流程图

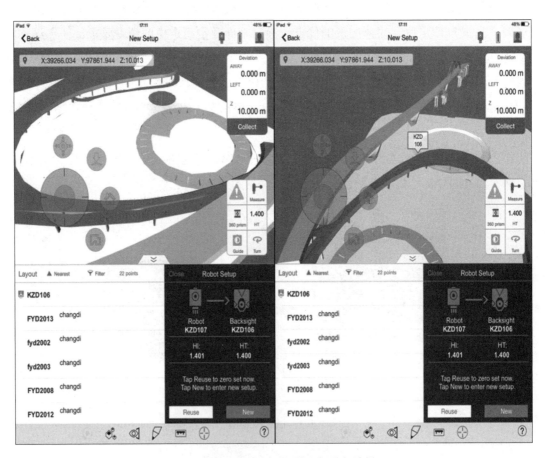

图 3　智能型全站仪对三维坐标进行放样

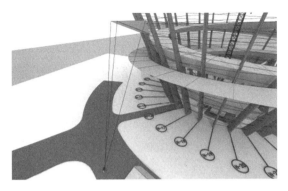

图 4　环道单元安装测量示意图

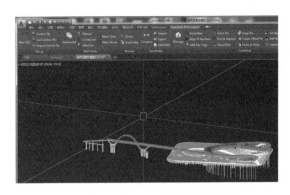

图 5　建立坐标系、创建测量控制点

三、健康环保

基于BIM的智能型全站仪安装测量定位技术为绿色建筑的可持续发展提供了技术支持，是实现绿色建筑不可或缺的技术手段。在项目全生命周期内协同、优化，提高了异形钢结构整体施工效率，同时能够加强深化设计与现场施工的连接，能够在钢结构施工之前提前发现设计错误，避免返工等问题，从而节省人工，节约能源。BIM技术为其提供了整体解决方案。

四、综合效益

通过企业上下共同努力，经过各工程建设责任主体单位的紧密配合及多个项目的应用实践，该项技术提高了工作效率和节省费用，综合效益突出，具体内容如下：

1. 经济效益

缩短工期，提高施工效率。基于BIM的智能型全站仪测量放样，相对于传统放样方法的人员投入（3～4人）要少一倍，只需1～2人即可，放样速度在200～250点位/工作日，节省测量人员1～2人，节省总体人工50%左右，节省工期20%以上。

2. 工艺技术指标

基于BIM的异形钢结构精密测绘质量控制，将测量控制点引测到构筑物四周及构筑物单体上，分别建立建筑物施工一级控制网及建筑物施工二级控制网，轴线控制网精度技术指标及预埋件安装允许误差见表1、表2。

轴线控制网精度技术指标　　　　　　　　　　　　　　　　　　　　　　　表1

等级	测角中误差（″）	边长相对中误差
一级	±12	1/15000

预埋件安装允许误差　　　　　　　　　　　　　　　　　　　　　　　　表2

项目		允许偏差（mm）
支撑面	标高	±2.0
	水平度	L/1000
地脚螺栓（锚栓）	螺栓中心偏移	2.0
预留孔中心偏移		2.0

3. 社会效益

BIM技术与智能型全站仪的集成可以最大可能地把人从施工现场繁重的劳动中解脱出来，并得到精度较高的数据，以后将沿着数字化、一体化、自动化、信息化的道路进行，其发展趋势将是与云技术进一步集成，通过云技术的使用可以运用网络进行移动终端与云端数据同步，使BIM测量放样数据下载到移动终端、实际测量放样数据上传到云端更加便捷；与项目质量管控进一步融合，使质量控制和模型修正无缝地融入原有工作流程中，提升BIM技术的应用价值。

中建科技成都绿色建筑产业园建筑产业化研发中心

完成单位：中国建筑西南设计研究院有限公司、中国建筑股份有限公司技术中心、中建科技有限公司

完 成 人：李峰、佘龙、杨扬、毕琼、邓世斌、章阳、冯雅、钟辉智、革非、倪先茂、徐建兵、李慧、周强、李波、石永涛、王周、李浩、兰军、谷慧然、雷雨、吴靖、许明娇、董博

一、项目背景

实现近零能耗建筑有两个基本途径：一是理想的保温防热性能，二是提高可再生能源的效率，前者是决定后者用能多少的基本前提，为此研究"被动技术"是实现近零能耗建筑的根本途径之一。研发出混凝土结构工业化、标准化集成技术，开发出装配式混凝土结构近零能耗建筑围护结构与材料面临以下亟待解决的关键问题：

（1）为保证混凝土结构近零能耗建筑的建造质量、提高效率、安全耐候，完成产业升级，必须开发出工业化装配式、标准化的技术集成系统的创新。

（2）开发出节能、防火、耐候一体化，适合南方湿热、湿冷气候特点的工业化围护结构技术和产品。

在国家科技支撑计划及地方科研等项目的资助下，历经10多年，围绕近零能耗建筑技术理论与方法、装配式围护结构技术体系与产品等关键问题，团队系统地开展研究和工程应用，形成了诸多创新成果，并在中建科技成都绿色建筑产业园建筑产业化研发中心项目得到集中应用与展示。

二、科学技术创新

创新1. 确定了围护结构多孔材料热湿迁移的理论过程与工程设计参数

本项目基于热工推导与聚类分析，建立了围护结构多孔材料孔隙结构与热湿物性参数的理论模型；创新设计出半透膜实验和露点计实验，填补了吸湿过程保水曲线的测试方法空白，获得干燥–饱和全湿度区间内多孔材料的平衡湿度曲线和水蒸气/液态水渗透系数；完善了热湿迁移理论模型，提出了自然湿度条件下多孔材料热工性能的计算参数，为被动零能耗建筑的围护结构性能优化奠定了基础。项目改进了传统的建筑材料冻融损害测试方法，首创了冻融等值线及临界饱和度的概念，拓展了冻融损害的评估范围，可用于非极端情况下的围护结构安全性分析；结合热湿耦合理论模型及相应的应用软件，实现了对被动零能耗建筑围护结构热湿过程及

建筑热湿环境的精确分析与合理优化，同时避免冻融损害、内部冷凝、墙体发霉等破坏。

创新2. 研发出南方混凝土结构近零能耗建筑装配式外围护技术体系

该外围护技术体系突破了装配式混凝土建筑和近零能耗建筑两种体系融合的技术瓶颈，解决了长期困扰装配式混凝土建筑外围护拼缝、连接节点难以满足近零能耗建筑高绝热性、高气密性、无冷热桥等要求的难题。该成果被地方标准采用，在以中建科技成都绿色建筑产业园建筑产业化研发中心为代表的项目中得到广泛应用，仅四川应用面积超过100万㎡。

创新3. 研发出南方混凝土结构近零能耗建筑装配式楼板技术体系

提出了将空腔内的微孔混凝土、预制底板以及肋梁合成一体的、整体性良好的复合式叠合楼板，该楼板结合了现浇空心楼板和钢筋桁架叠合板的优点，解决了楼板结构安全、保温、隔热、隔声等功能一体化的难题，实现了工厂规模化生产和现场免支撑施工，提高了建造效率和质量。详见图1。

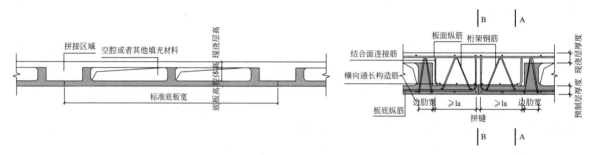

图1　复合式叠合板示意图

创新4. 开发出集围护、装饰、节能、防火于一体的轻质微孔混凝土复合外挂大板

研发出高稳定、发泡倍数100倍以上可调微孔混凝土发泡剂；发明了封闭孔径分布在0.1～1.5mm，孔隙总体积≤50%的轻质混凝土，创造性地平衡了孔隙率、孔径分布、孔隙形状等孔隙参数，量化了孔隙特征与热工、力学性能的相互关系，提出了轻质微孔混凝土密度、陶粒种类及掺量对轻质微孔混凝土力学性能与导热系数、蓄热系数等热物理性的最佳参数。解决了普通混凝土与微孔混凝土复合板的协同受力、界面强度、开裂耐久、大尺寸墙板收缩效应等难题，实现了工业化生产，广泛应用于南方装配式近零能耗建筑工程。详见图2。

图2　集围护、装饰、防火、防水、节能于一体的装配式微孔混凝土复合大板生产线与工程

三、健康环保

本项目为被动式近零耗建筑，获得了绿色三星的标识，达到了节地、节能、节水、节材的设计目标。通过技术创新，节约资源，降低能耗，使建筑与自然协调发展，大大降低了对自然环境的影响，获得极高的社会生态效益。

采用装配式零能耗建筑被动技术，每年节电约0.847亿kW·h，标准煤系数0.335kgtce，每吨煤产生的CO_2为2.6t，SO_2为0.024t。按照每年节约标准煤28300t，可减排$CO_2$6794t，减排$SO_2$73600t。同时，微孔混凝土可采用煤质气渣、淤泥陶粒等工业废渣和废弃物制品，消纳工业固体废弃物，有利于推动我国循环经济发展。

四、综合效益

1. 经济效益

中国建筑西南设计研究院有限公司：近3年来，由于在装配式混凝土建筑和被动式零能耗建筑的技术先进性，公司顺利签订中建滨湖设计总部、高新区石羊街道办事处石桥村3、8组新建酒店及附属设施、柏云庭、天府新区成都片区直管区新兴街道工业园（二期）安置房和场镇项目安置房、新兴工业园服务中心、樾江峰荟、亿澜峰荟等项目，签订合同额达4亿元。

中国建筑股份有限公司技术中心：研发的复合外挂板墙体产品实现了结构自保温与装饰一体化，节省了墙体外保温作业，降低了施工成本；与传统外保温系统相比，保温复合外挂板的综合成本降低约50～65元/m^2，应用面积约3.41万m^2，直接经济效益1.05亿元。净新增利润511.5万元。

中建科技有限公司：中建科技有限公司北京、深汕、成都、福州、湖南、武汉等20家产业化基地均具备轻质微孔混凝土复合大板的生产能力，年设计产能200万m^3。近3年来，装配式混凝土、近零/超低能耗项目的主要业绩有南京一中江北校区（高中部）（施工总承包，约10万m^2）、深圳长圳公共住房（EPC总承包，约115万m^2）等项目，总应用面积超200万m^2。近3年来，累积销售额约16.9亿元，新增税收1.5亿元，新增利润1.3亿元。

2. 社会效益

一是建立了南方装配式混凝土结构零能耗建筑被动关键技术，研发出高性能围护结构和材料产品，中国建筑自主知识产权的微孔混凝土装配式复合大板为我国的工业化建筑围护结构提供了中建方案，显著促进了建筑节能行业的科技进步和技术创新，有利于推进我国建筑行业的供给侧改革。

二是微孔混凝土成套技术有效提高了建筑物保温围护结构的耐候性、防火性，同时显著提高了施工效率，节约资源，有利于推动我国建筑业的绿色低碳安全发展。

三是研究成果被10余项国际、国家、行业及地方标准采用，推动了我国南方地区装配式混凝土结构被动零能耗建筑的标准化发展，市场需求度高。

大型装配式会展中心综合施工技术

完成单位：中建二局第一建筑工程有限公司
完成人：罗晓生、颜廷韵、韩凤艳、刘晓燕、李静、张驰、廖宏生

一、项目背景

本项目以坪山高新区综合服务中心设计采购施工总承包工程为依托，通过全专业协同、模块化、机电装修一体化设计，解决了图纸任务重、构件尺寸多和机电管线错综复杂的问题；采用屋面大跨度薄壁桁架卸荷及狭小空间檐口吊装施工技术，实现了44m大跨度薄壁桁架卸荷和大型设备檐口吊装；基于PZT智能材料的钢–混凝土组合结构检测技术，实现了分析传感器接收的波形评定钢管柱核心混凝土的状态；通过混合装配式幕墙施工技术，研发了带龙骨可装配整体玻璃板块、幕墙"三维可调挂件"和BIM吊装模拟，实现幕墙快速精确安装；采用移动式强弱电系统，实现了可移动、防水、隐蔽等功能。

二、科学技术创新

创新1. 全专业模块化、机电装修一体化设计

在设计初始阶段，全专业设计同时启动，从项目备案到完成施工图设计、取得施工许可证仅用了74天；钢结构全专业的模块化、标准化设计，形成可以灵活拼装组合的标准模块，满足多样化的需求；机电管线错综复杂，机电装修提前介入一体化设计，实现管线与结构分离，减少结构墙体、楼板的管线现场埋设工作。详见图1。

模块化的制冷机房　　　　装配式架空地面系统　　　　墙面无焊接龙骨安装

图1　全专业模块化、机电装修一体化设计图

创新2. 屋面大跨度薄壁桁架卸荷及狭小空间檐口吊装施工技术

（1）分级卸荷施工技术

卸载时，首先在支撑型钢方腹板处切开凹口，凹口高度为50mm，此时支撑形式转化为两侧翼缘板支撑形式，再分5级，每级10mm，来回依次切割两侧翼缘板，最终完成钢桁架支撑卸载，

确保了卸荷过程中桁架形变在可控范围内。

（2）组合滑轮滑移吊装技术

单组组合滑轮共含三个滑轮，上部含两个前后起滑移作用的滑轮，下部为起竖向吊装作用的滑轮。组合滑轮完成后，将绑扎在桁架两侧的六条钢丝绳分别穿过对面侧上方滑轮组中位于下部的滑轮，随后将钢丝绳与固定于二层楼面对应的导向滑轮及卷扬机相连。使用一条钢丝绳绑扎在桁架位于牵引方向中部架体上，另一端穿过牵引滑轮后与地面的卷扬机进行连接，使地面牵引机为桁架提供牵引。

创新3. 基于PZT智能材料的钢–混凝土组合结构检测技术

项目研发出基于PZT智能材料的钢–混凝土组合结构检测技术，该技术利用压电材料的正逆压电效应，将PZT（压电陶瓷）智能骨料分别做成驱动器和传感器，在电信号的驱动下，驱动器产生应力波，通过分析传感器接收的波形评定钢管柱核心混凝土的状态。

（1）钢管混凝土管壁界面检测方法及核心混凝土缺陷检测方法

使用任意函数发生器对埋入混凝土内的智能骨料或钢管外壁的PZT激励信号，产生正弦和扫频信号，采用24通道比利时LMS–SCM05振动测试分析集成系统采集信号，自电脑终端进行数据分析。详见图2。

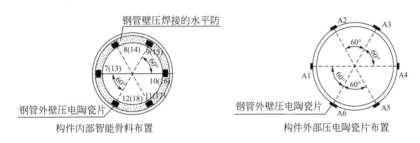

图2　钢管混凝土管壁界面检测方法及核心混凝土缺陷检测方法

（2）基于小波包能量谱的剥离缺陷检测方法

内部混凝土与钢管壁界面监测：对钢管外壁的PZT片激励频率为10kHz的正弦信号，内部智能骨料作为传感器。根据截面的传感器在正弦信号下的响应时程图，比较各个智能骨料的幅值，得出每个截面的损伤指标CV值。CV值在10%范围内波动，说明钢管壁与内部混凝土的界面粘结性能较好，暂未见界面剥离。

内部混凝土完整性监测：同界面检测工况，与激励源同一直径上的另一个智能骨料作为传感器。根据响应时程图，比较各个智能骨料的幅值差异大小。若每个截面在不同监测日期下的损伤指标值均在10%以下，说明内部混凝土的质量较好，暂未见损伤。

创新4. 混合装配式幕墙设计施工

（1）可装配整体幕墙板块设计

研发出带龙骨可装配整体玻璃板块：加大原全明框玻璃幕墙板块的高度和宽度，将幕墙分为三个部分，左右两个分格为10m×1.8m的大板块，中间900mm的分格散件安装，使板块的数量减少为常规的1/4。全明框架幕墙变为装配式幕墙，尽可能在工厂组装，钢龙骨框架运输至现场后，在现场加工区组装玻璃成为可装配式整体板块，保证最大限度的装配式施工。

GRC包柱的造型板与背负钢架均在GRC厂家生产，一次性成形，现场挂装。详见图3。

玻璃幕墙分大板块示意　　　　可装配整体玻璃板块　　　　GRC带钢架加工

图3　可装配整体幕墙板块设计

（2）幕墙现场装配化施工技术

采用BIM技术对幕墙的吊装施工进行模拟，现场采用汽车吊与高空作业车的结合，灵活吊装。GRC板块整体带背负钢架，运输至现场后只需在主体结构安装支座，采用吊车配高空作业车将GRC板块安装就位。玻璃幕墙通过三维可调挂件利用机械安装，实现了框架式幕墙装配式施工，整体效率提升15%以上。

创新5. 会展中心移动式强弱电系统施工技术

项目自主研发了"一种展厅强弱电布置结构"，该移动式强弱电系统包括BIM深化设计、钢梁孔洞工厂预留、展沟施工、排水系统施工、IP67防护安全等级母线槽施工、弱电桥架施工、保护接地施工、可移动式盖板预制及安装、展箱安装等。此强弱电系统具有可移动、防水、隐蔽等功能，改变了传统强弱电系统的安装方式，创造美观、大方、舒展的展厅形象的同时，还满足了建筑的实用功能。其防水性能达到了IP67防护安全级别，并通过在展沟盖板上增加滑轮，实现了展箱的可移动性，解决了传统展箱无法移动的缺陷。详见图4。

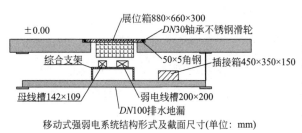

移动式强弱电系统结构形式及截面尺寸（单位：mm）　　　　施工完成的展箱

图4　移动式强弱电系统施工技术

三、健康环保

本工程采用大型装配式会展中心综合施工技术后，现场电动设备及机械使用减少，单位面积耗电量下降。因BIM技术提前模拟施工过程，施工效率提高，材料占用场地时间减少，周转占用土地面积百分比下降约20%。现场作业时段噪声也由67dB降低至55dB。因所有材料预制化，建筑垃圾产生量下降约70%。

四、综合效益

1. 经济效益

坪山高新区综合服务中心设计采购施工总承包工程通过应用大型装配式会展中心综合施工技术，节省了人工，缩短了工期，取得经济效益458.63万元。

2. 社会效益

本工程在现有传统的施工技术上进行创新改进，形成了大型装配式会展中心综合施工技术，得到了成功的应用与实践，工程施工质量、工艺获得了各界人士的高度认可，为企业创造了好的口碑，提高了企业的市场竞争力，为公司以现场循环市场奠定坚实基础。

厦门国贸金融中心项目

完成单位：中国五冶集团有限公司

一、项目背景

本工程位于厦门市两岸金融中心湖里片区，是该片区首个启动项目，属厦门市重点工程，是一座集高端购物中心和超甲级高档写字楼于一体的综合性建筑大厦。地下负4、负3、负2和负1层局部为车库和设备用房。地下负3、负4层西侧为平战结合人防地下室。地下负1层局部和地上裙楼4层为商业综合体裙楼，包括商铺、超市、电影院、餐饮。地上裙楼5层为多功能会议厅。南北布置两栋超高层甲级写字楼塔楼，层数为5 ~ 30层；其中17层为避难层，26层为转换层，26 ~ 30层两栋塔楼通过连桥部位设计为一个整体；顶部30层为一高级会所，布置有茶室、接待等功能。该项目自2014年4月3日开始施工，2014年10月30日地下室结构完成，2015年1月20日裙楼结构封顶，2015年11月底主体结构封顶，2016年10月25日竣工质量验收通过。

二、科学技术创新

厦门国贸金融中心项目，连廊结构主要采用钢结构形式，下部采用桁架形式，上部采用框架形式，同时连廊楼层与相应的塔楼楼层对应，最后连廊部分与两塔楼形成通道。要确保钢连廊结构的安全性和稳定性，就必须保证连廊的安装质量，特别是对于一些大跨度复杂钢连廊的设计与施工更为重要。对于两塔楼下面均有裙楼结构的建筑群，在高空设有钢连廊，其安装工艺、顺序以及安装时间就显得十分重要。本项目对超高屋建筑钢结构整体提升模拟与实施关键技术的研究，国内未见相似文献报道，具有新颖性。

创新1. 建筑塔楼在高空采用钢结构连廊，连廊部分与两塔楼形成通道

在施工过程中，积极推广应用了建筑业10项新技术。2016年分别荣获"福建省新技术应用示范工程"和"中冶建筑新技术应用示范工程"称号。同时针对超高层塔楼之间的钢结构连廊在不单独设置提升支架的情况下，采取合理分段，利用已有的结构设置提升点，提高施工效率，降低施工成本。

对钢结构连廊结构分析、生产加工、现场组对和提升全过程进行了深入分析和研究，确保了钢连廊施工满足业主对裙楼的节点要求；同时利用裙楼混凝土结构的承载力，设计组装平台，最大限度组装钢连廊构件，减少了高空补缺安装，并避免了对裙楼结构的加固措施及单独设置提升吊点。采用计算机控制，同步提升和卸载，满足安装精度要求；通过提升过程和后期增加荷载应力检测，确保连廊全过程安全受控。

创新2. BIM技术应用

通过BIM技术优化组装钢平台方案，选定最佳方案；优化连廊组装方案，通过计算机仿真计算，模拟钢结构连廊在组装、提升过程中的受力情况，控制参数，确保施工安全。运用BIM技术进行模拟预拼装，降低了连廊施工周期，提高了工作效率。同时在施工时通过BIM模拟施工过程，出现偏差时，及时采取纠偏措施。在连廊组装完成后，对连廊及高空牛腿进行3D扫描，确定空间尺寸偏差在允许范围之内，再进行整体提升，确保了钢结构连廊的一次提升成功，进一步提高作业效率和降低成本。

创新3. 劲性柱施工应用

本工程南北布置两栋塔楼，层数为5 ~ 30层，其柱子全部为劲性柱。本项目团队在劲性柱施工中，采用了配制经济合理的C70高强混凝土、钢骨的合理分段与快速安装调节技术以及组合模板的安装与拆除技术。制定了"劲性柱施工工法"关键技术，针对高性能混凝土，就当地原材料、超高层混凝土输送工艺等研讨，进行高强混凝土配制研发，满足高强混凝土的质量要求，经济合理。同时研制了满劲性柱内钢骨的就位、调节，解决就位、调整全过程依赖塔式起重机的难题。对劲性柱钢制模板进行研究，在截面四面设置可调支撑杆，达到快速调整的目的。

三、健康环保

1. 环境设计

塔楼东侧在商业主入口广场处设有前水池，集中绿化及乔木等植物布置商业主入口水广场。水面不仅创造优美的景观，而且可以滤除尘器，形成舒适的小气候。

2. 节能设计

针对南方地区的气候特征，建筑立面造型采用竖向线条的设计手法，结合遮阳板，有效遮挡直射阳光辐射、眩光和城市噪声，减少空调和其他设计的能耗。

3. 绿色建筑

该工程已获评"二星级绿色建筑"，并且施工过程中，获得了"第四批全国建筑业绿色施工示范工程"称号。

四、综合效益

1. 经济效益

本工程实现了施工技术水平和能力的发展提升，达到了节能降耗的目的，提高了施工效率，确保了工程质量，减少了安全隐患，并产生直接经济效益528万元。

2. 工艺技术指标

国贸金融中心项目是厦门市标志性建筑物，也是厦门市重点工程，中国五冶集团有限公司通过精细化的管理，顺利地完成了合同履约，得到了当地政府的高度认可。特别在2016年"莫兰蒂"台风肆掠厦门后，公司承建的国贸金融中心项目完好无损，经历了大灾难的考验，受到了厦门建设主管部门的高度表扬。

3. 社会效益

本工程达到了国家相关规范的质量要求，并确保了施工计划节点的完成，以优异的工程质量在厦门市树立了良好的企业形象，积累了宝贵的施工经验，提高了公司的施工技术水平，成为公司巨大的无形资产，提升了公司的施工技术综合实力，并受到业主、质量监督站、设计及监理等各方专家的好评，取得了较好的社会效益。国贸金融中心工程顺利竣工，也是中国五冶转型发展过程中在民建施工领域取得的又一新的成就，对推动公司超高层建筑领域市场有着重要的示范意义。

望京2#地超高层建筑群

完成单位：中建一局集团第三建筑有限公司、中国建筑一局（集团）有限公司、中国航空
规划设计研究总院有限公司、北京航投置业有限公司、中国建筑技术集团有限
公司、北京乾景房地产开发有限公司

完成人：薛刚、梅晓丽、王冬、姜金富、王志珑、刘连涛、贾蒙、刘京、傅绍辉、杨建、
高大勇、史有涛

一、项目背景

本项目以望京2#地超高层建筑群为依托，联合设计、施工、运维等多家单位，全过程开展
低能耗建筑研究与实践，通过设计创新与施工创新，实现商务中心绿色低碳节能运维，打造国
内首个LEED双铂金认证建筑、国内首个获得"碳中和"证书的办公建筑。建筑群秉持自然融合、
绿色智能理念，是安全经济、绿色可持续的250m以内超高层建筑新标杆。

二、科学技术创新

创新1. 参数化设计的竹林造型与园林绿洲浑然天成

本工程建筑、结构、机电和幕墙的整体参数化设计完美呈现了葱郁而灵动的竹林造型。中
央公园与空中花园遥相呼应打造立体"绿洲"，竹林和绿洲浑然一体，打破建筑与自然的界限，
是钢筋水泥丛林里"绿色的肺"，实现了人与自然共处。详见图1。

图1　建筑群完成照

创新 2. 多项低碳节能设计实现建筑及环境的可持续

根据北纬40°的太阳照射角度，创新设计主体建筑向南偏东36.9°的朝向，实现最大限度地利用自然采光。采用三层Low-E镀银玻璃幕墙、冰蓄冷系统加基载主机的冷源技术、地下车库全区域智能感应照明、水源热泵多联机设备等各专业的节能材料及节能设计，整体节能率达到62.08%。详见图2～图4。

图 2　三层 Low-E 镀银玻璃幕墙

图 3　地下车库全区域智能感应照明　　　　　　图 4　冰蓄冷系统

创新 3."变刚度调平"设计有效控制基底应力

基础采用"变刚度调平"设计方法，主楼为桩筏基础，裙房及纯地下室采用天然地基+抗浮锚杆，基底应力光滑过渡无突变，节约基础造价的同时，提高安全性。主楼与裙房沉降差2.42mm。详见图5。

创新 4. 创新一种消除超高层电梯井道烟囱效应的方法

于电梯井道内壁设置薄型风管和风机，基于热压中和面数学模型确定风机参数及各楼层风管开口面积，通过压力传感器联动风机控制器实时调节送风量，有效消除高层电梯井道烟囱效应。详见图6、图7。

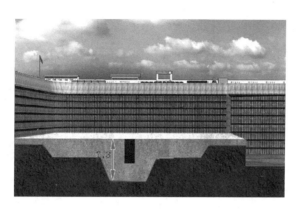

图 5　基坑剖面示意图

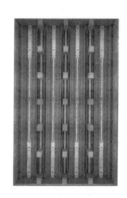

图 6　风机及风管开口模型　　　　图 7　空气流动模型

创新 5. 超高层核心筒水平竖向结构同步施工的集成式爬模体系

首创超高层核心筒水平竖向结构同步施工的集成式爬模体系，降低超高层结构施工过程发生火灾的烟囱效应，提升结构质量和施工效率，获得中国施工企业管理协会滑模、爬模科技创新一等成果奖。详见图 8、图 9。

图 8　"外钢内铝"模板体系　　　　图 9　集成式模块化爬模体系

创新 6. 200m 以上超高层综合施工技术

研发"外爬式动臂塔式起重机辅助吊装技术""后浇密集管井楼板提前封闭技术""多方位测量接收靶位测量控制技术""超高层弧形楼板结构钢侧模施工技术"等多项创新技术，总结形成 200m 以上超高层综合施工成套技术，三项科技成果经鉴定达到国际先进水平。详见图 10、图 11。

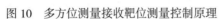

图 10 多方位测量接收靶位测量控制原理　　　　　图 11 结构成形效果

创新7. 智能建造和工业化协同技术应用赋能工程精准安装

应用数字化建造技术和智慧管理平台，在复杂结构节点、多曲面造型钢结构与幕墙施工、高大异形空间装修等方面，解决了构件信息数据的精准传递和协同管理，实现18m高挑动感大堂精装修精度控制在0.1mm。详见图12~图14。

图 12 钢结构施工效果　　　　　　　　　图 13 装饰装修效果

图 14 制冷机房效果

三、健康环保

建筑采用多种绿色低碳节能设计，创新设计主体建筑向南偏东36.9°的朝向，实现最大限度地利用自然采光。建筑外幕墙采用三层夹胶中空Low-E镀膜玻璃，20m以下部分玻璃幕墙反射比不大于0.16，通过调整裙摆的曲率和上翘曲线，将凹面的汇聚点尽量调至空中，避免建成后对周边建筑物及环境带来光污染影响。机电系统包括给水排水及供暖、通风空调、电气工程、智能建筑、电梯工程5大分部，45项子分部，中高区配备VAV变风量空调系统，变频运行，可最大限度实现新风调节运行；24h冷却水循环系统可根据用户需求用水量自动调节；良好的通信基础设施，可靠的公共安全管理，完善的设备、能源和集成管理，提供全面智能办公体验；太阳能热水系统、雨水回收系统、应用于绿化浇洒及冲厕的中水系统、热回收系统、二氧化碳监测系统与新风系统连锁、设备监控系统、能源计量系统等，为超高层建筑节能设计树立了良好标杆，是首个获得中国质量认证中心"碳中和"证书的办公建筑，打造国内首个LEED双铂金级认证项目。

四、综合效益

1. 经济效益

工程施工过程中积极推广应用新技术、新工艺、新材料，自主创新了超高层核心筒爬升钢模与内支铝模组合模架体系、外附型自爬升式动臂塔辅助爬升装置、双曲面裙摆雨棚钢结构安装测量技术、超高层可周转硬防护技术、多方位测量接收靶位测量控制技术、后浇带密集管井楼板提前封闭技术、基于3D扫描仪+全站仪的精装修复杂空间测量放线技术、大跨度铝合金结构弧形雨篷拼装技术、可调节集成式支撑体系施工技术、液压爬模内置混凝土自动喷淋养护系统等。通过新技术推广应用和科技创新工作，优化施工方案，加快施工速度，提高施工质量，保障施工安全，降低施工成本。积极推广应用建筑业10项新技术中全部10大项，45子项，科技进步效益率整体达到2.1%。创新形成适用于250m以内的超高层建筑关键技术，授权专利16项，其中发明专利3项，获得设计、科技、质量奖项88项。

2. 社会效益

项目通过对创新技术和关键技术的应用、实践及研究，总结形成的适用于250m以内超高层综合施工技术取得了显著的应用效果。先后组织了20余次社会观摩，受到各界好评，获得了极大的社会影响力；建党百年之际，建筑群以一场美轮美奂的建筑灯光秀，祝福祖国家国梦圆，山河无恙。工程用三座鲁班奖完美诠释匠心筑品质，至此望京新兴国门商务带圆满收官。

深业上城（南区）商业综合体机电工程综合施工技术

完成单位：中建二局第一建筑工程有限公司
完 成 人：罗晓生、颜廷韵、韩凤艳、刘晓燕、李静、张驰、白光耀

一、项目背景

本项目以深业上城（南区）商业及LOFT机电总承包工程为依托，通过BIM技术完成管线综合及计算，解决了深化设计图纸施工问题；机电安装采用装配式模块化施工，实现了现场无焊接作业；超高狭小管井逆施工技术，采用钢结构作为管道的支撑体系，有效解决了超高狭小管井施工困难的问题；BIM技术辅助大型设备运输技术，实现了提前策划大型设备运输路线；强噪声机房消声减振技术，采用浮动地台、隔声墙壁、隔声天花及隔声门的搭配组合，起到更显著的降噪减振效果；BIM技术辅助机电系统调试技术，实现了BIM模型进行水力计算指导现场调试。

二、科学技术创新

创新1. 机电管线工厂化预制技术

技术特点：

（1）缩短工期、减少现场人工、有效降低成本：构件的预制加工在工厂进行，可缩短制冷机房安装工期；现场不进行焊接作业，只需进行装配式安装。

（2）提高制造速度、构件质量及成形观感：构件工厂化，采用大型自动设备对管段、支架等构件进行切割、焊接等加工，提高了制造速度、构件质量。

（3）节约能耗及绿色建造：管段、支架等构件在工厂进行切割、焊接、除锈及喷漆，施工现场仅进行简单装配及吊装。

详见图1。

模型深化　　　　　　　　　预制加工　　　　　　　　　现场装配

图1　机电管线工厂化预制与现场装配

创新2. 机电工程深化设计技术

本技术依托于深业上城（南区）机电总承包工程进行研究，该工程合同约定设计院出具的施工蓝图不作为施工依据及结算依据。现场施工及结算依据为机电总承包单位出具的深化设计图纸，业主单位支付深化设计费用，机电总承包单位对现场机电管线的错漏碰缺和净高不足等问题承担拆改责任。

创新3. 超高狭小管井逆施工技术

本工法管井管道施工，先进行支架及管道安装，后进行管井砌筑及抹灰。此工法有效解决了现场管井管道安装困难的问题，保证了管井管道安装的质量与安全，提升了工艺美观性，大大降低了检修、维修频率。

角钢支架代替墙体作为主要受力构件的新型支架体系，解决了砖墙承重不足带来的安全隐患，并为管井施工提供了新的思路和选择。详见图2。

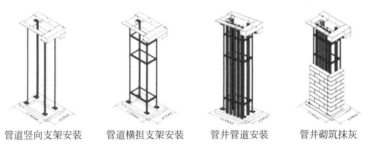

管道竖向支架安装　　管道横担支架安装　　管井管道安装　　管井砌筑抹灰

图2　工艺流程及示意图

创新4. 强噪声机房消声减振技术

浮动地台利用隔振胶垫将基础与结构主体分隔开，保证了基座的减振效果；设备房墙面降噪减振系统由隔声挂码、龙骨系统及两层石膏板配合组装，加强了空气传播式噪声及撞击式噪声的隔声量，保证了阻隔高水平噪声的效果；隔声天花由建筑结构悬挂下来的轻质龙骨和吸声棉组成，保证了隔声量；门顶及门边封条采用低缩、低阻力自动隔声封条安装，保证了良好的隔声效果。详见图3。

浮动地台施工　　　　　　　　　　隔声墙施工

隔声天花施工　　　　　　　　　　隔声门施工

图3　施工大样图

创新 5. BIM技术辅助大型设备运输技术

前期策划阶段采用Revit软件进行三维建模，确立三维建筑模型和大型设备模型，将运输过程进行动态模拟，进而确定大型设备的运输路线和预留洞口尺寸。

创新 6. BIM技术辅助机电系统调试技术

大型商业综合体项目，因业态的变化导致机电图纸变更频繁，在设计图纸多次变更后，设计院提供的水力计算书已无法满足现场指导调试，而项目BIM建模能够及时跟进现场施工变更，故基于BIM模型进行水力计算指导调试。

三、健康环保

本项目结合BIM技术，确定每台机组的最佳运输路线和预留洞口尺寸，有效避免了常规运输过程中打砸墙体的情形出现，节省人工，缩短工期，同时机房采用的吸声吊顶和墙面施工工艺，大大降低了噪声污染水平。采用浮动地台，降噪减振效果明显，同时减少了基础的维修保养费用；隔声门兼具防火及良好的隔声功能，安装无毒无害；施工前进行深化设计，避免重复施工造成资源浪费。

四、综合效益

1. 经济效益

深业上城（南区）商业及LOFT机电总承包工程通过应用"大型商业综合体机电工程综合施工技术"节省了人工，缩短了工期，共取得经济效益1016.9万元。

2. 工艺技术指标

（1）BIM技术辅助大型设备运输技术：利用Revit软件建立三维模型，并进行动态模拟，确定每台机组的最佳运输路线和预留洞口尺寸，有效避免了常规运输过程中打砸墙体的情形出现。

（2）强噪声机房降噪减振施工技术：普通设备基础采用弹簧或橡胶垫减振，本技术采用浮动地台，起到更加显著的降噪减振效果。

（3）装配式制冷机房施工技术：本制冷机房制冷量为1250RT，包括3台制冷机组和10台水泵，应用预制拼装施工工法可节省工期53天。

（4）深业上城（南区）机电工程深化设计：工程在施工前经过深化设计共发现结构留洞错误421处，钢梁留洞错误60余处，同时通过深化设计解决净空过低问题700余处，发现设计错漏200余处。

（5）超高狭小管井逆施工技术：本工程超高狭小管道安装，解决了现场各种复杂条件下的施工安装问题，保证了管井管道安装的质量与安全，减少维修费用。

3. 社会效益

该成果适用于系统复杂的大型商业综合体机电工程施工，已在深圳市招商局广场、深业上城（南区）机电总承包工程等项目成功应用，缩短了工程工期，保证了工程质量，取得了显著的经济与社会效益，为以后类似工程的施工提供了借鉴和指导，具有推广应用价值。

南县人民医院异址新建项目

完成单位：湖南省第四工程有限公司
完 成 人：姚强、刘令良、刘桂林、张磊、肖非

一、项目背景

本项目以南县人民医院异址新建项目为依托，集合设计单位、施工单位及项目各级技术科研人员，通过技术攻关和工程实践，研发和总结出基于BIM的曲面不规则幕墙节点深化、板块优化、自动测量技术，具备抗浮功能的混凝土保护层垫块技术等多项技术，实现了项目建设过程中的安全、高效、精细、环保。

二、科学技术创新

本工程主要在施工过程中以提高施工效率、降低劳动强度、提高工程质量、降低质量安全风险等为目的开展技术研发与创新工作，先后研发和总结出基于BIM的曲面不规则幕墙节点深化、板块优化、自动测量技术，具备抗浮功能的混凝土保护层垫块技术，混凝土输送泵管转角固定支架技术，空腹楼板结构中悬挑脚手架型钢锚固技术，工字形构件嵌墙预埋配电箱施工技术，蒸压加气混凝土砌块填充墙薄浆干砌薄抹灰技术，泛水、墙裙、设备基座、支墩铜条嵌边水泥砂浆施工技术，有效地简化了施工工艺，提高了施工效率和施工质量，降低了劳动强度和质量安全风险。

创新1. 基于BIM的曲面不规则幕墙节点深化、板块优化、自动测量技术

通过BIM三维模型，进行幕墙节点深化及板块分格优化，生成单元板块编码及参数，进行工厂高精度构件加工；基于BIM幕墙模型植入现场控制点及放样点，导入PC端控制测量仪器自动放样，降低大面积曲面不规则幕墙施工难度。详见图1。

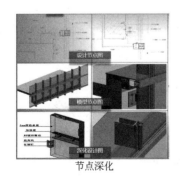
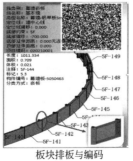

节点深化　　　　　　板块排板与编码　　　　　　机器人自动测量

图1　基于BIM的幕墙节点深化、板块优化、自动测量技术实施图例

本技术实现了幕墙构件及板块加工效率和工业化生产水平的提高，曲面不规则幕墙的施工难度降低，施工效率和施工质量提高。

创新2. 具备抗浮功能的混凝土保护层垫块技术

研发出具备抗浮功能的混凝土保护层垫块技术，降低了空心楼盖中芯模抗浮措施的施工难度，避免了传统芯模抗浮措施中对模板的破坏。详见图2。

抗浮垫块实物　　　　　　　　抗浮垫块实施模拟　　　　　　　芯模固定现场实施

图2　抗浮垫块现场实施措施

本技术施工简便，效果可靠，避免了对模板的破坏，模板周转次数提高。

创新3. 混凝土输送泵管转角固定支架技术

研发出混凝土输送泵管转角固定支架技术，避免了泵管固定不牢或振动过大导致泵管接口脱落。详见图3。

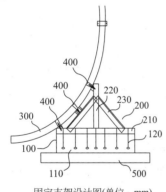 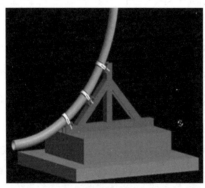 

固定支架设计图(单位：mm)　　　　固定支架模型图　　　　　　　固定支架安装实物图

图3　混凝土输送泵管转角固定支架构造

本技术安装简单、固定牢固、标准化程度高、制作成本低、可周转使用，可有效提高泵管固定的可靠性，降低泵管接口松脱概率。

创新4. 空腹楼板结构中悬挑脚手架型钢锚固技术

通过模拟悬挑脚手架搭设，确定悬挑型钢平面定位及锚固点定位，根据锚固点定位增设暗肋梁并优化芯模排布，以提高锚环的有效锚固高度，解决悬挑脚手架型钢在空腹楼板结构中的锚固问题。锚环采用无粘结便拆锚环，便于多次周转使用。详见图4。

本技术实现了空腹结构中悬挑型钢锚固节点的安全性、可靠性，可拆卸锚环经济环保。

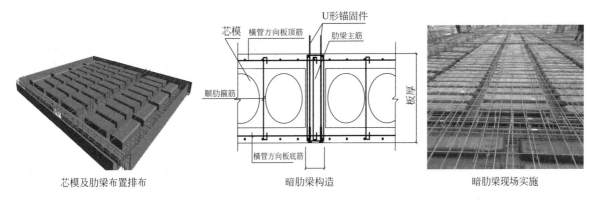

图 4　空腹楼板中悬挑脚手架型钢锚固构造

创新 5. 工字形构件嵌墙预埋配电箱施工技术

通过在墙体钢筋中设置工字形钢筋焊接骨架做箱体定位及固定卡槽，箱体内设置槽钢及可调螺杆内撑组件，增强箱体在混凝土浇筑过程中抗挤压、抗变形的能力，解决了现浇结构中配电箱预埋一次成形的难题。详见图5。

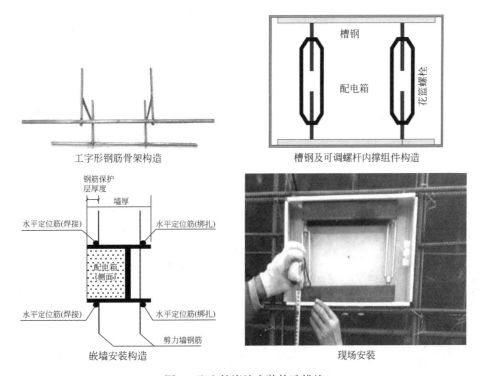

图 5　配电箱嵌墙安装构造措施

本技术中，配电箱随剪力墙施工一次预埋到位，简化施工工序，提高了施工质量，消除了配电箱周边空鼓、开裂等质量隐患。

创新 6. 蒸压加气混凝土砌块填充墙薄浆干砌薄抹灰技术

通过采用专用粘结剂砌筑，镀锌角铁做墙体与结构的连接件，砌体表面镂槽器镂槽，构造柱拉结筋嵌于槽内，齿形刮刀上浆薄层砌筑，墙面局部打磨，抗裂砂浆满衬抗裂网抹面。灰缝厚度2～3m，抹灰厚度5m，实现填充墙的薄砌薄抹灰。详见图6。

| 墙体与结构连接构造 | 齿形刮刀上浆 | 构造钢筋镂槽 |
| 构造钢筋预埋 | 顶部连接件构造 | 顶缝填塞 |

图6　薄浆干砌薄抹灰施工措施

本技术采用专用砌筑粘结剂砌筑，性能稳定，粘结性好，解决了开裂、空鼓等质量通病，专用粘结剂代替传统砂浆，节约资源，减少污染，保护环境。

创新7. 泛水、墙裙、设备基座、支墩铜条嵌边水泥砂浆施工工艺

通过实践与改进，总结出铜条嵌边水泥砂浆清水饰面施工工艺，解决了泛水、墙裙、设备基座、管线支墩等成形质量不佳的问题。详见图7。

| 墙角泛水 | 设备基座护墩 | 透气管支墩 |

图7　铜条嵌边水泥砂浆清水饰面施工工艺

本技术清水饰面，工序简单，造型美观，防水防潮效果好。

三、健康环保

基于BIM的曲面不规则幕墙节点深化、板块优化、自动测量技术提高了幕墙安装一次成优率，避免了返工浪费，自动测量简化了施工工艺，降低了劳动强度；抗浮垫块技术减少了模板破坏，提高了模板使用次数，同时可消耗现场混凝土余料及钢筋尾料，降低现场建筑垃圾产量；输送泵管转角固定支架可降低泵管振动，减少噪声的产生，同时可重复使用，实现资源节约；空腹楼板悬挑脚手架型钢锚固技术采用可拆卸锚环，实现锚环的重复利用，减少了资源浪费；配电箱嵌墙预埋技术降低了配电箱变形的浪费；薄浆干砌薄抹灰技术避免了传统资源的消耗，减少了现场砂浆搅拌过程的扬尘污染。通过多项科技创新技术的研发与应用，降低了劳动强度，减少了材料浪费和传统资源的消耗，实现建筑施工低耗、环保、绿色发展。

四、综合效益

1. 经济效益

本工程通过设计、项目建造模式、项目管理、施工技术、施工工艺等多方面综合性创新，实现项目投资可控，成本节约，产生直接经济效益1300余万元。

2. 社会效益

通过各项创新成果在项目的有效实施，提高了项目的管理水平，提升了工程实体质量水平，使公司在项目所在地乃至全省的社会影响力与社会认可度不断提升，有力地提升了公司在省内的市场竞争力。受此项目的正面影响，公司后续在项目所在地新承接业务量近10亿元，在省内其他地州市新承接医院新建、扩建项目10余亿元。

厦门万科湖心岛绿色建筑关键技术集成创新与工程应用

完成单位：中国建筑第四工程局有限公司、厦门市万科湖心岛房地产有限公司

一、项目背景

本项目依托厦门万科湖心岛四五期工程实践，针对绿色建筑的设计、施工和运维环节突显出的一些亟待解决的问题展开研究，将绿色建筑理念贯穿建筑的设计、施工和运维全过程，向着实现建筑全过程绿色的发展方向迈出了一大步。

二、科学技术创新

创新1. 创新绿色建筑设计技术与标准

本项目设计阶段，通过对比优化场地设计、建筑布局、室内环境模拟分析等方式，将围护结构性能提升、照明节能控制、室外节水灌溉、地下室 CO 监控等绿色建筑措施，以及资源节约、保护环境、健康宜居等理念在设计阶段充分植入整体工程。首次针对厦门市绿色建筑工程项目进行研究，深入分析绿色建筑技术选择与应用情况，给出各项绿色建筑技术在夏热冬暖地区的适用性，以及实施过程中问题的解决，为绿色建筑设计阶段提供技术支撑。

针对绿色建筑指标化、具体化的设计要求和设计指南，结合厦门市不同星级的绿色建筑标识项目实际运营状况进行研究分析，成果应用在厦门市绿色建筑标准体系中，填补厦门市该领域的空白，也为福建省工程建设地方标准奠定基础。

创新2. 多领域创新性绿色施工集成技术应用

施工阶段创新性绿色施工集成技术的研究与应用，包括新型模块化太阳能活动房、低强度等级 C25 自密实混凝土、便拆式垃圾回收通道及垃圾处理系统、工具式变频水泵供水+雨水回收系统、工具式钢板道路、外架自动喷淋+室内喷雾系统、建筑工程消能减震墙等，技术成果通过科技成果鉴定达到国内领先水平。

（1）新型模块化太阳能活动房是运用工业化生产方式建造房屋，提高施工效率，降低建造成本。同时应用太阳能发电系统为临时建筑进行供电，与市电并网组成双电源供电系统，充分推进可再生能源的开发和利用。

（2）低强度等级 C25 自密实混凝土得到成功应用，解决了低强度等级自密实混凝土超大流动性、填充性及抗离析性的问题，加快了混凝土施工进度，减少了人工、机械、设备的投入，提高混凝土的施工质量。

（3）便拆式垃圾回收通道及垃圾处理系统的应用，很好地解决了在建楼层建渣清理问题，提高垃圾清运效率，减少资源消耗，有效地防治施工现场扬尘污染，降低施工成本，提高企业效益。

（4）采用先进的变频技术，使水泵根据需水量自动调节供水量，在保证不同楼层用水的情况下，稳定水压，提高用水质量；利用气压罐的调节作用，实现水泵的间断性工作，能够降低耗电量、保护电机和节约成本；采集屋面雨水为系统补充水源，推进可再生资源的利用，形成施工新技术。

（5）外架自动喷淋＋室内喷雾系统的应用，有效地控制了建筑施工扬尘污染，减小高层建筑施工对周边环境造成的影响，为建筑工程施工现场标准化管理起到了推动作用。

（6）工具式钢板道路是使用强度高、可循环利用的钢板作为路面，可循环使用，节省施工成本，拆除安装时产生的污染及废料极少，符合国家推行的绿色施工要求。

（7）针对建筑工程消能减震墙施工技术进行研究，在常规的剪力墙中嵌入关键耗能元件消能键，大大减轻主体结构在地震中的反应，提高主体结构的抗震作用。

创新3. 夏热冬暖地区绿色建筑项目运营创新研究

项目创新性提出绿色建筑运营效果评估指标，应用灰色模糊评价模型对厦门市绿色住宅建筑的运营效果进行综合评估，为绿色建筑集成技术运行阶段的管理和维护提供系统性的技术指导。

本项目对集成应用的节能、节水、节材、室内空气品质控制和可再生能源等系列绿色建筑技术进行研究，如自然采光、自然通风、建筑围护结构与节能照明系统、遮阳系统、空调系统、建筑智能化控制相结合的集成技术，绿化、景观与外围护结构、遮阳体系、海绵城市相结合的集成技术。本项目从气候、环境、经济性等方面综合评估集成技术在夏热冬暖地区的适用条件和提升性能方案，通过制定运维管理制度，实现对绿色建筑的技术管理维护，包括公共区域照明分区、分组、分时智能控制。充分利用采光井对地下车库自然采光、公共区域空调温度节能控制、电梯运行策略优化、微喷带节水灌溉、绿化病虫害防治等技术。工程运行期间，节水节能显著，通过"绿色建筑评价标识"二星级评价。

三、健康环保

周转材料周转使用率大于85%；可重复使用率不小于90%；建筑垃圾再回收使用率达40%；噪声、污水、扬尘、光污染控制不超过标准规定；多项新技术包括电脑定时控制LED投光照明、3kW太阳能并网系统供给照明、工具式钢板路面等达到"四节一环保"指标要求。

四、综合效益

1. 经济效益

绿色建筑全过程关键技术创新性地在厦门万科湖心岛四五期工程成功应用，其中设计阶段实现环境优化设计，施工阶段大幅度降低建材和水电损耗，减少约512.42万的支出，在运行阶段具有显著的节水、节电、节油效果。通过设计、施工和运维阶段合理应用绿色建筑技术，厦门万科湖心岛四五期工程获评绿色建筑二星级标识项目以及住房和城乡建设部绿色施工科技示范工程。该项目的研究成果应用在海沧万科城四期、万科广场06地块、万科金域华府、金都海尚国际等多个工程。

2. 工艺技术指标

能源指标：项目节水7t/万元产值；节电150kWh/万元产值；节油6L/万元产值。

节材指标：混凝土损耗率节约0.5%；钢材损耗率节约0.95%；砂浆损耗率节约0.9%。

其他项目指标：节约型装置及计量装置配置率＞90%；节能工、机具和照明灯具配置率＞95%；周转材料周转使用率＞85%；工地用房、临时围挡等材料可重复使用率≥90%；建筑垃圾再回收利用率＞40%。

3. 社会效益

该项目结合实际绿色建筑工程，对绿色建筑设计、施工、运维全过程提供了关键技术集成应用典范，应用研究成果可指导建设单位、设计单位、施工图审查单位、施工单位、物业管理单位对绿色建筑的建设决策，有效协助政府主管部门推广和应用绿色建筑新技术、新方法，规范和提升了本地区绿色建筑设计、施工、运行以及咨询评价等技术服务能力。

大型电子厂房快速建造新技术研究与应用

完成单位：中建五局第三建设有限公司

一、项目背景

近年来，随着科技进步及工业发展，工业建筑体量越来越大，技术及精度要求越来越高，而传统的施工工艺、施工方法以及增大劳动力、资源投入的管理方式已无法满足在保证进度的同时达到工业厂房的高技术要求。针对此类高标准的大型工业厂房，公司在长沙智能终端产业双创孵化基地项目（一期）试行大型工业化厂房快速建造技术，通过全产业链优势，该项技术顺利实施并得以完善。

二、科学技术创新

创新1. 超大面积混凝土地面无缝施工技术

鉴于快速建造的需求，针对超大面积混凝土地面进行开发研究，形成了超大面积混凝土地面无缝施工关键技术——"跳仓法"施工技术。"跳仓法"施工技术的地面混凝土施工没有设置伸缩缝和后浇带，而是利用施工缝将地面按一定尺寸分为若干块，相邻块间隔浇筑，待先浇筑混凝土经过较大的收缩变形后，再将地面连接浇筑成一个整体。这种跳仓浇筑采用了短距离释放应力的方法应对较大的收缩，待混凝土经过早期较大的温差和收缩后（7～10天），各仓浇筑连接成整体，应对以后较小的收缩，即"先放后抗，抗放兼施，以抗为主"的辩证控制原则。详见图1、图2。

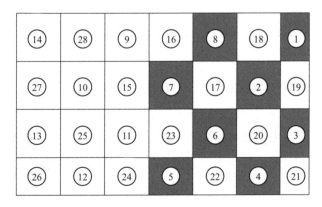

图1　超大面积混凝土地面无缝施工关键技术——"跳仓法"施工示意图

图 2　超大面积混凝土地面无缝施工关键技术施工过程

创新 2. 钢结构虚拟预拼装技术

采用三维设计软件，将钢结构分段构件控制点的实测三维坐标，在计算机中模拟拼装形成分段构件的轮廓模型，与深化设计的理论模型拟合比对，检查分析加工拼装精度，得到所需修改的调整信息。经过必要校正、修改与模拟拼装，直至满足精度要求。

创新 3. BIM 创新应用技术

本技术通过中建五局协同设计管理平台进行项目进度管理、模型资料管理等工作。详见图 3。

图 3　中建五局协同设计管理平台

公司在协同设计管理平台基础上，以长沙智能终端产业双创孵化基地项目（一期）工程为依托，建立基于 BIM 技术为核心的总承包项目信息化管理模式，不断尝试将总承包项目管理体系和办公业务相结合，实现项目管理体系的业务数据处理与日常办公事务的信息处理高度集成。利用参数化、精准化的 BIM 模型，可以通过漫游视角对整个工程进行预先参观，针对各层领导的检查与参观，可以设置人性化、更加观赏性的参观路线；通过附加现场材料堆场、安全文明标识标牌、现场施工道路等参数，制作出形象、立体的现场平面布置模型，通过此模型可以根据不同的施工进程，对现场平面布置按要求进行修改，满足安全文明标准化的要求；同时利用 BIM 模型可以生成照片级的工程效果图以及动画，用于项目的宣传。

创新4. 装配式机房快速建模插件平台技术

研发装配式机房快速建模插件，将标准化模块构件进行融合，可快速进行机房BIM深化设计。插件囊括不同类型和数量的水泵模块。模块从结构稳固、转运装配便利、运维检修空间足够及最小化等原则进行模型组建，通过不断地检验调整，形成平面固化、高度可调的参数化标准模块平台。应用BIM软件建模时，可随时调用参数化标准泵组模块插件，加快建模速度，实现快速设计。

装配式机房施工时将水泵及其阀部件整体做成一个模块的形式。根据机房净空、阀门高度、管段调节模块的竖向尺寸，钢架有限元受力分析等确定型钢尺寸、模块框架形式以及模块吊点设置。标准模块考虑了设备减振，无需现场浇筑基础，设置预埋限位钢板。当水泵品牌型号确定后，即可从族库中快速选择泵组模块，平面尺寸固化，高度随机房净空调整，复核运输通道尺寸后即完成泵组模块建模，建模效率提高5倍以上。详见图4、图5。

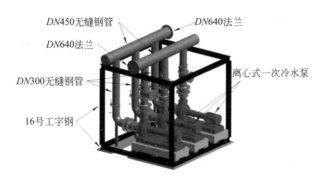

图4 参数化标准模块构件模型尺寸

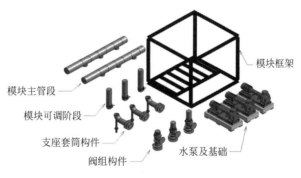

图5 模块构件分解图

创新5. 智能化泵组模块集成技术

智能化泵组模块技术是在标准化的基础上进行的功能拓展，将强电、群控系统集成进标准化模块内，实现了水泵振动、水泵渗水、水泵运行环境温湿度、水温、水压、能耗监测、电机温度、故障报警等检测功能，360°无死角监控功能，采用整体封闭、设备减振以及吸声板的综合降噪，将泵组运行噪声降低50dB及以上，并能实现恒温、恒湿、远程控制、水质在线分析、水泵自动调频节能降耗等控制功能，自主研发了人机触控界面和操控系统，极大压缩了机房面积的同时，延长了设备使用寿命，便于检测及运营维护。

模块设计为全封闭结构，外观精美，四角设置暗装吊点，配备定制吊杆，便于吊装转运。且外部结构方便拆卸，内部设置吊装及轨道装置，有效解决了全封闭泵组不利维修的缺点。使用BIM技术建立1∶1高精度三维模型，将操作系统融入模型，模拟智能化泵组模块运维过程，更好地利用BIM技术服务运维。详见图6、图7。

图6　参数化标准模块构件　　　　　　　　　图7　智能化泵组标准模块

三、健康环保

目前国内外工业电子生产设备技术更新周期均为一年左右，因而对设备的规划、布置和厂房的建造均需在一年左右的时间完成建设投产。通过本技术的推广应用，将快速建造技术与传统土建施工结合，在确保安全、质量的前提下，加快了建造速度。

装配式机电技术的推广应用，改善了传统施工作业环境的脏乱差，避免现场焊接，施工现场干净美观，同时，与传统的施工方式相比，装配式机电技术在质量方面更有保障，直接帮助用户降低运营、维护成本，运作效率更高，质量更可靠。

四、综合效益

1. 经济效益

以长沙智能终端产业双创孵化基地项目（一期）为例，创新使用大型工业化厂房快速建造施工技术，如超大面积混凝土地面无缝施工技术、支模体系快搭快拆、BIM创新应用等。通过该系列技术，共减少工期约30天，该项目日常作业人员约3000人，高峰期达到5000人，工人工资约300元/工日，即节约人工费用2700万元。材料方面节省费用约850万元。

采用装配式智能化泵组模块技术，集成强弱电系统，现场接电即可实现水泵运行、监控等动能，减少工期40天，以每天工人12人，每人300元/工日为例，节约费用约14.4万。装配式机电技术减少现场作业误差，现场装配返工率从18.2%降低到2.5%，节约成本72万元；同时，优化机房空间，缩小机房面积共123㎡，可多提供车位11个，增加收益221万元。

2. 工艺技术指标

通过超大面积混凝土地面无缝施工技术的运用，公司承建的项目地坪无开裂、零渗漏，平整度达到3mm/2m，确保厂房运营后的高精度作业无风险。

采用装配式机电技术将原本需要3个月才能完成的机房压缩至2周，提高工效75%以上。标准化模块族库至少包含单水泵模块、双水泵模块、三水泵模块等3大类，300种模块族；各类模块平面尺寸固化在2100mm×2400mm×4000mm范围内，模块高度可在2300～3850mm范围内可调。

3. 社会效益

目前公司承建的大型工业厂房项目履约率均达到100%，获得业主及当地社会一致好评。其中，长沙智能终端产业双创孵化基地项目（一期）已获评2020～2021年度中国建设工程鲁班奖、湖南省优质工程奖、芙蓉奖等十余奖项，新华社、湖南卫视等多家媒体宣传报道，被称为"望城速度"，长沙蓝月谷智能制造产业园项目创造了"宁乡速度"。并得到社会各界的高度关注，多家企业向公司提出合作意向。

装配式机电技术改善了传统施工作业环境的脏乱差，达到了绿色环保施工，施工现场干净美观，直接帮助用户降低运营、维护成本，运作效率更高，质量更可靠，受到业主及使用单位的一致好评。

仿汉代大型艺术宫殿装饰建筑技术研究与应用

完成单位：中建七局建筑装饰工程有限公司

完 成 人：张立伟、菅俊超、李宇、王叙瓴、刘雪亮、王彩峰、常清、催海相

一、项目背景

本项目以汉文化博览园项目为依托，联合高校、科研院所、设计、施工等多家单位及多名科研人员，针对汉文化博览园建筑结构尺寸大、安装精度高、装饰复杂多变等难点和特点，通过装置开发、工艺试验、技术创新与集成、数字化建造等工程应用手段，对仿汉代文化室外装饰和室内装修、仿古园林建设等关键建造技术进行系统深入研究，形成了一套仿汉代大型艺术宫殿装饰关键施工技术，为后续类似仿古文化建筑的一体化高效建造提供借鉴。详见图1。

图1　汉文化博览园

二、科学技术创新

汉文化博览园项目为大型仿汉代文化建筑群。针对汉文化博览园建筑结构尺寸大、装饰装修要求高、施工难度大等问题，对绿色室外装饰、智慧室内装修、园林景观绿化三个方面开展技术研究，形成以下创新成果：

创新1. 开发了仿汉代文化建筑屋面叠级装饰铝板施工技术

研发了瓦板间搭接插接板施工技术，设计出U形插接板，解决了屋面金属瓦上下行之间的搭接问题，同时保证了瓦板接口处的水密性能，优化造型平屋面排水系统，改进暗藏集排水，发明了新型暗藏集水槽，使造型平屋面排水更通畅，避免屋面漏水。详见图2、图3。

创新2. 开发了企口开放式石材幕墙高精度施工技术

针对石材板块规格多样、石材背栓安装可能存在角钢空位偏差等难题，研发了开放式自然

面石材新型背栓铝合金挂件装置（图4），创新设置底座，方便铝合金挂件的固定、调整，根据需要进行高度和水平方向的调整，制造简单，安装快捷，施工方便，安装精度高。（图5）。

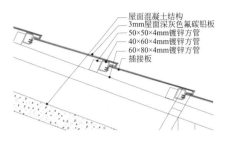

图2　瓦板间插接原理图

图3　屋面叠级铝板

图4　新型背栓挂件及安装

图5　L形石材转角效果

创新3. 研发了4D蚀刻仿木纹铝单板幕墙信息化生产与安装技术

通过全站仪对汉文化博览园建筑阁楼檐口结构测量数据收集，结合施工图纸建立Revit模型，优化分析模型，檐口异形铝板单元化组装（图6、图7），解决了铝板仿木纹的观感、纹理、凹凸感等效果呈现难度大，木材用于室外易变形、易腐蚀、易燃的难题，保证了仿汉代艺术宫殿阁楼檐口异形铝板施工质量。

图6　檐口模型图

图7　阁楼檐口铝板安装完成图

创新4. 研发了超大空间装配式异形仿古壁龛施工技术

研发了可开启180°消防箱暗门结构，解决了现场暗藏消防门装饰造型施工难题。仿古壁龛面层材料多，高度大，壁龛设计采用后置埋件，基层骨架单元化焊接安装，面层材料单元化、标准化加工，"定定量，留变量"快速安装，施工过程中充分运用"三统一"技术。对于石材、木饰面、木雕等完成面尺寸二次深化，保证各材质造型一致，纹路统一，搭接合理。

创新5. 开发了高大仿古多材质变截面造型柱施工技术

为达到室内柱子的装饰效果，造型柱装饰效果应与室内墙、顶、地交相呼应，造型柱上面石材及木饰面的尺寸不断变化，相应的石材背部干挂点的截面尺寸也随之变化，故提出了石材雕刻13段、石材面板9段、木饰面5段的分段原则。详见图8。

图 8　造型柱实物图

创新6. 研发了多种形式装饰铝板吊顶施工技术

开发了室内高大空间装饰造型铝板吊顶装配式施工技术，采用三维扫描仪采集数据并实景复制，优化骨架及面层材料CAD图纸，确定铝板藻井需要的不同规格尺寸构件，制作模具并批量生产、加工焊接，单元化组装，整体吊装，实现吊顶铝板的整体安装。提出了组装封闭式装饰铝方通吊顶施工技术，组装式封板由"C"形底板、码片、限位块组成，铝板及组合封板根据现场施工图纸编号，现场组合拼装一次成形，拆卸维修方便，保证顶面整体效果美观，实现了古风设计效果。

创新7. 研发了基于BIM的仿汉代文化建筑室内装修数字建造技术

用参数化"虚拟样板"代替实体样板，实现了在装饰设计方案的虚拟空间中行走，体验不同材质的装饰感觉，为设计师进行不同类似的方案更换提供了技术支撑和便利，大大减少了材料资源浪费。施工过程中利用三维扫描仪进行施工精确测量、定位，优化骨架及铝板造型尺寸分隔，解决了室内装修设计方案多变、结构叠级多、构件复杂、色彩多样、实体样板费时费材等难题。详见图9。

图 9　设计与完成效果对比图

创新8. 研发了乔木全冠移植施工技术

汉文化博览园项目提出了"一池三山一园"的高端景观园林规划设计理念。针对名贵古树移植前的复壮工作，研发了乔木全冠移植施工技术，避免古树名木在迁移过程中因原有土壤环境的改变而造成的折损，以提高古树名木的成活率。

创新9. 创新了重黏土地质苗木种植养护技术

提出针对重黏土成分进行土壤改良技术，避免了乔木遭受物理和环境伤害。提出栽植穴内布置梅花桩排气孔施工技术，提高了土壤通透性，保证乔木根部处于透气状态，避免了烂根现象的发生，提高了种植成活率。

创新10. 开发了枯木艺术加工增值关键技术

合理利用枯树标本处理，采用废弃乔木与藤本植物结合、枯木根部加固等技术，解决了大型乔木在迁移过程中因不同原因造成死株被废弃的问题，使废弃乔木经过藤本植物结合的方式得以重新利用，为废弃乔木增值。

三、健康环保

本项目仿古建筑技术进行技术攻关，研发了4D蚀刻仿木纹装饰铝单板生产与安装技术，不仅解决了建筑外立面装饰铝板仿木材效果呈现难度大的难题，而且减少了自然资源的使用破坏；通过开放式自然面石材背栓干挂施工技术研制与应用，保证了施工质量，较少了石材材料的浪费；开发了基于BIM的建筑室内装修数字建造技术，解决了室内装修设计方案多变、实体样板费时费材等难题；研究形成了百年古树全冠移植施工技术，解决了古树名木移植存活的难题；形成一种枯木艺术加工增值关键技术，解决了大型乔木死株被废弃的问题。

本项目研究成果推广范围覆盖陕西、河南等省份，应用于汉文化博览园项目、汉中市汉苑酒店项目、南阳市"三馆一院"二标段群艺馆和大剧院装饰工程等多项工程中，创新了施工技术，优化了施工工序，加快了施工进度，产生了较大的社会经济效益。

四、综合效益

1. 经济效益

本项目目前已应用于汉文化博览园、汉中市汉苑酒店、南阳市"三馆一院"等多个项目，有效解决现场施工难题，降低了工人劳动强度，优化了施工流程，大大节约了施工工期，提高了施工质量，更好地阐明了绿色环保施工技术。经财务测算，有效节约了人工费、材料费、机械使用费、管理费、施工措施费、运输费等，取得了很好的经济效益。

2. 社会效益

通过对汉文化博览园关键建造技术研究，研发形成了多项仿汉代建筑建造关键技术，极大减少了材耗，并提高了现场施工效率，达到提高资源利用率、节约资源、节能减排的目的，为相关技术规范、规程提供技术支撑。汉文化博览园项目举办省部级、地市级、工程局级质量观摩会50余次；举办陕西省首届汉文化旅游节，承办了北京卫视、上海卫视、凤凰卫视、陕西卫视四大卫视联袂举行的2018年"汉风秋月"中秋晚会以及2018年世界环球小姐总决赛、全球创新创业教育论坛等活动，获得较高的社会评价，促进了地方经济的发展，社会价值显著。

沈阳新世界中心项目

完成单位：中建铁路投资建设集团有限公司
完 成 人：潘广学、代广伟、王金铜、胡天智、侯天明、郭元节

一、项目背景

以沈阳新世界中心项目为依托，针对关键技术进行研究和探讨，创新采用"浮筑地台"隔声降噪系统优化及施工关键技术、大跨度型钢混凝土梁施工关键技术、超大屋面结构和功能优化及施工关键技术，解决了大跨度密筋型钢混凝土梁安装与浇筑、大跨度大截面后张法群体预应力梁、大跨度空间异形钢结构施工的难题，形成一套综合体内博览馆集成施工技术，保证了工程施工进度，提高了施工效率，达到了良好的效果。

二、科学技术创新

针对综合体内超大博览馆建造过程中的大跨度、大截面、大体量的施工特点，进行了综合研究创新，形成了大跨度型钢混凝土梁施工、"浮筑地台"隔声降噪系统优化及施工、超大金属屋面结构和功能优化及施工等多项创新技术。

创新 1. 劲性梁钢梁滑移定位安装技术

型钢骨梁重量大，截面大，定位安装困难，设计带轮胎架小车作为滑动装置，采用槽钢作为滑移轨道，利用葫芦作为牵引设备，组成整套滑移装置。详见图1。

图 1　劲性梁钢梁滑移定位安装技术

创新 2. 劲性梁细石混凝土与灌浆料配合浇筑施工技术

针对劲性梁钢筋密集，特别是纵横向相交位置钢筋净距极小的情况，采用下部先浇筑灌浆料，上部再浇筑自密实的细石混凝土方案。详见图2。

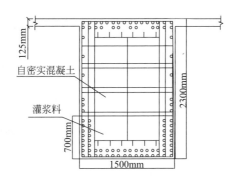

图 2　劲性梁细石混凝土与灌浆料配合浇筑方案图

创新 3. "隔振降噪层"和"浮动结构层"组合隔声降噪技术

利用空气在"隔振降噪层"玻璃棉纤维中的抽吸作用产生粘滞阻尼来降低产生的振动和噪声，利用"浮动结构层"来承担上部使用荷载，并通过高密度隔振块将上部荷载传递至下部结构层。详见图3。

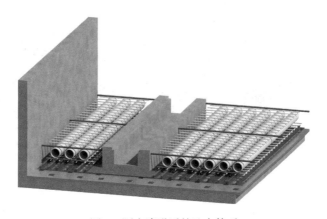

图 3　隔声降噪浮筑地台体系

创新 4. 密集U-PVC管空心楼板及抗浮施工技术

由于原设计浮动钢筋混凝土板厚度较厚，为减轻结构自重，利用圆管的"拱形"受压能力较好的特点，在浮筑地台"浮动结构层"中采用增设U-PVC管形成空心楼板的方案。详见图4。

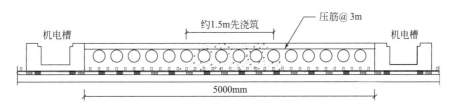

图 4　"浮动结构层"中增设 U-PVC 管形成空心楼板

创新 5. 超大超高倾斜式格构柱步进式安装技术

针对现场4根超大超高的倾斜式格构柱，创新性地提出了步进式的分段安装方案。详见图5。

创新 6. 金属屋面构造轻量化优化技术

根据实际使用性能的要求对金属屋面构造做法进行了轻量化的优化，在最大限度保证屋面自防水、隔声、隔热等功能的前提下，通过构造做法的调整组合实现了节材减重的目的。详见图6。

图5　超大超高倾斜式格构柱步进式安装技术

保温铺设　　　　　　　　　　屋面板高立边的分幅排水

图6　金属屋面构造轻量化优化技术

三、健康环保

"浮筑地台"隔声降噪系统优化及施工关键技术地面层间的隔声能力可高达78dB，与传统混凝土楼板地面约43dB的隔声能力相比，其隔声降噪性能显著提高。同时所采用的KINETICS建力声振KIP隔振块的材质为高密度玻璃纤维，高密度玻璃纤维为无机材质，不燃、防腐、隔热隔声性能好，不老化，使用寿命长，早期产品已无故障使用50余年。同时，其防虫、防霉、防紫外线、防臭氧、耐高温、耐低温，不受外界不利条件影响。

四、综合效益

1. 经济效益

创新技术产生经济效益合计335.3万元，具体如下：

（1）使用U-PVC管空心板，节省混凝土，产生效益76.1万；

（2）采用不等高不等强度隔振块交错布置，节省隔振块材料费154.1万；

（3）灌浆料配合混凝土产生效益15.5万元；

（4）钢结构格构柱产生效益89.6万元。

2. 社会效益

"浮筑地台"隔声降噪系统优化及施工关键技术相比传统的地面隔声降噪施工技术，整套隔声降噪系统具有隔声效果更好、系统稳定性更佳、使用寿命长、材料绿色环保和结构安全可靠等特点，有效保障了建筑物使用的功能性和耐久性。超大金属屋面结构和功能优化及施工关键技术显著缩短了工期，很好地控制了钢结构桁架吊装时产生的变形，提高了钢结构安装质量；同时使得金属屋面的可靠性得以提升，防排水性能加强。其技术难度适中，实用性强，有很好的社会推广应用价值。

南京丁家庄保障性住房工业化建造技术研究与应用

完成单位：中国建筑第二工程局有限公司、南京安居保障房建设发展有限公司、南京长江都市建筑设计股份有限公司

完 成 人：汪杰、刘建石、李敏、苏宪新、丛震、顾笑、王俊平、韦佳

一、项目背景

本项目以南京丁家庄二期（含柳塘）地块保障性住房项目（奋斗路以南A28地块）为依托，从高品质宜居规划设计、高品质绿色建筑设计、高质量绿色建造、全过程数字化信息化技术应用四个方面开展了系列的技术研究，创新形成四大类21项集成创新技术体系，实现了高品质保障性住房安全、实用、舒适、经济的目标要求。

二、科学技术创新

创新1. 提出了适用于保障性住房的"全生命期"标准化、模块化空间可变设计方法

结合装配化装修实现小户型住宅、适老型住宅、创业式办公等多功能可变，满足租赁住房全生命期功能可变需求。详见图1。

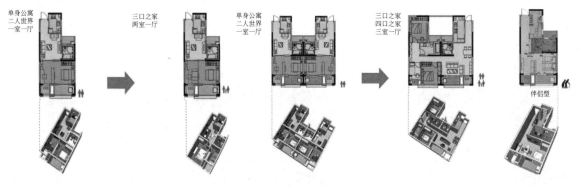

图1　全生命期户型可变设计方法

创新2. 研发了一种非预应力叠合板与支座的连接结构

在满足预制叠合板钢筋受力及构造要求的前提下，改进了预制叠合板边伸出钢筋的布置，然后在板周边叠合面上，再附加补强钢筋，有效地解决了预制叠合板吊装时板底筋和梁箍筋相碰撞、不易就位的问题。详见图2。

创新3. 研发了预制叠合板与预制竖向构件间快速安装方法

为保证预制构件与预制叠合板的可靠连接，本项目研发了一种可应用于预制叠合板上的锚

固件，使得预制构件便于安装，减少现场施工工作量，且能保证预制构件与预制叠合板的锚固连接安全可靠。详见图3。

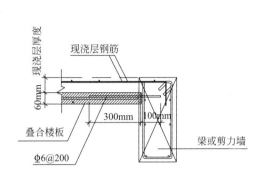

图2 一种非预应力叠合板与支座的连接结构及其连接方法

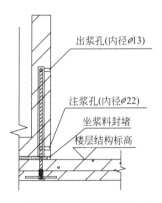

图3 用于锚固预制叠合板和预制竖向构件的锚固装置及其施工方法

创新4. 发明了一种预制夹心保温外墙水平连接方法

针对预制夹心保温外墙拼缝处存在热桥且因灌浆料填充而易开裂漏水的问题，创新性地提出了集保温与防水为一体的聚氨酯保温板封边技术，显著提高预制夹心保温外墙拼缝的隔热与防水能力，有效解决拼缝处热桥明显、易渗水的技术难题。详见图4。

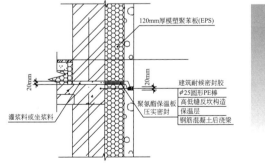

图4 一种预制夹心保温外墙水平接缝方法

创新5. 研发了一种预制夹心保温外墙板与遮阳板、窗台板窗框线角的连接结构

解决了三维复杂构件生产困难、生产费用高的问题，通过物理与化学连接相结合的方式，实现了现场高效、安全的连接。详见图5。

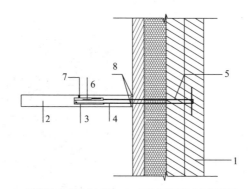

1—预制夹心保温外墙板；2—预制遮阳板或空调隔板；
3—预制遮阳板上预留的锤形孔；4—直径12mm以上的连接锚筋；
5—预制夹心保温外墙板上的连接套筒；6—弹簧卡；
7—出气孔；8—建筑胶

图5　预制夹心保温外墙板与窗台板窗框线角的连接结构

创新6. 研发了一种具有保温功能的预制外墙模板结构体系

含保温层的预制混凝土外墙模板在施工现场安装就位后可以作为剪力墙外侧模板使用，使得建筑外墙实现了保温材料的耐久性强、无外模板、无外脚手架、无砌筑、无粉刷的绿色施工。

创新7. 研发了一种剪力墙套筒灌浆连接灌浆装置

创新的预制剪力墙灌浆装置提高了装配剪力墙结构关键受力构件套筒灌浆连接灌浆密实度质量，有效提高工程施工质量，灌浆补偿装置简易经济、原理通俗易懂、操作方便，可以有效提高灌浆密实度。详见图6。

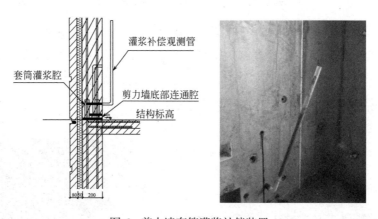

图6　剪力墙套筒灌浆补偿装置

创新8. 设计了一套简单的采用钢板加工的定位模具

该定位模具使得预制构件的预留插筋可以精确定位至"零"误差，保证预制构件能够快速、精确安装，缩短工期，提高预制构件的安装精度；定位模具成本低、操作快且成形效果好，固定牢固容易，易推广，有很好的实用性。详见图7。

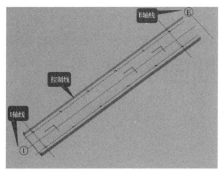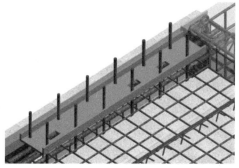

图 7 预留插筋槽钢定型模具定位

三、健康环保

项目自规划开始，到设计、施工，再到使用、运维全过程，坚持以"绿色""宜居""可持续"为理念，打造了全国首个获得全国绿色建筑创新一等奖的保障性住房项目。

项目综合设置透水铺装（100%陶瓷透水砖）、屋顶绿化（4328m²）、植被缓冲带、下凹式绿地、雨水调蓄回用池（100m³）等海绵设施，在实现低影响开发的同时，保障了良好的景观效果。通过标准化、模块化设计，优化剪力墙布局，达到不破坏主体结构即可实现小户型住宅、适老型住宅、创业式办公的多功能可变，满足建筑全生命期需求；细化建筑一体化设计（固定遮阳与活动遮阳相结合、阳台壁挂式太阳能热水系统），实现70.53%的建筑节能率及100%住户可再生能源利用；通过采用集承重、保温、装饰等功能为一体的预制保温外墙系统，大幅提高了建造效率，克服了外保温脱落的建筑质量通病；通过应用高精度铝模技术、全现浇空心混凝土外墙技术、优化插筋定位精度技术等绿色施工技术，实现了无砌筑、无抹灰、无外脚手架的绿色施工。

四、综合效益

1. 经济效益

丁家庄A28地块通过采用装配式混凝土剪力墙结构技术、预制混凝土叠合楼板技术、预制混凝土外墙挂板技术、钢筋套筒灌浆连接技术等新技术、新工艺，累计节约费用约1111.5万元，具有较好的经济效益。

2. 社会效益

本项目是南京市保障性住房、无产权精装房，为政府民生、民心工程，社会影响大，政治意义大。经过认真策划，积极应用、探索新技术，被列为全国装配式建筑施工调研基地、高校实践教学基地。承接大小观摩两百余次，观摩交流人员超过5万人次，包括住房和城市建设部、中华全国总工会、江苏省、吉林省、广东省、陕西省等相关领导以及万科、首创、雅居乐、恒大等多家开发商单位，作为第17届中日韩居住问题国际论坛参观项目接待中日韩同行专家参观。该项目的技术成果已推广应用于12项保障性住房工程，总面积约180万㎡，引领江苏省保障性住房品质和质量提升。

新乡守拙园

完成单位：河南省第二建设集团有限公司

完 成 人：王庆伟、苏群山、雒加岩、李陆军、董新红、张振魁、何智涛、段常智、
刘中原、孟亚情、亓云霞

一、项目背景

本成果以新乡守拙园项目为依托，针对高层钢结构公寓类建筑的结构体系优化、建筑围护结构创新、装配化装修、建筑节能技术集成应用等进行科研攻关和工程实践，开发应用了带栓钉及加强环板的埋入式柱脚、软钢阻尼器减震、清水混凝土外墙挂板、轻钢龙骨轻质隔墙、大面积饰面清水混凝土、光导照明、基于BIM的管线综合、集中式太阳能热水互联等一系列新技术，显著提升了装配式钢结构建筑的建造水平，实现全过程绿色建造。

二、科学技术创新

项目在钢结构主体及围护结构方面，进行技术集成应用和创新；主打"清水风"，全面开启民用建筑大面积应用饰面清水混凝土工艺的先河，显著提升了项目建造水平。

创新1. 创新采用带栓钉及加强环板的埋入式柱脚技术

将冲切锥破坏面起始位置提高至上加强环板边缘处，减少柱脚埋入深度，使其结构可靠性得到保证，有效节省建筑材料。

创新2. 优化设计钢结构消能减震措施

第11层~第17层每层X、Y方向分别设4个金属阻尼器，为结构提供附加阻尼比，提高整体抗震性能，有效减少钢结构梁柱截面。详见图1。

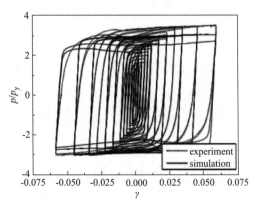

图1 软钢阻尼器减震有限元仿真模拟与实验对比

创新3. 提出装配式清水混凝土外挂板与钢结构体系新型连接节点

新型连接节点针对钢结构主体变形较大的特点，实现了装饰构件与主体结构的同步变形，提升了装饰构件安装强度及耐久性。

创新4. 创新应用功能性材料

非承重内隔墙采用轻质复合墙体（轻钢龙骨＋岩棉板＋双层石膏板），既满足了建筑功能性、耐火性要求，又消除了湿作业带来的质量通病，大大减

轻了墙体自重。详见图2。

图 2 轻质复合墙体实施效果

创新5. 率先应用民用建筑大面积饰面清水混凝土应用技术

1号、2号住宅楼、地下室墙体及地上公共部分全部为饰面清水混凝土,达到了"免抹灰"效果。开启了民用住宅类建筑大面积应用饰面清水混凝土工艺的先河,践行绿色低碳建造理念。详见图3。

图 3 地下车库墙体与地上公共部分饰面清水混凝土效果

创新6. 采用光导照明系统、集中式太阳能热水互联系统

光导照明系统至少可为地下车库提供8h自然光照明,可完全取代白天的电力照明。集中式太阳能热水互联系统通过太阳能与天然气联动,即开即热,确保冬天全天候供暖和热水使用。详见图4、图5。

图 4 光导照明技术　　　　　　　　图 5 架空太阳能板与燃气联动供热水

创新7. 装配化装修应用

应用整体卫浴、集成厨房、玻璃幕墙等装配化装修部品部件，有效避免湿作业，减少主体开槽，提升整体质量效果和建筑品味。详见图6、图7。

图 6　集成厨房　　　　　　　　　图 7　整体卫浴

创新8. 基于BIM技术对各专业进行深化设计和预拼装

全方位率先应用基于BIM的管线综合技术、管线分离技术，工业化成品支吊架技术等先进技术，通过虚拟建造，有效避免缺、漏、碰、撞，绿色环保，便于后期运维。

三、健康环保

1. 注重采用新材料、研发新技术

内隔墙采用轻钢龙骨+岩棉板+双层石膏板，具有重量轻、强度高、隔声、耐火性好等优点。外围护墙采用石膏板+轻钢龙骨+岩棉+清水混凝土挂板，集保温、隔热、装饰一体化。整个工程全面取消抹灰作业，装饰与建筑同寿命。

采用装配化装修，率先大范围应用预制清水混凝土挂板、整体卫浴、集成厨房、玻璃幕墙等装配化装修部品部件，结构主体无开槽。走廊采用装配式吊架，螺栓连接，提升了整体质量效果和建筑品味。

2. 主打"清水风"，实现绿色施工

本工程主打"清水风"，大面积取消二次砌筑，实现"免抹灰"。楼梯、阳台、空调板等全部采用清水混凝土预制构件。地下室及公共部分全部采用饰面清水混凝土，整个建造过程绿色、低碳、环保。

四、综合效益

1. 经济效益

钢结构柱脚优化节省造价成本31万元，抗震阻尼器优化节省造价50万元。

2. 工艺技术指标

（1）创新采用带栓钉及加强环板的埋入式柱脚，将柱脚基础冲切锥破坏面起始位置提高至上加强环板边缘处，增加了冲切面周长，基础厚度从常规方法所需的3m降到2m，基础底板节约近1/3。

（2）利用软钢阻尼器在满足钢框架结构弹性层间位移角限值1/250的前提下，层剪力减小了2.6%以上，总体减震效果比原结构有效提高。

（3）该项目将清水混凝土PC构件开发应用于幕墙领域，在平面内与平面外加载下，PC幕墙整体墙板试件变形能力分别可达到1/63位移角、1/42位移角。

（4）轻钢龙骨轻质隔墙岩棉填充密实，在线管密集位置采用玻璃丝绵进行填充。

（5）采用双钢管、几字钢梁饰面清水混凝土模板体系，降低自重，保证拼缝紧密性和整体性。内外墙模板安拆分别采用整支散拆、整支整拆工艺。

3. 社会效益

高层钢结构公寓建造关键技术在守拙园项目中的成功应用，高度契合新时代背景下绿色建造理念和装配式建筑政策导向，工业化程度高，有效降低能源消耗和碳排放，项目实施效果得到同行业、政府部门及社会各界的高度评价，先后荣获中国建筑钢结构金奖、住房和城乡建设部绿色施工科技示范工程、装配式建筑科技示范工程等殊荣，为今后同类高层钢结构建筑建造积累了宝贵的经验。

沈阳文化艺术中心大跨度大悬挑复杂空间结构研究与应用

完成单位：中国建筑一局（集团）有限公司

完成人：马小戈、菅红、杨光、杨振宇、魏凯、李哲、姜丰洋、石帅、呙启国

一、项目背景

本项目以沈阳文化艺术中心项目为依托，联合科研、设计、施工等多家单位和多名科研人员，通过科研攻关和工程实践，针对文化艺术中心大跨度大悬挑复杂空间结构关键施工技术系统研究，取得了一系列成果。

二、科学技术创新

艺术中心外部钢结构为"大跨度非常态无序空间折面结构体系"，主体结构为钢筋混凝土空间结构体系，具有结构超限、消防超限、节能超限的难点和特点。

本工程综合剧场、音乐厅和多功能厅的主体结构为混凝土框架—剪力墙结构，四周筒体剪力墙均匀到顶，综合剧场、音乐厅为两个不规则的空间结构竖向垒在一起的钢筋混凝土空间结构体系，总高度为46.6m。其中，音乐厅设计在综合剧场上空+25.6m标高处，屋面顶板标高由40.1m至43.6m及45.9m渐次抬升，总面积3084m²，综合剧场上空面积2224m²，悬挑部分面积970m²，悬挑长度23m，其中悬挑部分标高由25.6m渐次变为29.4m，形成BRPC缓粘结预应力悬挑+悬挂的空间结构体系。

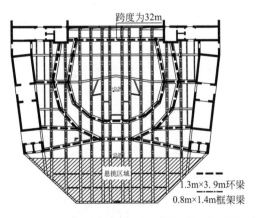

图1 "悬挑＋悬挂"空间缓粘结预应力结构体系示意平面图

创新1. 提出了大悬挑复杂空间结构缓粘结预应力施工方法，通过研制具有特殊构造的套管装置及适用整个张拉期的缓粘结剂，实现对一个结构整体施加预应力，解决了不同部位、不同层级缓粘结预应力混凝土结构施工的关键难题。详见图1、图2。

创新2. 在大跨度大悬挑三维结构中，通过应用结构计算软件对结构卸载全过程进行模拟计算，争取创造出一种新的空间结构卸载方法，减缓了结构变形，满足设计要求。详见图3。

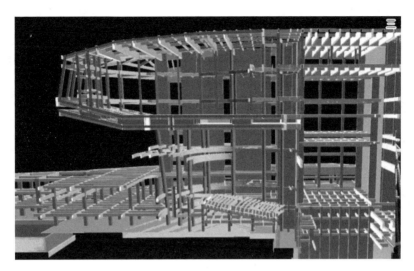

图 2　大空间悬挑结构缓粘结预应力布置示意图

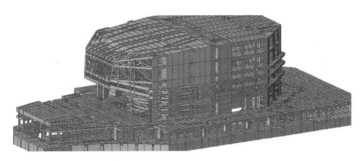

图 3　三维结构模型图

创新3. 在缓粘结预应力混凝土施工中，外加剂使用中配制出低氯离子高性能混凝土，降低了混凝土氯离子含量，提高了混凝土抗氯离子侵蚀的能力，延长了预应力混凝土结构使用寿命。详见图4~图6。

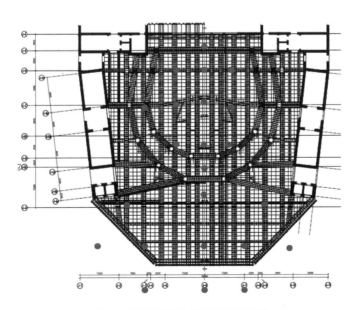

图 4　各层模架应力监测点平面图

图 5　三维激光扫描仪采集数据示意图

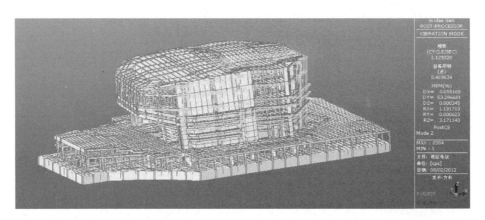

图 6　阶振型结构模型图

创新4. 在超高大结构混凝土梁施工中提出采用军用梁及军用墩模架支撑体系，解决高大建筑施工安全问题，加快了施工进度。详见图7、图8。

图 7　建立空间有限元模型图

图 8　军用墩安装完成图

创新5. 针对特殊超大铸钢构件，采用计算机进行仿真模拟，创新出铸钢节点定位再高空安装的新方法，减少了安装时间，提高了安装精度。详见图9。

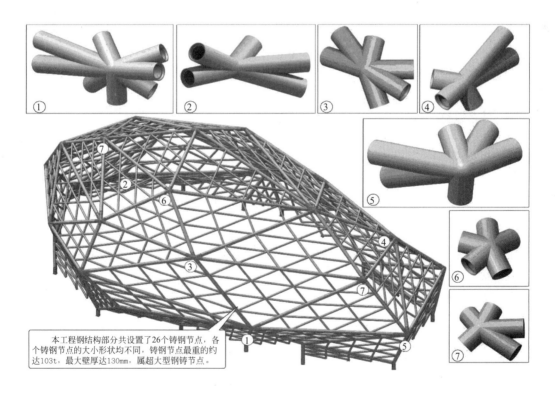

本工程钢结构部分共设置了26个铸钢节点，各个铸钢节点的大小形状均不同，铸钢节点最重的约达103t，最大壁厚达130mm，属超大型钢铸节点。

图 9　主要节点分解示意图

创新6. 针对幕墙大三角形多面体组成钻石造型，在加工、定位、安装工艺方面采用多种方式组合安装，创新提出一种建筑幕墙用多角度连接调整装置，改变以往幕墙的现场安装方式，满足高端幕墙现场安装速度快、成本低的特征，显著提高幕墙的安装精度和工程质量。详见图10。

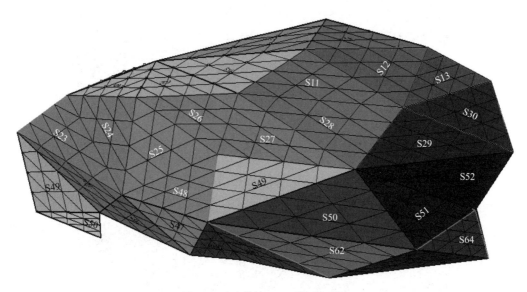

图 10　玻璃幕墙 300 系统模型图

三、健康环保

本工程施工过程中，通过大量运用仿真模拟技术、创新技术，解决了施工过程中的难点，运用新技术、新工艺解决了施工过程中关键技术问题，从而实现本工程保质、保量、保工期的预定目标。并取得中国建筑工程总公司"中建杯"（优质工程金奖）、全国"AAA级安全文明标准化工地"、"中国建设工程鲁班奖"等奖项。

四、综合效益

1. 经济效益

本工程中采用的新技术、新工艺、新思路，缩短了施工工期，减少了安装时间，提高了安装精度，创造了良好的经济效益，比常规施工方案节约工程成本累积约800万元。

2. 社会效益

作为沈阳市重要的文化设施项目，本项目建成后对于提升城市功能和品位、促进沈阳文化事业大繁荣大发展具有深远影响。

商丘市老旧城区地下排水管网顶管施工 关键技术研究与应用

完成单位：中国建筑一局（集团）有限公司、中建一局集团第二建筑有限公司
完 成 人：李金元、王晨旭、牛小犇、宁丽艳、吴奇飞、于雁南、吴超鹏、彭麒云

一、项目背景

本项目以商丘市污水管网和中水管网工程为依托，联合科研、设计、施工等多家单位和多名科研人员，通过科研攻关和工程实践，针对性解决了老旧城区的顶管障碍多，用地紧张、施工空间小，交通情况多变，施工环境复杂等问题，建立了长距离大管径曲线顶管、触变泥浆减阻、复杂地质情况下临近建筑物沉井下沉、可周转人工顶管钢板箱支护等关键技术，提高了行业的科技水平，推动了成果的实施应用。

二、科学技术创新

项目针对老旧城区复杂的城市环境和地下、地上情况，就现有的顶管施工进行了研究总结和创新，解决了老旧城区顶管障碍多，用地紧张、施工空间小，交通情况多变，施工环境复杂等问题，取得了多项创新技术。

创新1. 复杂城市环境下泥水平衡机械顶管施工技术

通过前期地形地质调查，设置合理的顶进路线及加固措施；顶管过程中随顶随注浆，形成完整有效的触变泥浆套；针对不同地形地质，对进出洞口进行处理；对施工中的关键措施进行优化和总结，提高了施工的安全性，保障了工程的效益。

创新2. 顶进管材加强技术临时修复施工技术

研发出加强型顶进施工用钢筋混凝土顶管，通过优化钢筋混凝土管配筋，对管材的应力集中区域进行补强，增大了顶管过程中的顶进距离，减少了顶进过程中裂缝的产生和破坏的发生，相比钢管具有经济效益优势。

创新3. 管节临时修复施工技术

研发出用于顶管施工的管节临时修复工具，包括多段沿管节轴向并列拼合的双层钢圈及微型液压顶，相比开挖机头反向顶进，临时装置施工简单，大部分结构可以重复使用，具有明显的工期优势和经济效益优势。

创新4. 长距离顶管触变泥浆减阻施工技术

在传统的减阻措施基础上，对补浆孔的布设和补浆方法进行了改进，可以有效降低管道周围摩阻力，在粉砂土、砂土和含有砖渣的地质中顶进时，使侧摩阻力降低为1.1 ~ 1.5kN/m²，从而降低了最大顶进顶力，减少了中继间的使用个数。详见图1。

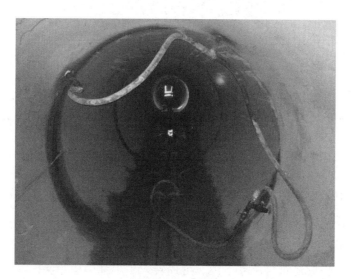

图1　触变泥浆减阻注浆设备

创新5. 长距离大管径曲线顶管施工技术

通过采用平木垫片来调节或消除管间间隙，在直线顶管的基础上对曲线段超挖部分加强注浆，可避让无法下穿的重要建筑物或地下构筑物。详见图2。

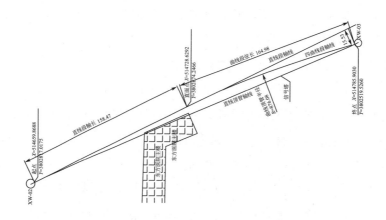

图2　曲线顶管路线图（单位：m）

创新6. 复杂地质情况下临近建筑物沉井下沉施工技术

在沉井外侧设置双排高压旋喷桩帷幕，一方面形成止水帷幕，一方面固结地层流沙，保障在沉井下沉及顶管过程中临近建筑物不被破坏，解决了沉井在建筑物附近无法施工或施工产生沉降大的难题，具有明显的技术优势。详见图3。

创新7. 可周转人工顶管工作井钢板箱支护施工技术

将预制完成的钢板箱通过内部挖土并借用助沉措施的方式，下沉至设计标高。相对传统大开挖，保证了基坑和顶管施工安全；相对于沉井支护，方便快捷可拆卸，可以循环利用，节省工期和造价。

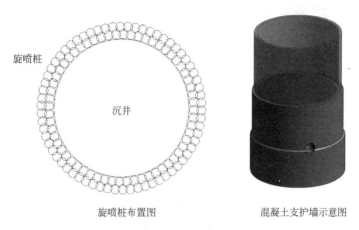

旋喷桩布置图　　　　　混凝土支护墙示意图

图 3　临近建筑物沉井下沉施工支护

三、健康环保

本工程直接将沿河道与道路的污水引入污水处理厂，有效避免因雨季污水排入内河造成的内河水系污染；污水处理厂处理的中水经中水管网输送至各个用户端，降低城市排污负荷，实现污水再生利用，是商丘市政府十件实事之一的民生工程。

四、综合效益

1. 经济效益

（1）顶进管材破坏机理分析及管材加强、临时修复施工技术和长距离顶管触变泥浆减阻施工技术减少了约1/2中继间的使用，降低了施工成本，节省了中继间安装和使用费用约155.6万元。

（2）长距离大管径曲线顶管施工技术

采用曲线顶管，避免了不必要改线，减少两座沉井，减少顶管长度约600m，减少了工程造价约360万元，同时减短了施工周期，节约工期35天。

（3）复杂地质情况下临近建筑物沉井下沉施工技术减少了大量的拆迁时间和费用，节约成本为127万元。

（4）可周转人工顶管工作井钢板箱支护施工技术创效约458.8万元。

2. 社会效益

人工顶管工作井钢板箱支护技术是采用钢板箱进行支护，相对传统大开挖，保证了基坑和顶管施工安全；相对于拉森钢板桩支护和沉井支护，方便快捷可拆卸，可以循环利用，节省工期和造价，为后续工程提供可借鉴方案。

无锡苏宁广场项目软土环境超高层综合施工技术研究与应用

完成单位：中建一局集团第二建筑有限公司、中国建筑一局（集团）有限公司
完 成 人：李金元、都书巍、季文君、代亚勇、雷顺祥、于雁南、陈昌远

一、项目背景

本项目以无锡苏宁广场工程为依托，联合科研、设计、施工等多家单位和多名科研人员，通过科研攻关和工程实践，获得了软土环境超高层综合施工的项目管理经验及施工技术，为我国南方地区软土地基深基坑施工及超高层施工提供了宝贵经验，具有很好推广和借鉴意义，取得了良好的社会效益和经济效益。

二、科学技术创新

针对本工程超大超深基坑和超高层北塔楼的特点，结合工程实施过程中遇到的技术难题，项目团队组织开展技术研究和攻关工作，保证了施工质量、工期、安全，降低了施工成本，创新多项关键技术。

创新1. 软土地区深基坑施工技术

基于有限元原理，分析软土地基下的超高层结构深基坑的防渗结构——三轴搅拌桩、基坑的维护结构——钻孔灌注桩、基坑的支护结构——内支撑以及开挖过程分区分期的施工综合技术，对施工中的关键措施进行优化和总结，提高了施工的安全性，保障了工程的效益。

创新2. 深基坑支撑梁延迟控制爆破施工技术

深基坑支撑梁拆除采用延迟控制爆破施工技术，在浇筑支撑梁混凝土时预埋炮孔，爆后混凝土与钢筋全部分离，混凝土块状粒径小于30cm，便于后期清渣且可作为回填料使用。创新技术提高拆除效率，大大降低劳动强度，与机械拆除相比，可以节约费用约5%左右，取得了良好的效果。详见图1。

图1　深基坑支撑梁延迟控制爆破技术

创新3. 超高层结构外框架柱悬挑定型防护施工技术

利用型钢及钢管搭设成为整体外防护架体，用塔式起重机吊装至外框架柱部位，作为操作平台及

外防护使用，其中架体采用地锚固定于楼板上，并采用型钢反顶结构上部梁来达到保险的目的，确保了施工人员的安全，解决了超高层外框架柱安全防护问题。详见图2。

创新4. 超高层泵送洗泵用水循环利用施工技术

研发了超高层循环水洗泵节水系统，包括设在地泵层的混凝土废水收集池、设在沉淀层的沉淀池和设在蓄水层的蓄水池，通过管道的连接，各组成部分形成一套完整的循环节水系统。系统构造形式简单合理，最大限度地减少了混凝土泵车清洗过程对环境的不利影响，减少了水资源与能源的消耗，实现了可持续发展的施工，满足绿色施工要求。详见图3。

图2　超高层结构外框架柱悬挑定型防护构造图

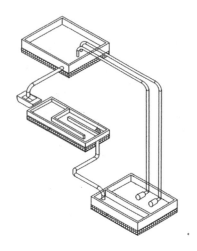

图3　超高层循环水洗泵节水系统构造图

创新5. 液压爬模施工深化技术

综合考虑机位间距、钢梁及钢梁埋件位置、桁架位置、塔式起重机位置、筒内钢柱位置等因素，对液压爬模机位进行布置；根据爬模可分区爬升的特点，将核心筒共划分为2个施工段进行流水施工，优化爬模安全防护体系，确保了爬模在使用期间的安全。

创新6. 桁架避难层深化设计及施工技术

避难层钢构件数量多、质量大、焊接工作量大且质量要求高、桁架安装精度要求高，施工中主要将桁架分成多个吊装单元进行分段、分片运至现场安装，确保了桁架避难层的施工进度及施工质量，成功攻克桁架避难层施工这一超高层结构施工难题。详见图4。

创新7. 超高层建筑核心筒—外框架结构差异变形研究

图4　桁架避难层施工完成图

通过有限元计算和理论分析，定量描述超高层建筑（北塔）核心筒和外框架之间的差异变形，在ANSYS有限元模拟分析中的外钢框架采用线单元模拟，混凝土核心筒和楼板均采用板壳单元模拟。结合理论分析，从建筑材料、结构设计、结构施工、施工监测等方面入手，采取合理措施，减小差异变形影响，提高超高层结构的安全性。

创新8. BIM技术在机电工程中的应用

利用BIM技术在建模过程中完成图纸会审的工作，且结合Navisworks软件的软碰撞、硬碰撞功能实现对机电管线的碰撞检测、管线深化工作，解决了项目结构复杂、系统繁多、规模庞大、施工难度大等问题，且可实现快速提取工程量。详见图5。

图5　BIM对机电样板施工进行细节安装模拟与现场对照

三、健康环保

无锡苏宁广场通过新技术的创新与应用，在施工中提高能源利用效率，减少能源损耗，在保证原建筑设计意图与功能的前提下，用有限的资源和较小的能源消费取得较大的经济和社会效益。

四、综合效益

1. 经济效益

由于施行一架一柱的吊装方式，提高了主体工程的施工进度，累计可节约成本约20万元。桁架避难层施工技术避免了液压爬模架体空中解体，每次节约工期10天，累计节约工期30天，节约爬模架体解体、组装费用共计10万元。

2. 社会效益

本工程采用"支模封堵""内堵""外封"等合理手段对基坑渗漏进行封堵，确保了基坑安全，保护周边建筑物和市政设施，减少建筑物和管线的修复工作，节约大量费用。根据北塔楼内筒外框结构形式设计特点，合理布置垂直运输机械，共布置动臂塔2台，形式为内爬外挂，与北塔整体施工组织相融合，满足了超高层结构的垂直运输，保证工程的顺利进行，获得良好的社会效益和经济效益。

既有建筑保护性更新改造综合施工技术

完成单位：广东省建筑工程集团有限公司、广东省工业设备安装有限公司、广东省建筑装饰工程有限公司

完 成 人：邓智文、陈建航、陈春光、罗伟坤、张春辉、李勇军、梁军、谢钧、张澄铎、廖庆辉、关家豪、张粤、陈晓军、罗翀、陈一乔、岑伯杨、杜越、黎宇、王庆鑫

一、项目背景

目前，国内有大量在改革开放初期兴建的高层酒店宾馆或办公大楼，使用至今已有四十余年，其耐久性和使用功能都不能满足现今的要求。其中具有代表性、有着三十多年历史的五星级酒店广州白天鹅宾馆建筑存在的主要问题是：客房面积小、房型单一，存在消防安全隐患，主体结构老化，机电设备能耗大，围护结构热工性能差等。本次更新改造施工针对以上问题，并结合文物保护的特殊要求，研究的主要技术措施包括：消除结构和消防上的隐患是改造的根本和关键；土建应结合装修、机电工程一体化设计、施工，避免二次施工增加对既有建筑的破坏；外立面以修缮、更新为主，保留其历史风貌；室内装修应充分尊重既有典型空间和装饰，力求传承发扬；加强节能环保意识，控制机电设备系统能耗，满足绿色建筑二星设计要求。

二、科学技术创新

本技术成果经广州市建筑业联合会组织专家组鉴定达到国际先进水平，其创新性采用双套管微型钢管桩基础加固施工技术等15项子项技术，其中9项子项技术经广东省住房和城乡建设厅等组织专家鉴定，7项达到国内领先水平，2项达到国内先进水平，获得发明专利授权2件，发明专利申请2项，实用新型专利授权10项，省级工法9项。

创新1. 双套管微型钢管桩基础加固施工技术

采用全套管跟进工艺，并对钻机钻杆接头进行优化改进，进一步确保钢管钻进质量。详见图1。

创新2. 微型桩侧向约束导向钻进施工技术

通过模拟分析，引入"在钻杆上增加三道与钻头相同直径的导向环箍"导向构造，在抛石层以及坚硬地层钻孔时，借助桩孔侧壁提供多点侧向约束，提高了钻杆工作的稳定性，保证了成孔质量及桩身垂直度。详见图2。

创新3. 粘钢及碳纤维加固既有建筑结构施工技术

在传统的粘钢工艺中，结合锚栓固定和碳纤维布局部加强等做法，形成一套独特的加锚粘

钢结合碳纤维布对既有建筑物进行结构整体加固的施工技术。详见图3。

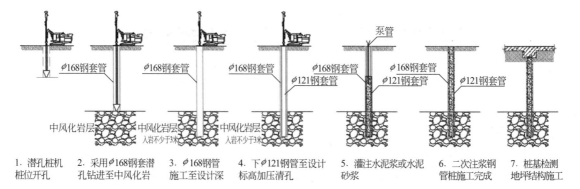

1. 潜孔桩机 桩位开孔
2. 采用φ168钢套潜 孔钻进至中风化岩
3. φ168钢管 施工至设计深
4. 下φ121钢管至设计 标高加压清孔
5. 灌注水泥浆或水泥 砂浆
6. 二次注浆钢 管桩施工完成
7. 桩基检测 地坪结构施工

图1 双套管微型钢管桩基础加固工艺

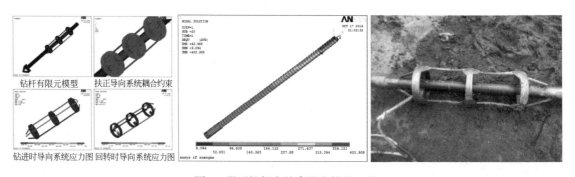

钻杆有限元模型 　扶正导向系统耦合约束

钻进时导向系统应力图 回转时导向系统应力图

图2 微型桩侧向约束导向钻进工艺

图3 粘钢工艺中结合锚栓固定和碳纤维布局部加强措施

创新4. 后置式可复用联结件外墙脚手架施工技术

利用已完成结构楼板，在室内搭设钢管顶架进行回顶固定悬挑工字钢梁；采用穿墙螺杆在剪力墙上固定预制定形三角钢架作为外脚手架基座；卸荷吊环采用可复用的预制定形吊环，通过螺栓后锚固方式与既有结构固定；连墙杆件采用可复用的预制定形连墙杆件，通过螺栓后锚固方式与既有结构固定。详见图4。

创新5. 分中滑移法拆除大跨度钢屋盖施工技术

采用直线滑移法滑出采光棚钢屋盖，待钢屋盖整体离开"故乡水"园林所在的中庭区后再解体拆除。详见图5。

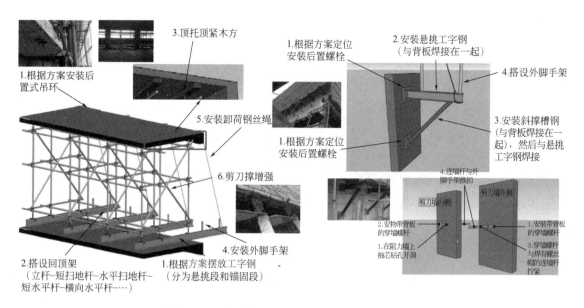

图4　后置式可复用联结件外墙脚手架施工工艺

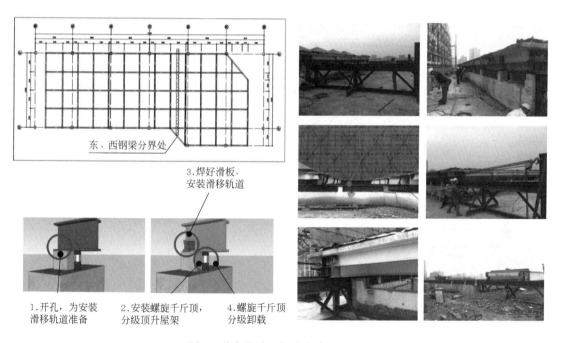

图5　分中滑移法拆除大跨度钢屋盖

创新6. 高压注浆精准定位加固地基施工技术

注浆施工从水池中心位置至外边线范围内按一定距离，采用钻孔、下注浆管、高压注浆方法进行地基加固，从而最大限度地减少对原地基土的扰动，保护地面园林造型的稳定，提高其地基整体承载力。详见图6。

创新7. 露天高低跨处施工缝新型防水施工技术

通过混凝土反坎、防水填充材料（PVC防水油膏）和反坎盖板及其两端L形钩板、折边板，一并起到封挡裙楼楼板与主楼墙体间施工缝的作用，有效加强了裙楼屋面板与主楼墙体之间的防水性能。详见图7。

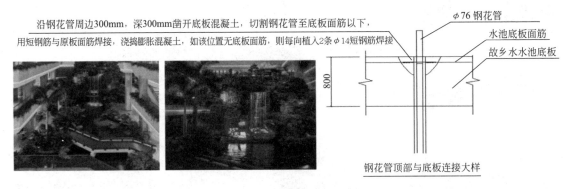

沿钢花管周边300mm，深300mm凿开底板混凝土，切割钢花管至底板面筋以下，用短钢筋与原底面筋焊接，浇捣膨胀混凝土，如该位置无底板面筋，则每向植入2条φ14短钢筋焊接

φ76 钢花管
水池底板面筋
故乡水水池底板
800
钢花管顶部与底板连接大样

图6 "故乡水"水池地基高压注浆加固

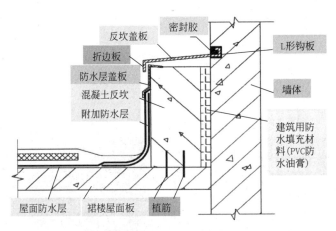

反坎盖板　密封胶
折边板　　　　　　L形钩板
防水层盖板
混凝土反坎　　　　墙体
附加防水层
　　　　　　　　　建筑用防水填充材料（PVC防水油膏）
屋面防水层　裙楼屋面板　植筋

图7 高低跨处施工缝新型防水工艺

创新8. 超薄内腔整片木饰面板逆装法施工技术

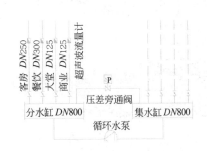

客房 DN250
餐饮 DN300
大堂 DN125
商业 DN125
超声波流量计
P
压差旁通阀
分水缸 DN800　集水缸 DN800
循环水泵

图8 超薄内腔整片木饰面板逆装法工艺

研制特制穿墙螺栓组连接龙骨与墙体，运用逆装法固定超薄木饰面，满足了墙面饰面仅为50mm的要求。详见图8。

创新9. 岭南地区金属箔饰面防氧化施工技术

采用防水封闭剂对基层均匀封闭，控制环境湿度75%RH以下采用油性防氧化粘结胶铺贴，并采用防氧化金属防护油做表面防护处理，杜绝了金属箔出现氧化、开裂、脱落等问题。详见图9。

创新10. 装配式智能隔声活动隔墙施工技术

通过吊顶轨道里内置电机驱动，使用智能电机数控系统控制，实现了各隔墙板块单元可自由移动。采用直轨、直角转角轨、钝角转角轨等多类型移动轨道。应用装配式钢结构导轨悬吊支架、工厂加工的模块化隔墙板，实现三维高差可调的装配式施工，满足隔声、饰面与隔墙一体化要求。详见图10。

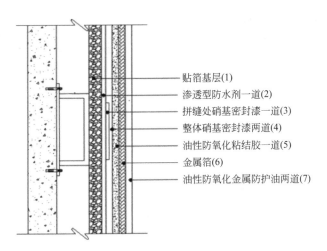

图 9　金属箔饰面防氧化工艺

贴箔基层(1)
渗透型防水剂一道(2)
拼缝处硝基密封漆一道(3)
整体硝基密封漆两道(4)
油性防氧化粘结胶一道(5)
金属箔(6)
油性防氧化金属防护油两道(7)

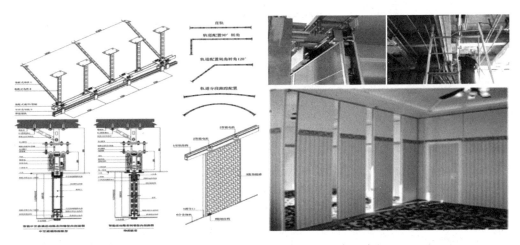

图 10　装配式智能隔声活动隔墙工艺（仅示意）

创新11. 空调系统节能改造技术

建立中央空调系统能效比EER计算模型，模拟在各种工况下运行，计算其能效比，确保空调系统运行最优。同时，空调主机、水泵、冷却塔以及阀门等所有设备及部件通过优化选形、定制，确保系统性能最优。空调机房通过BIM技术进行设备管路科学布置，最大限度减少管路输送阻力，节约输送能量，有效提高了空调系统能效比。详见图11。

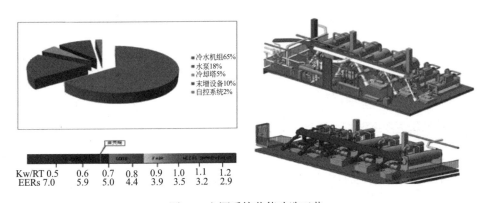

图 11　空调系统节能改造工艺

创新12. 热泵蓄热策略优化技术

通过系统分析，确认分级蓄热优胜于并联式蓄热，结合系统的能效比、反应时间、储水罐的运行特性进行策略优化，可操作性更强。详见图12。

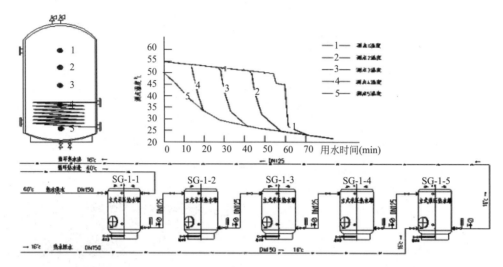

图12　分级蓄热技术系统图（仅示意）

创新13. 末端压差式空调冷冻水的平衡施工技术

使用静态平衡阀和动态压差阀相结合的方式实现水力平衡，并使用压差式流量计测量流量，解决了以往使用超声波流量计需破坏管道保温及防腐涂层的难题；并且对水力平衡调试的每一步提出了详细的技术措施和校核方法。详见图13。

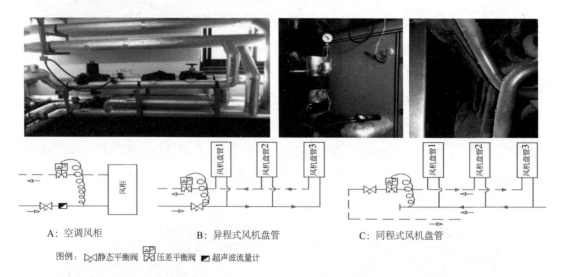

图13　末端压差式空调冷冻水的平衡工艺

创新14. 易沉降地区空调直埋管抗拉伸施工技术

在易沉降地区的冷热水直埋管采用"中点横向固定、竖向活动、两边均匀拉伸"的抗拉伸体系，该抗拉伸体系依托于建筑结构着力点，使长距离的空调直埋管自身能够根据温度变化向两端自然伸缩，且在地质及管道沉降后仍能继续发挥抗拉伸作用。详见图14。

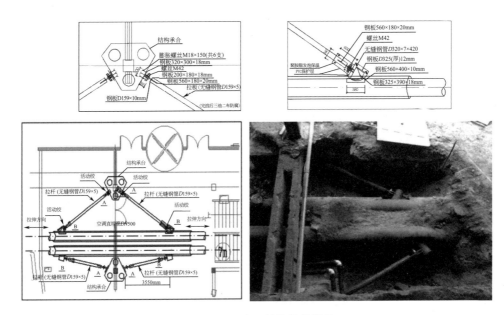

图 14　空调直埋管抗拉伸措施

创新 15. 空调水系统低阻低耗节能施工技术

冷冻泵、冷却泵与冷水机组三者合一；水力计算分析降低阻力系数；运用 BIM 技术优化管路；结合市场设备、材料及工具的性能水平筛选低阻构件，管道连接大量使用 30~40° 弯头与异面三通。详见图 15。

图 15　空调水系统低阻低耗节能工艺

三、健康环保

本技术的有效实施，确保大量同类既有建筑可通过保护性更新改造焕发新生，减少破坏性拆除，实现可复用周转材，使既有资源得到最大限度利用，有效减少资源浪费，保护生态环境；通过多种绿色先进技术的有机运用，能源、水资源等多方面均得以有效优化，实现全年能耗降低超过 35%，进一步保护生态环境。

四、综合效益

1. 经济效益

依托广州白天鹅宾馆更新改造工程项目，研发出一系列针对既有建筑保护性更新改造的施工技术，通过人工、材料、设备、能源等各方面，综合节约、节材、节能，保证了大量类似既有建筑可以通过保护性更新改造焕发新生，减少破坏性拆除，使既有资源得到最大限度利用，节约各类成本达1000万元以上。

2. 工艺技术指标

针对既有建筑结构加固工程室内作业面狭小、成品保护难度大等特点，研发桩基、梁板柱等结构加固新技术，很好地解决既有建筑结构隐患的改造问题；结合文物保护的特殊要求，外立面以修缮、更新为主，土建改造结合装修、机电一体化设计与施工，研发体现绿色环保、装配式、简易节能的外墙饰面、钢屋盖、防水、室内饰面、文物保护等土建改造新技术，避免二次施工增加对既有建筑的破坏，保留其历史风貌；在既有建筑机电系统升级改造工程中，加强节能环保意识，控制机电设备系统能耗，研发空调节能、热泵蓄热、直埋管抗拉伸等机电升级改造新技术，使其满足绿色建筑二星设计要求，为同类工程提供了较好的指导和借鉴作用。

3. 社会效益

广州白天鹅宾馆经本次更新改造后，文物得到了很好的传承，结构、装修、机电经改造升级后确保使用安全、节能、绿色，更加符合现代化酒店管理的发展需要。在保留了岭南建筑文化精神内核的基础上，在整体环境设施和管理服务方面都有了显著的提升，为往来的中外宾客提供高品质的服务，起到很好的社会效益。

西南地区海绵城市道路桥梁综合施工技术

完成单位：中国建筑一局（集团）有限公司、中建一局集团第五建筑有限公司

一、项目背景

本项目以宁波路东段二期项目为依托，联合公司其他项目、设计院等单位，通过科研攻关和工程实践，解决了城市车行道透水路面的设计及施工和曲线段简支梁箱梁架设难题，形成了适应西南地区环境的透水道路施工技术和大跨度箱形拱桥结构成套施工技术，实现了海绵城市透水路面的应用，确保了透水车行道的承载力和蓄排水能力。

二、科学技术创新

创新 1. 海绵城市道路施工技术透水型车行道路结构

通过分析现有的透水型道路，考虑城市道路车行道路需要蓄水和承重的功能，在道路上基层采用透水混凝土，创新发明了一种透水型的车行道路结构层，其自上而下的结构分别为改性乳化沥青超前预养护层+细粒式排水沥青混合料PAC-10（3.5 cm）+粗粒式排水沥青混合料PAC-25（6.5 cm）+抗裂渗水分流层（1cm）+多孔排水混凝土（30cm）+橡胶沥青封层（1cm）+水泥稳定碎石（30cm）。详见图1。

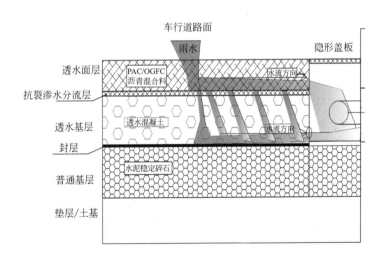

图 1　透水沥青路面面层结构示意图

创新 2. 城市道路海绵化承重混凝土配制技术

从混凝土材料入手，研究配合比指标与主要性能的关系。通过试验进行配合比设计，确定多孔排水混凝土施工主要是利用单级配大颗粒集料、增强剂、粉煤灰、水及水泥拌和生产，单

级配主要粒径为4.75~31.5mm，不含细集料，水灰比为0.3。海绵城市道路基层多孔排水混凝土各主要材料配合比用量详见表1。

多孔排水混凝土配合比 表1

试验组号	组成材料用量				计算密度（kg/m³）	孔隙率（%）	7d抗压强度（MPa）	7d抗折强度（MPa）
	灰（kg）	水（kg）	碎石（kg）	改性剂（g）				
3	2.9	0.77	20.28	135	1953.5	27.65	24.5	3.67
11	2.25	0.87	20.28	221	1916	31.5	25.9	3.89
15	2.25	0.7	20.28	183	1897.1	30.1	20.1	3.01

创新3. 海绵道路抗裂渗水分流层施工技术

PAC-5抗裂渗水分流层是优化设计新增的特殊结构层，是基层和面层的隔离层。主要由SBS改性沥青、纤维、填料、细集料、粗集料组合而成的沥青混合料，使两个结构能够有效衔接结合，防止多孔承重排水混凝土出现开裂反射至面层，起到渗水分流作用。

技术要点：

（1）该材料选取借鉴了透水沥青混合料，选用断级配骨料，减小骨料粒径，保证1cm的成形厚度。

（2）控制纤维的掺加量，使其兼顾渗水和分流作用。

（3）控制油石比，保证该层的柔性，使其能够较好地与上下层结合。

（4）因其厚度仅1cm，为保证摊铺成形效果，需调整摊铺常规速度，避免摊铺断节，保证材料供应。

创新4. 大跨度箱形拱桥施工支撑体系

格构式临时桥墩加贝雷梁与满堂架的拱桥复合支撑体系支架形式从下至上：混凝土基础+钢管柱+工字钢+贝雷梁+14cm×14cm方木+底托+碗扣式支架+顶托+主楞（双支钢管）+方木次楞（5cm×10cm方木）+双面覆膜竹胶合板。详见图2。

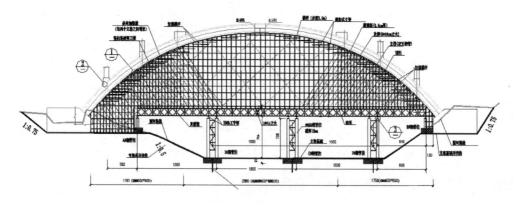

图2 桥梁支撑体系（仅示意）

创新 5. 大跨度箱形拱桥结构施工模板技术

（1）拱圈箱室芯模支架体系。在腹板上预留横钢管，腹板作为箱室芯模支架体系竖向支撑结构的一部分，保证支撑受理的同时，又节约钢管材料。

（2）新型盖模体系。现浇箱形拱桥的主拱呈弧线形，拱内为空心，优化设计箱形板盖模方式，将拱分为底板、腹板和顶板三部分，保证了箱形拱板混凝土浇筑质量和模板的可回收利用。详见图 3。

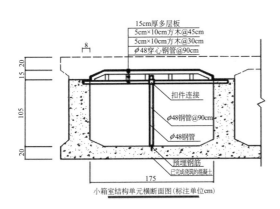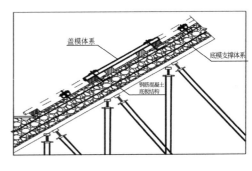

图 3　芯模支架体系与新型盖模体系

三、健康环保

海绵城市道路建成通车，因其良好的透水排水作用，可有效缓解城市内涝，同时排水速度快，减少车辆驾驶的水雾产生，提高雨天驾驶的摩擦力，安全系数更高。因其道路结构层较大的孔隙率，可更好地对汽车噪声进行弱化，起到很好的降噪作用。因其道路基层的透水作用，可更好地进行蓄水，实现雨天蓄水、晴天降温，减少城市热岛效应的作用。

四、综合效益

1. 经济效益

海绵城市道路施工技术的主要经济效益体现在摊铺透水混凝土基层采用设备摊铺一次成形，节约模板材料，节约工期及费用。采用抗裂渗水分流层减少裂缝维护费用。在研究桥梁拱圈结构施工中，项目团队创新地研发了可周转的盖模体系，应用了穿心法芯模体系及钢管柱等支撑体系，整体节约材料及工期，提高材料的周转使用等。以上累计产生经济效益约 233 万元。

2. 工艺技术指标（表 2）

多孔排水混凝土性能指标　　　　　　　　　　　　　　　　　表 2

监测项目	单位	设计要求	实际检测	
抗折强度	MPa	2.0~3.0	2.92	28 天龄期
空隙率	%	≥17	17.9	
渗透系数	mm/s	≥1.0	1.4	

3. 社会效益

通过西南地区海绵城市道路桥梁综合施工技术的研究，掌握了海绵城市道路设计、施工等技术，总结了现浇拱桥施工中各项关键技术，领先达到海绵城市道路及桥梁工程建设的综合水平。同时本依托项目也获评住房和城乡建设部的科技示范工程，在当地起到良好的宣传作用。此外，海绵城市道路的建成可减少城市内涝、热岛效应，有效改善了居民出行和生活环境，为建设公园城市做出贡献。

延安钟鼓楼工程明清式仿古建筑施工综合技术研究与应用

完成单位：中国建筑一局（集团）有限公司

完 成 人：邵立安、余虎、巨鹏飞、王宏旭、杨旭东、李运闯、王云龙、杜小乐、赵艳波、杨飞翔

一、项目背景

本项目以中国·延安圣地河谷文化旅游中心区金延安板块钟鼓楼工程为依托，联合科研、设计、施工等多家单位和多名科研人员，通过科研攻关和工程实践，解决了明清式仿古建筑轻集料混凝土承重构件、明清式仿古建筑斗拱制作及安装、明清式仿古建筑屋面、明清式仿古建筑装饰装修等施工问题，创新了成套实用性明清式仿古建筑综合施工关键技术，实现了现代建造技术与传统匠作工艺结合、轻集料混凝土施工与传统木作施工相融合，还原了古建筑的传统美。

二、科学技术创新

创新1. 轻集料混凝土结构施工技术

本项目钟鼓楼全部采用了轻集料混凝土作为结构材料，轻集料混凝土强度等级为CL30，经过多次计算试配，试验确定混凝土试验室配合比。详见表1、图1。

CL30轻集料混凝土配合比 表1

材料名称	水泥	砂	（碎）石	掺和料	外加剂	陶粒	水
品种规格	P.O.42.5	中砂	5～31.5mm	二级粉煤灰	QEO-Ⅱ（早强防冻剂）	5～20mm	井水
质量比	1	1.57	0.29	0.14	0.03	1.65	0.47
实验室配合比（kg/m³）	350	550	100	50	10.3	580	165

创新2. 明清式仿古建筑斗拱施工技术

（1）斗拱设计

平身科斗拱正心处为120mm厚混凝土结构，斗拱安装位置处混凝土墙上预留空洞，空洞宽度等同昂、翘、要头宽度100mm，斗拱通过混凝土墙与混凝土平板枋紧密相连。详见图2。

柱头科斗拱安装处檐柱和金柱为内芯方钢管型钢混凝土圆柱，柱两侧为120mm厚混凝土墙，将圆柱上端安装斗拱处变径为180mm×180mm方柱，混凝土墙上预留空洞，卡槽一侧在挑尖梁安装高度处凹进其2倍宽度尺寸，用平板枋收头，坐斗可平稳放到平板枋上。详见图3。

图 1　轻集料混凝土构件应用效果

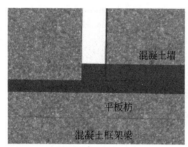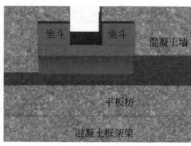

设置混凝土封空墙　　　　　　　　内外安置坐斗　　　　　　　　整体三维模型

图 2　平身科斗拱安装位置及坐斗安装示意图

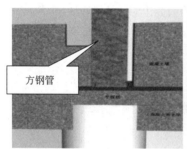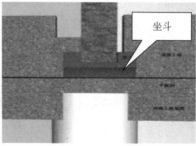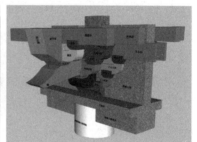

内芯方钢管型钢混凝土檐柱和金柱　　　封空墙上口凹进2倍宽度　　　　　整体三维模型

图 3　柱头科斗拱安装位置及坐斗安装示意图

角科斗拱安装处檐柱为内芯方钢管型钢混凝土圆柱，柱两侧转角各有1道120mm厚混凝土墙，将圆柱上端安装斗拱处变径为180mm×180mm方柱，用平板枋收头，坐斗可平稳安放。详见图4。

（2）斗拱加工

按设计尺寸在三合板上画出1∶1足尺寸大样，然后分别将坐斗、翘、昂、耍头、撑头木及桁碗、瓜、万、厢拱、十八斗、三才升等，逐个套出样板，在加工好的规格料上画出各构件轮廓线，画好线后进行加工、制作。详见图5。

（3）斗拱安装

斗拱各构件按"山面压檐面"的原则扣搭相交，纵横构件十字相交，搭交点处均要刻十字卯口。角科斗拱三交构件的节点卯口，按单体建筑的面宽进深方位，斜构件压纵横构件、纵横构件按进深面宽扣搭相交。详见图6。

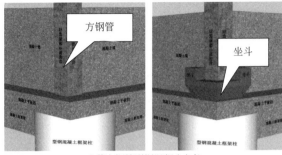
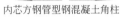
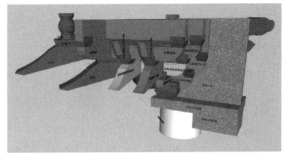

内芯方钢管型钢混凝土角柱　　　　　　　　　　整体三维模型

图4　角科斗拱安装位置及坐斗安装示意图

图5　斗拱加工放实样套样板及画实线工艺流程

平身科斗拱安装　　　　　平身科斗拱正心枋安装　　　柱头科斗拱结合方钢管安装

柱头科斗拱留槽　　　　　　柱头科斗拱安装　　　　柱头科斗拱安装对中检测

角科斗拱结合方钢管安装　　　　角科斗拱安装　　　　　斗拱内外安装

图6　各科斗拱安装工艺

创新3. 明清式仿古建筑屋面模板体系施工技术

古建屋面结构形式复杂，构件高度和角度不一致，翼角起翘且椽子密集，支设模板时先控制坡屋面坡度，随后准确定位梁、檩等构件，最后处理檐口椽子密集处时，采用模板夹拼的方式处理，中间利用模板拼合组成的"小方盒"来保证椽子间的空隙。

创新4. 明清式仿古建筑装饰装修施工技术

（1）明清式仿古建筑瓦作屋面施工关键技术措施

铺瓦大面积施工按照"从屋檐向屋脊、从低到高、从中间向两边、自下而上、板瓦压六露四"的原则，先铺底瓦（①檐头勾滴瓦、②板瓦、③盖瓦垄），后铺筒瓦和当沟；再铺正当沟、斜当沟及脊瓦；正脊瓦、戗脊瓦和垂脊瓦最后安装。详见图7。

| 屋面瓦安装方式 | 屋脊安装方法 | 屋面飞檐走兽安装完成 |

图7　屋面瓦作施工关键技术措施

（2）明清式仿古建筑木作门窗施工关键技术措施

门窗形式为槅扇式门窗，由松木成品加工，现场拼装完成。安装顺序：抱框和门框就位（吊直后取下）→安置预埋件→固定抱框和门框→门窗扇临时固定→依次固定单槛、连二槛及转轴→门窗扇调整与固定→拆除临时固定件→调试→安装门闩。详见图8。

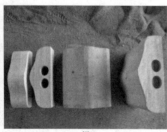

| 门闩 | 槛 | 转轴及抱框 | 依次安装成形 |

图8　木作门窗施工关键技术措施

（3）明清式仿古建筑石作栏杆施工关键技术措施

石材栏杆是由每个部件从下而上组装而成，地狱石上部、立柱侧方留有深槽，每装完一部分进行打胶、打磨等工作。详见图9。

（4）明清式仿古建筑油饰施工关键技术措施

油饰时"从里到外、从上至下、从左至右、顺着木纹，从一角角科开始依次向平身科、柱头科"满刷。详见图10。

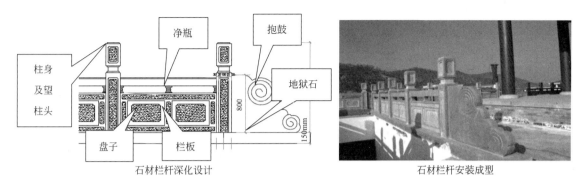

图 9　石作栏杆施工关键技术措施

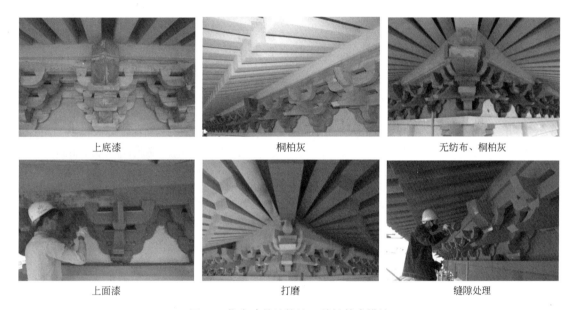

图 10　仿古建筑油饰施工关键技术措施

三、健康环保

（1）钟鼓楼全部采用轻集料混凝土作为结构材料，大幅减轻自重，保证结构的强度。

（2）斗拱与轻集料混凝土结构构件及钢管轻集料混凝土结构构件连接采用螺钉将斗拱固定到钢管混凝土柱预埋连接件。在平身科、柱头科斗拱安装处混凝土封闭墙上预留空洞，以便斗拱与其连接。

（3）屋面结构支撑体系复杂，翼角起翘且椽子密集，整个屋面形制为坡屋面，采用模板夹拼的方式进行处理，中间利用模板拼合组成的"小方盒"来保证椽子间的空隙。

通过以上技术的研发与应用，从每个细节出发，节约资源，降低后期维修成本，节省劳动力投入，减少了结构自重，提高了结构的耐久性能；同时，控制了结构尺寸，美化了建筑造型等，对整个工程起到节约工期、创造效益的作用。

四、综合效益

1. 经济效益

斗拱原材料选用红松木制作安装，对比混凝土直接经济效益17.08万元；采用斗拱内外分别制作、安装，节省了斗拱直接材料工程量及斗拱制作费用共计28.56万元；通过对木作斗拱与混凝土结构结合方式进行优化，减少了用工工时，合计节约人工费用3.5万元；轻集料混凝土作为承重构件应用直接经济效益约90万元。本工程经济效益合计约139.14万元。

2. 工艺技术指标

（1）轻粗骨料用页岩陶粒并按比例掺加少量碎石（增加强度的目的）。经过多次按比例试配，其干表观密度的变化范围为1760 ~ 1850kg/m³。

（2）本工程斗拱的连接采用特殊的方式，技术要求如下：

1）浇筑带U形槽的封空墙：在斗拱安装位置处混凝土墙上预留100mm宽空洞，斗拱通过混凝土墙与其下部混凝土平板枋紧密相连。

2）斗拱安装：木作斗拱制作时将坐斗、正心瓜拱、正心万拱、正心枋沿面宽方向轴线一分为二，内外两半正心构件紧贴混凝土墙，而坐斗及进深方向昂、翘、要头均加长120mm并卡在混凝土墙预留的卡槽内。

3）压顶梁施工：压顶梁在斗拱安装完成后浇筑，底模板采用两层防腐模板，固定到斗拱顶部，在底模上绑扎压顶梁钢筋，支设侧模并浇筑轻骨料混凝土。

3. 社会效益

延安圣地河谷一期钟鼓楼工程采用传统匠作与现代建筑施工技术相结合的施工方法，实现了仿明清传统古建的整体效果，该工程的顺利实施，得到了业主及当地政府主管部门的一致肯定和好评，并受到了来自国家、省、市地区的各级领导的关心和支持，前后有包括中央电视台等多家媒体的正面积极宣传报道。该工程的落成，将对延安市乃至陕北地区弘扬红色文化传承革命精神起到重要作用，对红色文件旅游事业的推动起到关键性作用。

百子湾保障房项目公租房项目

完成单位： 北京住总集团有限责任公司
完 成 人： 张海松、刘涛、李双双、邹杰、柏鑫

一、项目背景

本项目以百子湾保障房项目公租房地块（1#公租房等37项）为依托，通过科研攻关和工程实践，研发了转换层钢筋定位方法、灌浆区封缝工具、墙顶阴角定型模板体系等工艺工法和配套工具；应用了异形高层装配式塔式起重机超长锚固方法和新型附着式升降脚手架；优化了复杂大型公租社区装配式建筑施工组织方法，解决了狭小场地下构件场内运输存放、异形平面建筑的塔式起重机布置、结构与装修竖向工序穿插的难题，提升了安装效率，提高了施工质量。

二、科学技术创新

项目针对装配式建筑、超低能耗建筑等技术开展了研究与应用，形成了预制装配式领域的技术集成创新，降低了资源的消耗，达到了节能减排的目标，取得了良好的效益。

创新1. 预制构件精准安装技术

利用定位钢板，准确定位及固定钢筋位置，减少混凝土浇筑对钢筋位置的扰动，降低二次返工钢筋调整施工量。利用套筒穿孔钢钉悬挂定位钢板的方法进行全程定位，保证了预制墙体的安装精度。详见图1。

图1 套筒穿孔钢钉悬挂定位钢板工具

创新2. 新型封仓工具及其施工技术

新型封仓工具可自动调节高度，解决由构件标高与楼板平整度施工误差导致的封仓缝高度

变化问题，有效保证封仓塞缝密实、封仓缝宽度满足设计要求、灌浆连续无漏浆，大大提高了封仓施工的质量。详见图2。

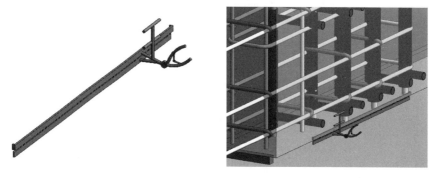

图2　可调式坐浆封仓工具设计图

创新3. 墙顶阴角定型模板施工技术

研发预制墙体与其对应的上层叠合板之间缝隙定型模板，具有竖向可调、横向固定的功能，通过钢托架结合穿墙螺栓来固定方钢龙骨，有效地避免混凝土浇筑过程中出现漏浆问题。详见图3。

创新4. 适用于装配式建筑的外防护架体系及其施工技术

采用改良型附着式升降脚手架全高7.2m，整个架体覆盖2.5倍结构楼层，相比传统爬架，高度减小50%，自身重量减轻，安装速度快，节省施工时间。详见图4。

图3　墙顶阴角定型模板图　　　　　　　图4　新型附着式升降脚手架

创新5. 复杂装配式建筑群体工程施工管理

研究并优化了复杂大型公租社区装配式建筑施工组织方法，通过利用可周转使用的钢板、可再利用的级配砂石材料，解决了狭小场地下构件场内运输存放难题；研究应用了异形高层装配式塔式起重机超长锚固方法，解决塔式起重机布置问题，显著提升了建造效率；立体穿插施工技术，通过提前深化相关专业图纸，提前筹备队伍、机械、部品材料进场，满足装配式结构与装修穿插施工的条件，形成立体空间交叉作业，达到缩短整体工期的效果。详见图5。

创新6. 超低能耗建筑技术

通过对外保温、外门窗、外遮阳、热回收新风系统的设计及断热桥、气密性等施工措施，节能率达到92%。详见图6。

楼层	相对关系	室内	室外
21	N	结构作业层	
20	N-1	独立支撑层	
19	N-2	独立支撑层	
18	N-3	现浇结构支撑层	
17	N-4	拆除支撑层	
16	N-5	结构养护层	
15	N-6	清理、止水层	止水层
14	N-7	二次结构层	
13	N-8	二次结构层	
12	N-9	二次结构层	
11	N-10	清理、止水层	止水层
10	N-11	隔墙龙骨安装层	
9	N-12	门窗安装层	
8	N-13	水电气管道安装层	
7	N-14	地板模块铺设层	
6	N-15	厨卫间安装层	
5	N-16	户内门安装层	
4	N-17	柜体安装层	
3	N-18	大部品安装层	
2	N-19	小部品安装层	
1	N-20	保洁层	

结构施工层

10层准备结构验收

10层插入装修

图5 立体穿插施工安排

外墙外保温施工　　　　　　　气密窗安装　　　　　　　新风机组安装

图6 超低能耗建筑技术

创新7. 智能化施工技术

利用BIM技术综合管线排布，减少机电碰撞，实现精细化施工，避免材料浪费；辅助现场平面管理，绘制各阶段平面布置图，合理规划施工用地，提高场地利用率；进行三维施工模拟，模拟构件吊装顺序，确保构件安装的顺利进行，避免二次搬运；模拟复杂节点施工过程，同时对施工工人进行三维技术交底，加快施工进度，提高施工质量，为装配式建筑施工过程提供技术保障。

三、健康环保

在工程建设过程中，秉承"绿色、安全、环保、创新"的理念，通过总体全面策划、过程严格管控、精细管理、科技创新技术等措施和方法，使绿色施工与技术创新齐头并进，高质量、高标准、高效率地建造示范工程。

在建筑的全寿命周期内，最大限度地做到节能、节地、节水、节材、保护环境和减少污染，使项目达到提质、增效、降本、节能、环保的效果。尤其是在绿色施工方面，项目荣获了住房和城乡建设部绿色施工科技示范工程、北京市建筑业绿色施工示范工程、"十三五"国家重点研发计划绿色建筑及建筑工业化重点专项示范工程、全国建设工程项目施工安全生产标准化工地等荣誉。

四、综合效益

1. 经济效益

百子湾保障房项目公租房地块（1#公租房等37项）在建设过程中，采取合理的部署、精细的组织、高效的工具、先进的技术，节省了施工成本，取得了良好的经济效益，共节省约127万。

2. 工艺技术指标

定位钢板采用3mm厚钢板并在四周附加焊接20mm×20mm×2mm方钢骨，钢板上每隔200mm开一个ϕ100mm的混凝土灌注孔，最外侧孔处加焊50mm高DN25×2钢套管，并在距套管顶10mm处横穿D=5mm圆孔。不同墙体外伸灌浆钢筋间距、数量相同的墙体定位钢板可以归并为同种型号，满足定位钢板的通用性。

新型封仓工具高度可调、宽度可限，达到15~25mm高、20mm宽的封仓缝密实且连续效果。

改良型附着式升降脚手架全高7.2m，整个架体覆盖2.5倍结构楼层，相比传统爬架，高度减小50%，自身重量减轻，安装速度快，节省施工时间。

3. 社会效益

通过研究与应用先进的创新技术和精细的管理模式，项目起到了示范作用，促进了装配式建筑关键技术的进步，加快了产业化发展的进程；降低了资源和能源消耗，达到了建筑工业化节能减排的目标；改善了人民的生活品质，推动了精神文明建设，保障了社会稳定和谐发展，实现了项目社会效益最大化，得到了社会各界的认可与好评。

海宁工贸园2#厂房太阳墙空气加热系统

完成单位：江苏日出东方康索沃太阳墙技术有限公司
完 成 人：许道金、秦昆、肖成珍、李炫廷

一、项目背景

本项目以海宁工贸园2#厂房项目为依托，联合科研、设计、施工等多家单位和多名科研人员，通过科研攻关和工程实践，有效解决建筑物采暖能耗高、石化能源消耗多、室内空气质量差，以及由此导致的雾霾污染重等环境治理难题，引领太阳能热利用行业由普通低温生活热水领域进入到建筑一体化太阳能采暖建筑节能领域，实现建筑物低碳环保采暖，极大地提升了太阳能热利用企业在国际市场的竞争力。

二、科学创新技术

创新1. 采用太阳墙高效双涂层加热技术，提升太阳墙系统集热效率，降低建筑冬季采暖能耗。详见图1。

图1 双涂层太阳墙

创新2. 采用太阳墙夏季逆效应技术，降低建筑夏季制冷负荷。详见图2。

创新3. 采用正面高吸收低发射，背面红外高发射超耐候性涂层，提升太阳墙耐候性和寿命，使太阳墙可以在大气工况下，长期稳定运行。

创新4. 采用多孔太阳墙板均匀传热技术，减少能量逸散，提升系统效率，并解决太阳墙后续产业化推广中存在的生产、设计、安装难题，以满足不同建筑的节能需求。

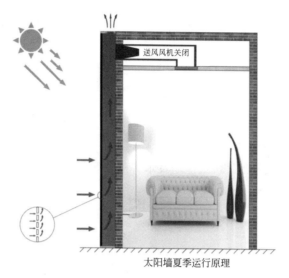

太阳墙夏季运行原理

图 2 夏季逆效应原理

三、健康环保

项目产品一方面通过太阳墙围护蓄能技术降低建筑物采暖负荷，另一方面通过太阳墙采暖新风技术满足建筑物采暖需求，可有效降低各种建筑的采暖能耗，大量减少采暖燃煤、燃油、电能的使用，同时也从源头上减少了雾霾发生源。太阳墙系统实现室内外空气流通，带来新风，大幅降低室内 CO_2 浓度，改善室内空气环境，保障人们身体健康。系统在使用过程中无污染，节省能耗，降低常规能源使用，减少碳排放，为双碳目标的实现助力。

四、综合效益

1. 经济效益

造价低廉且不需维护，微能耗运行费用低。据预测，太阳墙板造价约 1600 元/m² （包括框架材料），而玻璃幕墙造价约 1000 元/m²，用太阳墙替代玻璃幕墙高 600 元/m²，但太阳墙在冬季基本以 3.9 元/m²/d 的速度回报用户，投资回收期非常短。太阳墙使用寿命 30 年以上，无需维护，经济效益、环境效益好。

2. 工艺技术指标

据测算，使用太阳墙后，北方采暖每 100m² 太阳墙每年可节能折合人民币 3 万 ~ 5 万，同时减少 CO_2 排放量 40t，社会效益显著。

3. 社会效益

太阳墙建筑节能系统适用地区广，冬季采暖效果好，在冬季为建筑物输送热风，在夏季为建筑物遮挡阳光并带出部分室内热负荷。特别适用于严寒、寒冷、夏热冬冷等地区的冬季采暖，节能效果非常明显。

单项应用
创新类

装配式建筑应用创新类

省直青年人才公寓金科苑项目＋竖向分布钢筋不连接装配整体式剪力墙结构体系的应用

完成单位：中国建筑第八工程局有限公司、中建八局第一建设有限公司
完 成 人：肖绪文、于科、纪春明、王希河、赵一方、张博、杨慧通、鲁绪蒙、悦敢超

一、项目背景

本项目以省直青年人才公寓金科苑项目为依托，联合科研、设计、施工等多家单位和多名科研人员，通过科研攻关和工程实践，提出竖向分布钢筋不连接装配整体式剪力墙结构体系，解决了传统连接形式的预制剪力墙施工困难、质量难以保证与成本较高等问题。

二、科学技术创新

创新1. 竖向分布钢筋断开后，为了保证分布筋断开后剪力墙受力性能不会降低，故基于平截面假定提出了等强的设计理念，而竖向分布钢筋可采用构造钢筋。详见图1～图3。

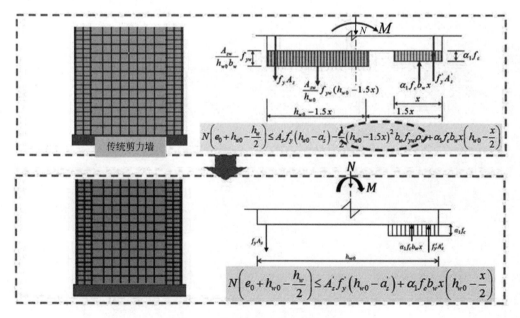

图1　正截面抗弯承载力等效设计

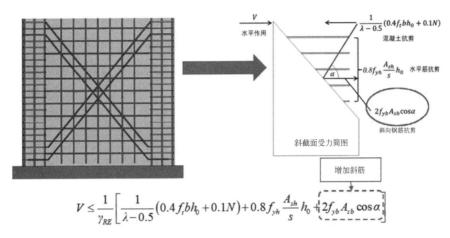

$$V \leq \frac{1}{\gamma_{RE}}\left[\frac{1}{\lambda-0.5}(0.4f_tbh_0+0.1N)+0.8f_{yh}\frac{A_{zh}}{s}h_0 \boxed{+2f_{yb}A_{zb}\cos\alpha}\right]$$

图 2　斜截面抗剪承载力设计

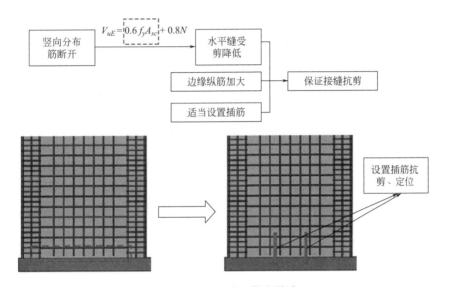

图 3　接缝处抗剪承载力设计

创新2. 建立现浇混凝土剪力墙与预制混凝土剪力墙有限元模型，分析受力全过程。详见图4。

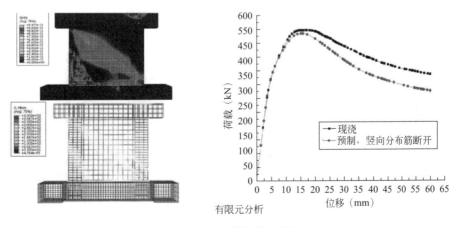

图 4　有限元数值模拟分析

创新3. 开展工程中常见的高墙与矮墙两类剪力墙体系的抗震试验研究，并根据试验研究成果对其进行了安全性评估。详见图5、图6。

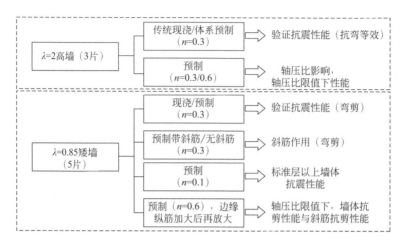

图5 试验方案策划

图6 墙体抗震性能试验加载

创新4. 1/2缩尺模型振动台试验，即通过振动台模拟地震对竖向分布钢筋不连接剪力墙结构的作用，重点研究竖向分布钢筋不连接装配整体式剪力墙结构的地震破坏机理和破坏模式，评价结构的抗震能力；寻找竖向分布钢筋不连接装配整体式剪力墙结构试验中可能的薄弱环节，为采取有效的抗震措施提供依据；验证新型结构体系抗震性能，为后续示范应用及推广提供试验依据。详见图7、图8。

预制墙体制作　　　吊装预制墙体　　　坐浆　　　边缘构件支模及钢筋绑扎

图7 振动台模型制作（一）

楼板支模钢筋绑扎　　　　　　　边缘构件及楼板浇筑　　　　　　振动台模型

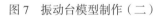图7　振动台模型制作（二）

图8　振动台试验

创新5. 取消了预制墙竖向分布钢筋连接，层间采用坐浆连接，解决了常规装配式剪力墙结构竖向钢筋连接的质量控制难题。详见图9。

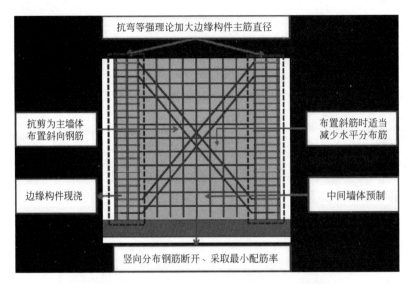

图 9　竖向分布钢筋不连接装配式混凝土剪力墙结构体系

三、健康环保

新技术减少了预制构件的构造配筋；基于"抗弯、抗剪承载力等效原则"形成此体系的结构设计方法，并形成相应的连接方法与构造措施，其抗震性能与现浇等同，可大力发展用来代替现浇剪力墙，减少混凝土的浇筑；取消了预制墙竖向分布钢筋连接，层间采用坐浆连接，无需灌浆套筒，节水节材。以上举措使得施工过程健康环保，减少对环境的负面影响。

四、综合效益

1. 经济效益

对于标准层，预制墙 18.07m³/层，传统结构的边缘墙纵筋、分布筋、箍筋总重 2043kg，新体系边缘墙纵筋增加 227.6kg（28.2%），但竖向分布筋减少 352.3kg（68.2%），总体节约钢筋 6.1%，项目应用竖向分布钢筋不连接体系，每一预制构件的施工平均可创造经济效益 150 元。本项目共采用新体系完成 11200 个预制构件的吊装施工作业，创造经济效益 168 万元。

2. 工艺技术指标

（1）提出竖向分布钢筋不连接装配式剪力墙体系，基于"抗弯、抗剪承载力等效原则"形成此体系的结构设计方法，并形成相应的连接方法与构造措施。

（2）通过足尺试件抗震性能试验，研究并验证此新型墙体的抗震性能。

（3）系统形成涵盖设计、施工及验收等相关技术规程。

（4）通过项目应用为相关理论支撑与工程推广应用提供可靠依据。

3. 社会效益

本研究成果具有创新性和科学性，相关研究成果已经纳入中国工程建设标准化协会规程——《竖向分布钢筋不连接装配整体式混凝土剪力墙结构技术规程》T/CECS 795-2021，并于 2021 年 6 月 1 日起开始实施。采用本成果，施工速度快、经济效益好、符合装配式建筑发展的趋势，为装配式建筑的探索提供了新的方向，有效减少了作业人员需求量，提高施工效率，简化操作流程，并且施工质量能够得到有效保证，观感质量大幅提高，引来同行业人员竞相观摩，提升了公司的影响力，同时更有利于本成果的推广应用，取得了较好的社会效益。

浙江省绍兴市宝业新桥风情项目

完成单位：中国建筑标准设计研究院有限公司、浙江宝业房地产集团有限公司、浙江宝业
建筑设计研究院有限公司、宝业集团浙江建设产业研究院有限公司
完成人：刘东卫、蒋航军、宋力锋、伍止超、秦姗、刘若凡、王锴、段进维

一、项目背景

浙江省绍兴市宝业新桥风情项目是由中国建筑标准设计研究院作为技术研发与设计的主要
依托单位，联合浙江宝业建筑设计研究院共同倾力打造。项目以国际视野，针对我国国情，围
绕着百年住宅核心体系，在建设产业化、建筑长寿化、品质优良化和绿色低碳化方面取得了一
系列创新性成果和集成关键技术。从设计方法、技术支撑体系、集成技术、施工方法及示范工
程等多维度、全过程、全专业系统攻关关键技术，营造出了安全、健康、长久、舒适的美好人
居环境空间，建设了绿色低碳的可持续居住建筑。

二、科学技术创新

项目以新型装配式建筑技术创新为依托，最大限度地保证住宅质量和性能，提高部品化程
度，推动了科技进步，实现了装配式建筑工程整体质量和效率提升。项目以未来发展和市场为
导向，实现行业上下游产业链的全面对接，推动创新成果融合与应用，引领了我国住宅可持续
建设的新方向。

创新1. 新型建筑工业化装配式建筑体系

项目以新型建筑工业化长寿化可持续建设新理念，助推住房建设行业实现由新理念、新模
式、新标准、新体系、新技术引领升级的住宅产业现代化目标。采用新型住宅工业化通用体系，
基于支撑体S（Skeleton）和填充体I（Infill）完全分离的SI住宅体系及其技术，在提高结构和功
能耐久性、设备部品维护更新性和内装适应性三方面具有显著特征。详见图1、图2。

创新2. 标准化设计

（1）针对楼栋、套型和部品进行统一的标准化设计，并将建筑设计中的柱网、层高及其他
参数尺寸统一化，在基本满足建设条件和使用要求的情况下，尽可能具有通用性和互换性。详
见图3。

（2）家庭全生命周期适应性设计。项目填充体设计从家庭全生命周期角度出发，采用大空
间结构体系，提高内部空间的灵活性与可变性，并方便用户今后改造，在同一套型内可实现多

种变换来满足用户的多样化需求。详见图4。

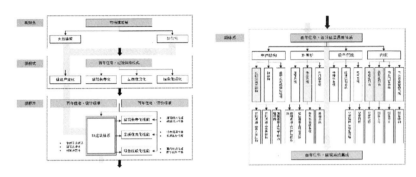

图 1　新型建筑工业化系统集成（仅示意）

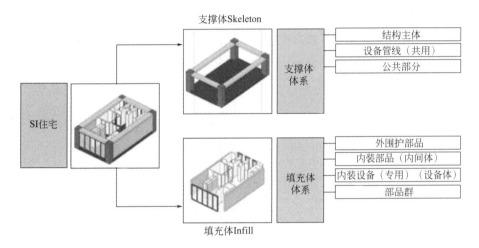

图 2　SI住宅体系

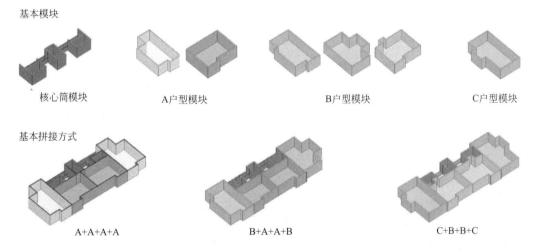

图 3　内装系统的填充体内装套型模块化设计

适老与育儿的家：二胎之家→照护之家　　**成长变化的家：三口之家→老年之家**

图 4　全生命周期可变空间（仅示意）

（3）项目通过起居室、餐厅、厨房三者融合形成一体化空间，各功能空间均设有相应柜体组合及置物架等，均为标准化、模块化生产、干法施工，质量可靠且安装便捷。

创新 3. 新型装配式建筑设计系统集成

（1）项目以装配化建造方式为基础，统筹策划、设计、生产和施工等环节，实现新型装配式建筑结构系统、外围护系统、设备与管线系统、内装系统一体化建造和高品质部品化集成。详见图 5。

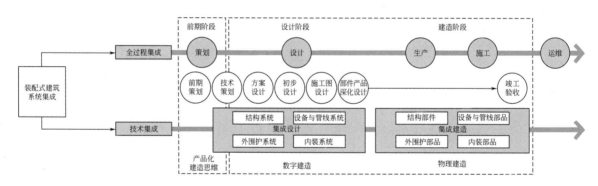

图 5　装配式建筑系统集成

（2）项目围绕中德两国两种住宅主体工业化设计技术进行了集成技术探索，其支撑体耐久性关键技术采用加大基础及结构的牢固度、加大钢筋的混凝土保护层厚度、提高混凝土强度等措施，提高主体结构的耐久性能，最大限度地减少结构所占空间，同时预留单独的配管配线空间。详见图 6。

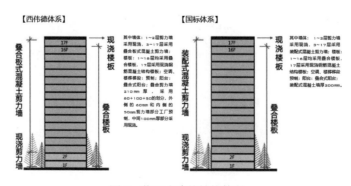

图 6　装配式建筑结构体系

（3）项目全面提高建筑外围护性能的同时，注重其部品集成技术的耐久性。选用在工厂生产的标准化系列部品，外墙板、外门窗、幕墙、阳台板、空调板及遮阳部件等进行集成设计，成为具有装饰、防水、采光等功能的集成式单元墙体，外围护系统结合了内保温的集成技术解决方案，既可解决传统外保温方式的外立面耐久性问题，也可为墙内侧的管线分离创造条件。详见图7～图9。

图7　装配式建筑外立面　　图8　现场预制实心墙板规范化堆放区　　图9　外墙工程吊篮施工作业

（4）采用全干式工法集成技术，实施了内装与主体和设备管线分离，应用了双层墙面、双层吊顶、同层排水、薄型干式地暖等内装系统，以及整体卫浴、集成厨房、系统收纳等品质优良的内装部品模块与集成部品，实现精装交付完成，详见图10。

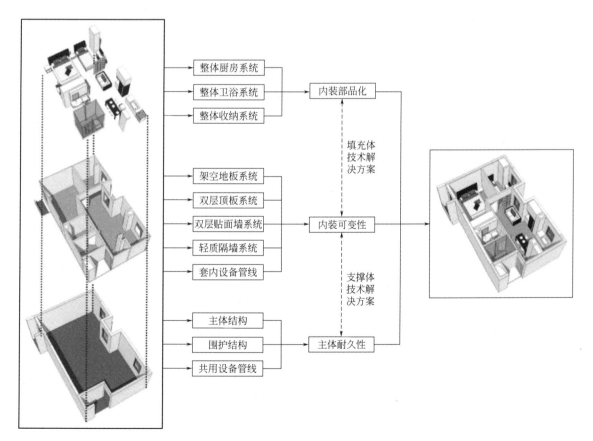

图10　装配式建筑内装系统

（5）采用管线与主体结构、内装相分离的方法，同时在承重墙内表层采用树脂螺栓或轻钢龙骨，外贴石膏板，形成架空层的构造。架空空间用来安装铺设电气管线、开关、插座等。项目集中设置设备管井，便于形成完整的套内功能空间。详见图11。

图11　装配式建筑设备与管线系统

创新4. 主体结构采用两种预制混凝土剪力墙结构体系，一种为叠合式剪力墙结构体系，另一种为装配式剪力墙结构体系。详见图12。

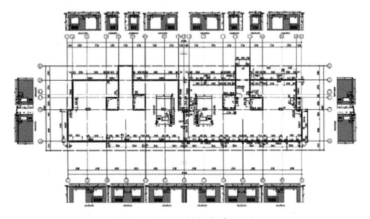

图12　竖向预制构件布置图

创新5. 项目采用了SI填充体部品集成体系和内装全干式工法，集成应用了整体卫浴、整体厨房、系统收纳、系统坐便、系统洗面等一系列优良部品和适老通用设计。详见图13、图14。

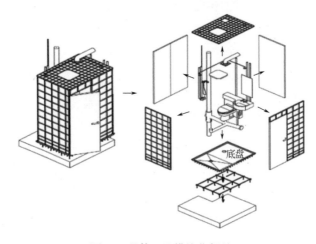

图13　整体卫浴模块化部品

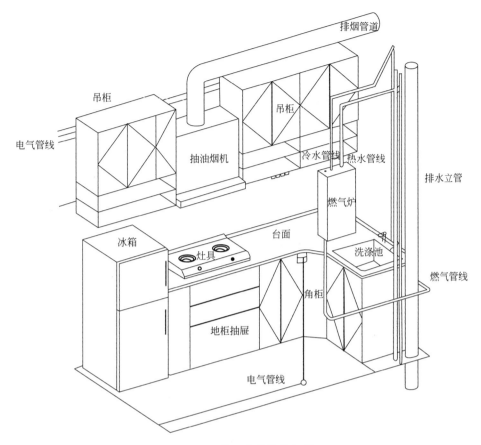

图 14　整体厨房模块化部品

创新6. 设计阶段创建施工图模型并进行深化、更新和维护,通过三维模型直观展示设计效果,并对施工图模型进行碰撞检测,形成碰撞检查和设计优化,为BIM机电深化提供参考依据。在竣工验收阶段,在各阶段BIM信息模型基础上,对各专业模型及构件属性信息进行整合,形成竣工模型,作为项目实施数据提交给业主,实现电子化交付,便于业主的后期物业运营维护。详见图15、图16。

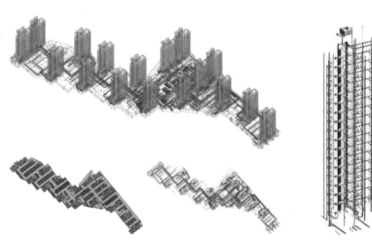

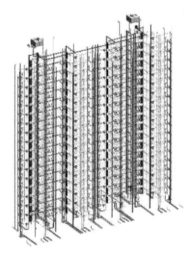

图 15　BIM 多专业协同设计　　　　　　　　图 16　BIM 关键节点应用

三、健康环保

项目工厂化建造、装配化施工，减少现场湿作业，同时项目从建材生产、建筑施工到建筑投入使用后的运营维护，全生命周期内可降低碳排放超过40%。采用SI体系的项目在低碳减排方面比通常的建筑具有显著优势。

四、综合效益

1. 经济效益

项目所采用的工业化建筑技术，包含叠合剪力墙结构体系及套筒灌浆体系，经测算，相比传统建筑，设计、生产、施工等全过程可节省木材70%，节水36%，节电30%，减少人工40%，减少建筑垃圾71%，减少抹灰90%。在新一代创新产业化技术引领下，真正做到了节能环保，与自然和谐共生。

2. 工艺技术指标

本项目装配式住宅楼主体结构均为钢筋混凝土剪力墙结构，为产业化住宅，其结构设计主要参数如下：建筑结构的安全等级，一级；设计使用年限，100年；建筑抗震设防类别，丙类；地基基础设计等级，二级；地下工程防水等级，一级。各楼栋建筑装配率统计见表1。

装配率计算表   表1

子项号	层数		建筑高度（m）	地上建筑面积（m²）	地下建筑面积（m²）	总建筑面积（m²）	国家标准				地方标准			
	地上	地下					竖向预制构件占比（%）	水平预制构件占比（%）	装配率	评价	竖向预制构件占比（%）	水平预制构件占比（%）	装配率（%）	评价
4号	17	2	53.3	8830.79	639.64	9470.43	40.2	81.0	86.2	AA	59.7	81.0	93.5	AAA
7号	17	2	53.3	11154.56	918.72	12073.28	38.5	80.6	85.8	AA	56.8	80.6	92.8	AAA
8号	17	2	53.3	4309.82	285.69	4595.51	67.6	82.9	92.2	AAA	49.1	67.6	92.2	AAA
10号	17	1	53.3	4393.05	283.55	4676.60	65.3	82.9	91.7	AAA	48.7	65.3	91.7	AAA

3. 社会效益

项目采用设计一体化、生产自动化以及施工装配化，其结构体系预制率高，防水理念及防水效果好，施工速度快、精度高，便于主体结构的质量控制，大幅降低结构质量通病和全寿命周期内的维护成本。此外，项目也大幅降低了二次装修与改造所造成的重复消耗、建筑垃圾，同时便于内装建筑材料和部品回收利用。

建筑机电工程装配式机房快速
建造技术研究与应用

完成单位：中建八局第一建设有限公司
完 成 人：季华卫、刘益安、张继龙、魏川、李红彪、路玉金、逯广林、孙钦浩

一、项目背景

本项目以天津鲁能绿荫里项目为依托，通过科研攻关和工程实践，深度融合了机电安装装配式施工技术与工业化技术、信息化技术，建立了建筑机电工程装配式机房快速建造技术，实现了建筑机电工程机房高效精准模块化装配式施工，加快了机电安装进度，保证了工程质量一次成优，降低了工人劳动强度，减少了环境污染，避免了安全隐患。

二、科学技术创新

创新1. 基于BIM的模块化设计技术

（1）研制出了基于Autodesk Revit软件的BIM构件库插件，形成了装配模块的标准构件库，实现了机电设备和管线装配模块的快速设计，提升了BIM深化设计的效率。详见图1。

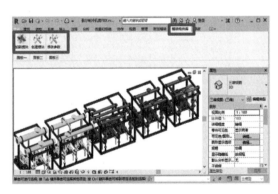

模块化BIM构件库插件　　　　　　　模块化BIM构件库参数化设计

图1　基于BIM的机电设备及管线深化设计软件

（2）研发出机电设备及管线装配模块设计划分方法。详见图2。

创新2. 研发出BIM设计软件与工厂自动加工设备的数据对接方法。
详见图3。

创新3. 基于BIM的建筑信息管理技术

（1）通过自主研发的二维码云计算平台，生成双向追溯管理的二维码活码。详见图4。

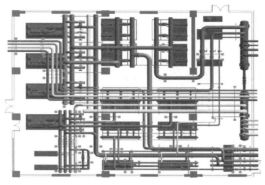

装配模块设计、拆分　　　　　　　　　　　循环泵组装配模块

图2　机电设备及管线装配模块化划分

BIM软件输出数据　　　　　　　　　　　　数据导入自动加工设备

图3　数字化工厂预制加工

图4　追踪二维码云计算系统

（2）开发出基于BIM的建筑信息管理系统，实现机房机电设备及管线装配模块从设计、预制加工、运输到装配施工的全过程信息跟踪管理。详见图5。

创新4. 装配施工综合技术

（1）发明栈桥式轨道移动技术，解决施工现场预制模块水平运输等问题。详见图6。

（2）研发了组合式支吊架，解决了预制管道形状不规则而导致的预制管道必须先就位再进行支吊架安装的问题。详见图7。

（3）多段预制管道、管组及预制支吊架进行地面拼接，形成组合预制管排。详见图8。

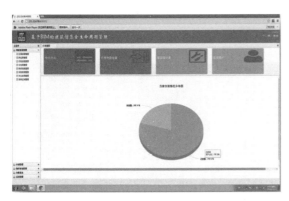

图 5　基于 BIM 的建筑信息全生命周期管理系统

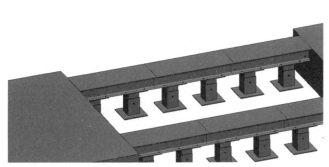

图 6　栈桥式轨道移动技术

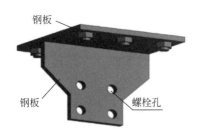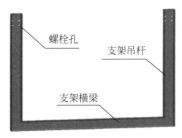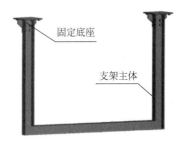

图 7　组合式支吊架

图 8　预制管排整体提升施工技术

创新 5. 误差综合补偿技术

（1）通过设备管线模块化装配式施工过程中误差分析，采用精细化建模、模型直接生成图纸、360放样机器人等手段实现装配误差综合消除。详见图9。

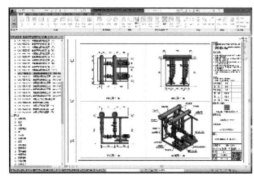

精细化建模

自动化数控加工

360放样机器人

3D激光扫描

图 9　精度控制技术

（2）通过机电设备及管线装配模块误差缩减技术，减少误差。详见图10。

单纯管段预制误差点分析

装配模块误差点分析

图 10　装配模块误差缩减技术

（3）将循环泵组装配模块作为控制段，与其对接的机电管线装配模块按规划好的线路进行递推式装配，在机房外侧或两个装配线路之间设置补偿段，采用现场预制的方式进行补偿段误差消除。详见图11。

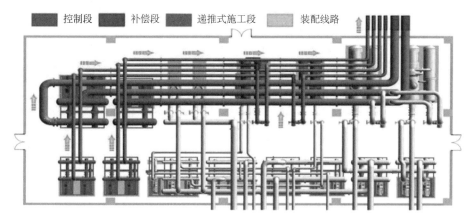

控制段　补偿段　递推式施工段　装配线路

图 11　递推式施工消差技术

三、健康环保

施工现场"零动火""零动电""零焊接",实现无烟气污染、无施工垃圾的生产环境;安装操作人员的工作主要在地面进行,减少了传统方式下管道安装高空焊接作业,极大地降低了机房施工的安全隐患;在工厂统一采用自动化设备进行加工,极大地保证了预制加工的精度和美观度,有效提升整体装配的质感和观感。

四、综合效益

1. 经济效益

项目总投资额60万元,根据近3年应用项目人工和材料等方面测算效益,已新增产值11930万元,新增利润898万元,新增税收492万元,减少了劳动力投入,降低了材料损耗,极大地提高了施工效率,同时保证了工程质量和安全。

2. 工艺技术指标

本项目酒店制冷机房建筑面积578m²,实施过程中,通过BIM+技术、模块化装配式施工技术、组合式管排整体提升技术、组合式支吊架技术、栈桥式轨道移动技术的成功实践应用,整个装配过程"零焊接、零污染",较传统施工方式高空危险作业减少95%,装配误差率减少90%,装配速度提升90%,一次装配成优率达100%。

3. 社会效益

近3年,项目单位多次就该技术在机电安装行业进行经验交流分享,多次组织全国大型现场观摩交流活动,观摩人员累积达到5万人次,新华网、生活日报等数十家新闻媒体进行报道,极大地提升了"中建八一""八一安装"的品牌形象和社会影响力。

南京丁家庄保障房A28地块－预制装配式混凝土结构BIM技术辅助施工技术

完成单位：中国建筑第二工程局有限公司华东分公司
完成人：李敏、苏宪新、丛震、史静、刘克举、顾笑、史琦

一、项目背景

本项目依托于南京丁家庄二期（含柳塘）地块保障性住房项目（奋斗路以南A28地块），从策划、预制构件及设备管线深化设计、施工及运维等过程均采用BIM技术施工应用。项目实施中，把BIM技术管理应用到项目的检测、验收、质监及备案环节质量监督管理的过程中，旨在为提高工业化项目质量监管水平、加强工程质量监督与检测工作提供有力的技术支撑和决策参考。

二、科学技术创新

创新1. 明确了装配式建筑参与各方的质量界面和管控要点

研究梳理了装配式混凝土建筑的生产与管理过程，从利于质量管控的角度明确划分出各方之间的工作界面及质量管控要点，形成政策建议——《南京市装配式混凝土建筑结构工程质量管理和控制要点》。详见图1。

模拟预制剪力墙施工吊装

现场实际施工吊装

模拟预制楼梯施工吊装

现场实际施工吊装

图 1　基于 BIM 技术的装配式施工模拟

创新2. 构建了基于BIM的协同质量管理平台

BIM技术的可视化、数据与信息共享、模拟现实等优势在装配式建筑建造过程中得以充分发挥。据此，项目团队将装配式混凝土建筑的设计、构件生产、运输和施工过程的质量信息数据整合在同一云平台上，研究各阶段基于BIM的质量管控方法和流程，实现质量管理的交互式、可视化、协同化、动态跟踪和远程控制。详见图2。

图2 基于BIM技术的预制构件全过程跟踪

创新3. 提出了质量管理的实时追溯性理念

质量追溯在工业产品生产中应用比较成熟，但传统的混凝土现浇建筑产品在生产中难以推广应用，因为在生产过程中难以做到对每完成一个工序或一项工作，记录其原材料和零部件等规格与品质、操作工艺、检验结果及相关单位与人员姓名等信息，并做好相应的质量状态标志。而在应用BIM技术的装配式建筑中，构件的二维码或芯片，为建筑生产的质量可追溯性提供了极大便利。同时，项目团队认为建筑生产的特点决定了事后的质量追溯并不完全适用于建筑产品质量强调的过程控制，为此提出了实时追溯性理念，即在生产过程能实时发现并纠正装配式建筑质量前一环节存在的问题。项目团队提出的基于BIM的协同质量管控平台为实时追溯性的实施提供了基础条件，并提出了《装配式建筑全寿命期应用BIM技术的若干建议》的建议稿。详见图3。

创新4. 探索了BIM技术在建筑物运维阶段使用安全的应用前景

基于BIM技术设计和施工的装配式建筑技术数据的标准化、信息化和共享性等特点，以及构件预制芯片和传感器技术与现代移动识别和通信技术的无缝对接等，为实现建筑实用安全的实时监测和预警提供了技术可行性。据此，项目团队提出了集成BIM技术的城市建筑运维使用安全云端管理平台的构想，并设计了系统总体框架、逻辑结构和物理结构以及管理流程。

图 3 基于 BIM 技术的质量管控平台

三、健康环保

本研究成果把 BIM 技术管理应用到项目的质量监督管理过程中，实现全寿命周期的质量管控，促进预制装配式构件标准化，提供各工程相关方的协同合作平台，实现畅通高效的技术交底的过程，搜集现场资料，实现质量检测的可视化，消除安全隐患，建立高效的沟通机制，实现高效反应机制，实现实时动态质量追踪、追溯，有利于运营阶段建筑物使用安全性维护和更新改造质量管理，较大提高了装配式建筑质量，有效提升了房屋住宅健康使用年限，符合可持续发展理念。

四、综合效益

1. 经济效益

项目在全寿命周期应用 BIM 技术，将预制装配式建筑的信息整合在同一个平台上，各参建方围绕数据信息开展各自的专业工作，有效地减少了各专业之间的隔阂，提高了信息传递的准确性和流畅性，提升了建筑施工质量。此项新技术产生的经济效益为 10.8 万元。

2. 社会效益

在本工程施工过程中，项目团队编制完成《基于 BIM 的装配式混凝土建筑全寿命周期质量管控研究》，为今后类似工程提供借鉴和指导作用，也为我国装配式住宅工程质量管控的发展提供了宝贵的资料，推动 BIM 在装配式混凝土建筑中质量管理的应用，加快建筑生产工业化、产业化发展的进程。

项目团队高品质、高标准地完成了项目施工任务，满足了业主要求，赢得了代建单位及政府的信任，获得了 2019 年全国建设工程最高奖项"鲁班奖"、中国土木工程詹天佑奖优秀住宅小区金奖，提高了工程使用价值，建造出人民满意的民生工程。

装配式劲性柱混合梁框架结构体系

完成单位：中国建筑第七工程局有限公司

一、项目背景

本项目以新密年产100万 m² 装配式预制构件建设项目为依托，研发了装配式劲性柱混合梁框架结构体系，从受力机理、设计方法、生产工艺、装配施工等方面进行深入系统的研究与工程应用。

二、科学技术创新

创新1. 研发了装配式劲性柱混合梁框架结构体系

（1）首创了装配式劲性柱混合梁框架结构体系。详见图1。

（2）开发了劲性柱、混合梁等适用于该结构体系的配套部品部件。详见图2。

（3）研发了不同形式构件间的连接节点与构造措施。详见图3。

图1 装配式劲性柱混合梁框架结构示意图

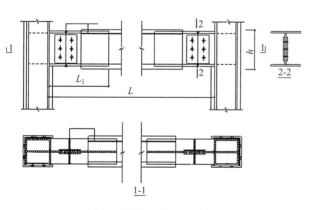

图2 梁柱连接（示意）

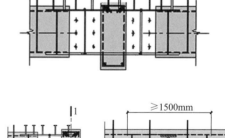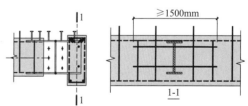

图3 主次梁连接构造（示意）

创新2. 揭示了装配式劲性柱混合梁框架结构的受力机理和破坏模式

针对装配式劲性柱混合梁框架结构整体性能和抗震性能问题，开展了连接节点和框架结构拟静力和振动台等系列试验。在此基础上，进行了该结构体系非线性有限元三维静动力仿真分析，揭示了该类结构受力机理、破坏模式和失效路径，发现该结构体系连接可靠、抗震性能和耗能性能良好。

（1）开展了梁柱连接节点拟静力试验，揭示了节点受力机理、延性及耗能能力。详见图4 ~ 图6。

图4　节点反向屈服图

图5　节点滞回曲线

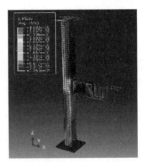

图6　带钢接头节点试件试验及有限元分析结果

（2）开展了混合梁静力试验，揭示了混合梁的延性性能和受力性能。

（3）开展了该结构体系拟静力试验，揭示了结构整体延性、耗能能力和抗震能力。详见图7 ~ 图9。

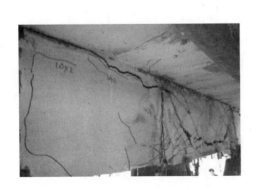

图7　正向2倍屈服位移试验图

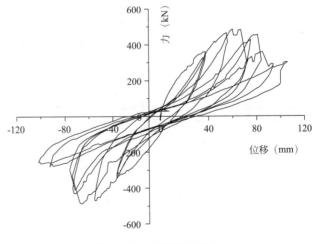

图8　框架顶层滞回曲线

图9 正向2倍屈服有限云位移图

（4）开展了6层整体模型振动台试验，揭示了结构整体动力响应、破坏模式和失效路径。详见图10、图11。

图10 振动台试验

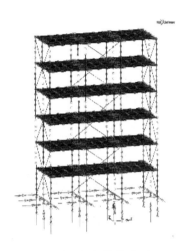

图11 框架数值模型

创新3. 构建了装配式劲性柱混合梁框架结构体系的设计理论和方法

基于试验结果、数值仿真和受力机理分析，首次提出了该结构体系的混合梁承载力、节点承载力等计算公式，建立了基于能量等效及一致目标层间侧移的新型框架结构优化设计方法，形成了该结构体系的成套设计方法。

（1）创新提出了连接节点承载力计算方法。

$$V_j = \frac{A_w}{\sqrt{3}}\sqrt{f_{v1}^2 - \sigma_{sN}^2 - \sigma_{\theta t}^2 + \sigma_{sN}\,\sigma_{\theta t}} + \frac{A_g f_{v2}}{\sqrt{3}} + V_c$$

式中：V_j——劲性柱混合梁连接节点抗剪承载力设计值；

V_c——劲性柱钢管内混凝土抗剪承载力设计值；

f_{v1}——劲性柱钢管腹板的抗剪强度设计值；

f_{v2}——竖向加劲板的抗剪强度设计值。

（2）创新形成了混合梁抗剪承载力计算方法。在大荷载作用下，混合梁失效模式改变，无法按照常规方法计算其抗剪承载力；基于混合梁受力特点与变形机理的物理试验和数值仿真分析，创新形成了合理刚度特征值（λ），衡量支撑系统对结构刚度贡献以及其分担水平力比例，建立了混合梁抗剪承载力计算公式：

$$V_u = \frac{1.75}{(0.85\lambda - 0.37) + 1} f_t b h_0 + ((\lambda - 1)/2) f_{yv} \frac{A_{sv}}{s} h_0$$

式中：V_u——混合梁斜截面抗剪承载力设计值；

f_t——混凝土轴心抗拉强度设计值；

f_{yv}——箍筋抗拉强度设计值；

A_{sv}——配置在同一截面内箍筋各肢的全部截面面积。

（3）构建了基于能量等效及一致目标层间侧移的该结构体系优化设计方法。基于能量等效和一致目标位移设计原理，构建了考虑多阶振型的该结构体系优化设计方法，有利于减小结构的侧移，避免薄弱层的形成并提高支撑系统对耗能的贡献，提高结构体系的耗能能力；开展了6层与10层框架结构Pushover分析，并进行了结构体系优化设计，验证了优化设计方法的先进性、有效性和可行性。

创新4. 研发了装配式劲性柱混合梁框架结构体系的构件生产设备与装配施工工艺

（1）创新了预制构件自动化流水生产综合布局技术及工艺。

（2）研发了装配式劲性柱混合梁框架结构预制构件的关键生产设备。详见图12。

图12　太阳能接收器安装示意图

（3）研发了该结构体系的精确定位调整装置及施工技术。

（4）开发了基于BIM和RFID技术的装配式建筑生产和施工智能管理系统。

针对预制构件智能化工厂生产和装配施工，开发了基于BIM和RFID技术的装配式建筑管理系统，实时记录每个构件生产和施工各工序情况，并上传至平台供参建各方共享，实现了钢筋加工、模具组装、布料振捣等构件生产和构件吊装安装、节点混凝土浇筑等施工的信息化控制和智能化监测，节约了劳动力，提高了装配生产管理效率。

研究成果在新密年产100万 m^2 装配式预制构件建设项目综合楼、中建海峡（闽清）绿色建筑科技产业园（启动区）等实际工程中得到了成功应用，社会经济效益显著，对我国装配式建筑的发展和推广起到重要的促进作用。

三、健康环保

本结构体系的应用减少了现场用工，降低劳动强度，改善了作业条件，有效降低了现场建筑垃圾，减少了环境污染，减少了噪声的产生，实现了装配式建筑的工厂智能化生产、装配化施工、信息化管理，促进我国绿色建造的发展，生态环境效益显著。

四、综合效益

本结构体系保证了工程质量，提高了施工效率，缩短了施工周期，降低了施工成本，对缓解我国建筑行业劳动力紧缺、提高建筑品质和人民生活水平、推动建筑业持续健康发展和供给侧结构性改革起到引领和示范作用。

国家雪车雪橇中心木结构遮阳棚

完成单位：苏州昆仑绿建木结构科技股份有限公司
完 成 人：周金将、倪竣、周琪琪、李松、丁青峰

一、项目背景

本项目以国家雪车雪橇中心木结构遮阳棚建设为工程背景，苏州昆仑绿建木结构科技股份有限公司组织设计、加工、施工团队进行科研攻关和工程实践，建立了大悬挑胶合木结构建造关键技术，实现了预应力索—胶合木大悬挑遮阳棚建造中美学与建筑性能的完美统一，提高了工程建设水平，节省了工期，取得了显著的经济、社会、环境效益。

二、科学技术创新

创新1. 高强度胶合木制造技术

（1）构建了从分等装备制造、结构材分等测试、模型评价至木结构生产工艺优化完整的制造技术体系，实现了结构锯材连续快速的无损评价和等级划分。经生产实际应用，锯材分等效率提高75%。该项目整体达到国际先进水平，设备检测功能达到国际领先水平。详见图1、图2。

图1　锯材应力分等机　　　　　　　　图2　科技进步奖证书

（2）在满足标准对产品性能要求的同时，在质量控制体系的建立，采购、生产和销售文件的保存，各工序记录的可追溯性等方面建立了相关的控制程序，具备持续、稳定地生产符合认证标准要求的产品的能力。

创新2. 智能设计技术

采用基于参数化软件平台自主编程的深化设计工作流，前端对接建筑师方案模型，后端对接工厂生产制造构件，通过参数化软件将前后端打通。对建筑进行各项荷载强度试验，并根据

试验结果调整参数，大大减轻了设计工作量。详见图3。

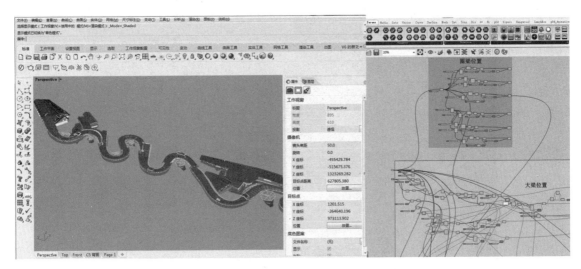

图3 通过参数化分析优化构件设计

创新3. 智能制造技术

昆仑绿建胶合木柔性生产线实现智能制造技术创新研发，成功研制胶合木机器人深加工产线及与之配套的软件系统，进一步完善了装配式木结构智能建造体系。截至目前已取得发明专利1项，实用新型授权7项，取得软件著作权1项。详见图4。

图4 两台机械臂一组配合进行加工

创新4. 装配化施工技术

装配式构件安装施工工法的基本工艺流程为：构件在工厂加工生产，现场采用装配式施工，采用吊车吊装预制木梁等构件，保证了工程的高效安装。本工程开发了成套完整的张拉应力、配套锚固体系和施工工艺，形成了企业级工法《KLLJGF2021—01大跨度预应力索—胶合木结构施工工法》，已获批2021年江苏省省级工程建设施工工法。详见图5。

图 5　国家雪车雪橇中心施工现场

创新5. BIM技术全过程综合应用

方案设计、建筑设计、结构设计均在BIM模型中进行，结构计算完成后直接生成构件加工图，极大提高了设计和施工的自动化程度，完美还原了建筑的细节效果，全过程采用网络化管理，每根构件都可追溯。施工阶段，再次输入构件加工实际尺寸、安装坐标到设计模型中，进行实际状态下的校核，及时发现问题、解决问题。

三、健康环保

基于数字化仿真和机械臂智能制造的胶合木柔性加工方式可以提高建筑预制化构件生产和预拼装程度，减少项目现场的施工量；通过提高木结构建筑产品的装配率，减少施工过程中的水、电等资源消耗及施工过程产生的垃圾、废弃物，具有明显的节能环保效应。

四、综合效益

1. 经济效益

加工制造中引入机器人系统实现了无纸化作业，只需三维模型就可生成机器人所需的加工数据，完全取代了工人读图和放线的传统生产过程，同时提升了切割、打孔、铣削、开槽效率和准确性。通过仿真程序控制机械臂对木料进行切割、打孔等深加工操作，将大尺度木结构加工过程的耗时减少了近60%，加工阶段制造成本降低20%以上。

工业化生产方式提高了装配式建筑的整体性，降低了构件加工和安装的难度，提高了构件安装质量，并缩短了安装时间。大型木构件进行BIM软件参数化设计与智能制造，提高了加工精度，通过现场3D控制安装，使施工精度得以保证，施工进度提前了30%以上。

2. 工艺技术指标

高强度胶合木制造技术方面，研制了FD1146型锯材应力分等机等关键装备，形成机器视觉与机械应力集成的新分等方法。构建了从分等装备制造、结构材分等测试、模型评价至木结构生产工艺优化完整的制造技术体系，实现了结构锯材连续快速的无损评价和等级划分。经生产实际应用，锯材分等效率提高75%。

智能制造技术方面，单条胶合木柔性生产线加工能力20m³/8h，相当于传统人工4～5人12h的工作量；毫米级加工精度±0.5mm；劳动密集低、自动化程度高，2组4条生产线只需配2个操作工人负责胶合木料上（下）到流水线平台；时效性、安全性好，可以24h不间断工作，效率更高。

3. 社会效益

借助举办北京冬奥会的契机，国家雪车雪橇中心木结构遮阳棚可以向人们更好地倡导低碳环保的生活理念，很好地贯彻了国家可持续发展方针，对低碳木结构节能建筑市场将起到一定的推动作用。本项目的实施通过完善木结构装配式建筑各环节的技术体系，为国内木结构建筑行业起到示范引领作用，有利于带动低碳木结构建筑的发展，助力实现"双碳"目标，拉动上游的绿色生产和下游的绿色消费。

装配式建筑质量验收方法及标准体系

完成单位：湖南省建筑科学研究院有限责任公司、中国建筑科学研究院有限公司、巴州建
设工程质量检测有限公司、新疆乌鲁木齐市建筑科学研究院

完 成 人：王文明、陈浩、戴勇军、陶里、谢小元、谢新明、白建飞、邓少敏、晋强、
王冬、肖清露、张绪林、李金华、管钧、秦金龙、潘登耀、尹华胜、姚建、
谢塘开、张熙

一、项目背景

该项目针对我国装配式混凝土建筑质量验收各地发展水平不均衡，验收项目不全面，抽
样基数、评价指标不统一等现状，从原材料、配比设计、施工工法、工程体系完整产业链着
手，开展选材、试配、套筒灌浆、连接节点、BIM技术、质量检测与验收等一系列关键技术
的研究。经过19年的产学研联合攻关和工程验证，解决了套筒灌浆、连接节点、BIM等关
键技术，形成了装配式混凝土建筑从原材料到构件、从工法到检测验收等技术流程体系，建
立了结构、围护、设备管线、装修相互协调的完整产业链和装配式混凝土建筑质量验收标准
体系。

二、科学技术创新

创新1：装配式建筑混凝土抗压强度快速评估量化

开发完成了抗折法、抗剪法、扭矩法等一系列混凝土新型测强方法，用以快速评估量化装
配式混凝土抗压强度。

创新2：装配式建筑关键节点连接技术

预制装配式墙体是装配式结构中重要的构件，其核心技术就是装配式建筑关键节点连接技
术。对于墙体采用的套筒灌浆节点连接方式，墙体构件如何传递力、构造做法、是否可以协同
工作，关系到整体结构的承载性能。要正确处理钢筋的连接和混凝土界面。特别注意钢筋的锚
固强度，合理选取钢筋锚固长度、砂浆强度。

创新3：装配式建筑材料及结构的高效无损检测

根据装配式建筑的质量缺陷，采用无损检测技术手段开展一系列技术研发和应用，以冲击
弹性波及相关理论为基础，以动弹性模量为核心，建立了混凝土刚性及强度测定的技术体系。

创新4：装配式建筑预制构件高精度安装控制

（1）实现灌浆套筒和插筋位置的快速高精度检测。

（2）提出套筒和插筋平面位置的坐标定位方法。

（3）提出套筒及插筋垂直度测量方法及验收指标，弥补现行规范不足。

（4）结合面粗糙度性能试验研究及验收方法。详见图1。

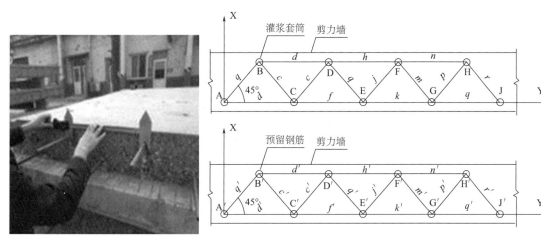

图1　套筒和插筋位置的快速高精度检测以及套筒和插筋位置坐标定位方法

创新5：基于TRIZ创新方法的装配式混凝土新材料与检测技术研发

（1）基于TRIZ创新方法对装配式混凝土新材料研发进行优化。

（2）利用TRIZ工具在加工制造方面的独特优势，完善装配式混凝土的检测技术。

创新6：装配式建筑BIM施工管理技术

根据装配式工程项目特点，针对整体项目采取全模型全专家的创建，进行可视化分析，从优化施工方案、难重点施工分析、施工过程中进行可视化交底、预制加工、现场施工控制等方面入手，编制了《装配式混凝土建筑信息模型施工应用标准》XJJ 115—2019。

创新7：装配式建筑安装、施工及检测标准体系创建

通过对国内装配式建筑的结构工程、外围护工程、内装饰工程以及设备与管线工程全专业的系统研究，完成"十三五"国家科技支撑计划课题"工业化建筑质量验收方法及标准体系"（2016YFC0701805）、"十三五"国家重点研发计划（2016YFC0701800），在装配式建筑生产、施工、验收等各个环节形成推广价值高的技术成果，并编制了一系列装配式标准及图集，最终形成国家、行业、地方的装配式建筑安装、施工及检测标准21项，填补了装配式建筑检测验收标准体系的空白，对指导装配式建筑工程建设以及建立装配式施工工艺及验收标准体系具有重大意义。

三、健康环保

该项目研究经过19年的产学研联合攻关，解决了装配式建筑材料、结构、施工等多项关键技术，建立了质量验收标准体系，是发展建设资源节约型、环境友好型的典型技术代表，是发展推动装配式建筑低碳环保、技术革新的技术支撑；有利于减轻原材料在制作过程中对环境的影响。整个装配式建筑周期在其施工过程中降低了建筑施工对周边环境的各种影响；降低施工过程中的土地占用，现场施工环境得到改善；安装完成后，不需要进行再清洁和养护；降低了用水量，节约了水资源。

四、综合效益

1. 经济效益

项目技术成果在全国多地开展示范与推广，工程应用累计288余万㎡，2017年度、2018年度、2019年度的产品（服务）收入分别为41868.56万元、37829.37万元、41472.8万元，技术（服务）收入效益3年来呈持平状态，共计121170.73万元。而2017年度、2018年度、2019年度的技术性收入分别为19921.94万元、18458.8万元、22566.5万元，技术性收入3年的效益波动幅度不大，3年来总共达到60947.24万元的效益。3年的产品（服务）收入和技术性收入共计182117.97万元，同时，3年增加的利润和税收分别为20195.52万元、6276.19万元。综上可以看出，该项目的节本增效创造产值18.2亿元，间接社会效益可达100亿元以上，项目所带来的经济收益十分可观。

2. 工艺技术指标

本项目针对我国装配式混凝土建筑关键技术和质量验收抽样基数、评价指标不统一等现状，经过19年的产学研联合攻关，解决了装配式节点连接、材料及结构高效无损检测、混凝土抗压强度快速评估量化、预制构件高精度安装、TRIZ创新方法应用、BIM施工管理等关键技术，建立了装配式混凝土建筑质量验收标准体系。项目实施期间，共完成215项成果，其中4项成果经鉴定达到国际先进水平。国家专利76项，出版专著17部，发表论文89篇，制订国家、行业、地方标准21项，颁布省级工法11项，计算机软件著作权登记1项。先后荣获中国专利优秀奖、全国学术成果一等奖、全国标准科技创新一等奖、中国创新方法大赛全国总决赛优胜奖、全国建材行业技术革新奖等10余项科技奖项。

3. 社会效益

该项目符合国家产业政策，在全国多地装配式建筑中推广应用，示范带动作用显著，取得了良好的社会效益。该项目有利于促进建筑产业转型升级和建筑工业化，减小现场施工噪声及污染、缩短施工工期、提高建筑材料利用率，符合国家"四节一环保"的绿色发展要求。通过BIM技术，建立三维效果更加直观，使质量、安全、进度、成本得到有效控制，提高了企业的社会效益和经济效益。

超大超长全装配式停车楼施工技术

完成单位：中建八局第一建设有限公司
完 成 人：齐开春、杨帆、赵科森、韩振华

一、项目背景

本项技术以济南万达文化体育旅游城停车楼工程为依托，经过项目团队的不断摸索与研究，在供应链上下游各单位的大力支持与帮助下，在装配式结构深化设计、复杂构件加工与安装、超重构件连续吊装、不规则构件测量与高空定位、大批量构件管理等方面，取得了突破性进展，解决了构件加工与现场需求不符、构件拆分不合理、构件混凝土裂纹、构件定位不准确、大批量构件吊装速度慢、测量精度控制差、平面及垂直运输困难等问题，建立了超大超长全装配式停车楼施工技术，在现有技术的基础上实现了进一步提升，解决了更为复杂的施工技术问题。

二、科学创新

创新1. 大跨度预应力双T板抗裂控制技术

对双T板运输及安装过程进行研究分析，按照运距不同选择腿部及端部的加肋方式，同时在肋两侧进行加腋，解决加肋处应力集中易开裂的问题。详见图1。

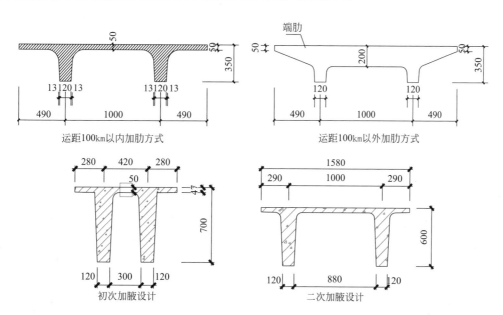

运距100km以内加肋方式　　　　运距100km以外加肋方式

初次加腋设计　　　　二次加腋设计

图1　大跨度预应力双T板抗裂控制（单位：mm）

创新2. 多规格构件标准化拆分技术

建立标准模数体系，采用8400、8100及5000标准化柱网组织车库功能，从而保证结构柱、梁、楼板为标准构件，通过合理分析，优化拆分，实现预制构件设计的标准化。详见图2。

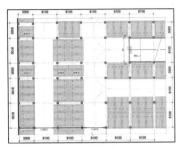 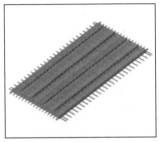 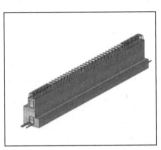 

预制构件分段拆分　　　　　　标准化叠合板　　　　　　标准化叠合梁　　　　标准化预制柱

图2　多规格构件标准化拆分

创新3. 预制构件接头连接优化技术

对预制构件接头进行标准化设计，柱四角采用集中配置受力纵筋，梁端锚固采用贴焊短筋等方式，解决框架节点钢筋密集的问题。详见图3。

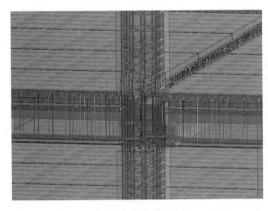 

梁底筋在支座处断开　　　　　　　　　节点处钢筋锚固方式

图3　预制构件接头连接优化

创新4. 云平台深度互联管理技术

以BIM技术为辅助手段，协调设计单位实现预制构件的合理优化，模拟并优化现场施工组织及场地部署，保障装配施工顺利实施；通过BIM技术与物联网结合，形成智慧物联管理；设计、生产接入平台，完成预制构件的生产、运输、进场等过程监管。详见图4。

创新5. 组合式模具化生产技术

根据设计单位的构件分拆优化结果，设计配套生产模具规格。优化模具组件，实现标准化可拆装式自由组合模具，面向不同规格的构件可以按需组装成生产模具。详见图5。

创新6. 多规格预制构件运输转换技术

对于较窄构件，直接平放至运输车辆上，按照车辆载重，正常运输即可。对于超宽板，采用团队自主研发的三角架运输固定装置进行运输。详见图6。

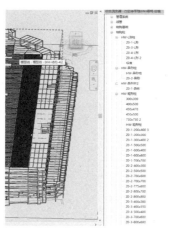
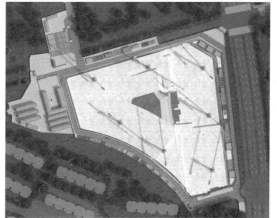

预制构件库　　　　　　　　　　　　　　预制构件吊装模拟

图4　云平台深度互联管理

厂家定制模具　　　　　　　　　侧模及钢筋安装　　　　　　　　预制构件生产

图5　组合式模具化生产

普通构件运输　　　　　　　　　　　　三角架运输固定装置

图6　多规格预制构件运输转换

创新7. 塔式起重机分布群塔协调技术

现场根据单个预制构件重量进行塔式起重机布置，塔式起重机作业互相交叉，制定群塔作业方案。详见图7。

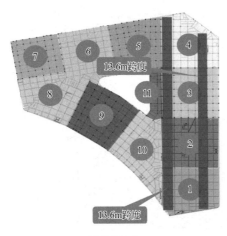

8t以上构件分布	塔式起重机布置方案

图7　塔式起重机分布群塔协调

创新8. 整体构造蜂窝状脚手架支撑技术

创新采用转角设斜杆的带状盘扣架体，与钢管架体结合，形成蜂窝状脚手架支撑体系，保证承载能力的同时，节约了成本。

创新9. 夹具式自紧限位校正构件定位技术

采用自主研发的柱顶部轴线定位装置、夹具式梁快速对中就位装置，快速、精准实现了梁柱构件的轴线调整及就位，为柱梁构件轴线可调创造更多空间，整体加快装配式结构施工进度及精度。可以精准高效、快速实现装配式预制梁柱构件的轴线定位施工，加快吊装施工效率，确保结构整体性能，提升质量观感。详见图8。

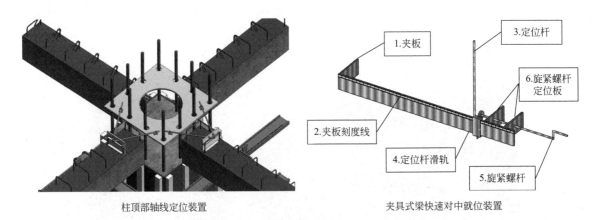

柱顶部轴线定位装置	夹具式梁快速对中就位装置

图8　夹具式自紧限位校正构件定位

创新10. 预制梁柱节点快速成优施工技术

采用腰筋分段后连接技术，实现梁柱核心区钢筋错层避让；采用轴承滚托穿筋装置，实现梁上部钢筋快速穿装；采用梁柱节点模板全套割及快易箍快加固工艺，实现梁柱节点模板无缝贴合、快速加固。详见图9。

创新11. 光面倒V板缝浇筑镶底技术

双T板钢模板板面侧板可以自由关闭、打开，确保板面侧面形成设计倾角；V形板缝内布置通长钢筋及拉钩筋，确保混凝土与钢筋充分握裹、不易开裂；采用高压水枪凿毛技术，对双T板板面侧立面及表面进行充分凿毛；板缝底部采用PVC管吊模不锈钢板镶底。详见图10。

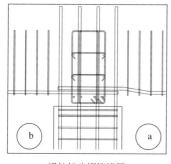

梁柱接头钢筋错层

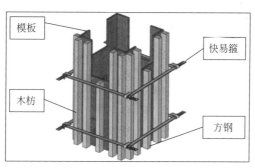
节点模板快易箍快加固

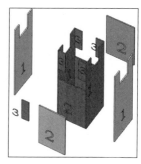
节点模板套割

图9 预制梁柱节点快速成优

双T板面板钢筋绑扎及侧模固定

板底PVC管吊模

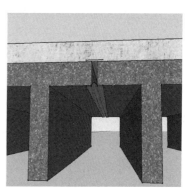
V形钢板封底

图10 光面倒V板缝浇筑镶底

创新12.梁板无损安装机电管路技术

采用组合式支吊架系统，在预制板缝封闭之前，将机电吊杆安装到板缝内部，板缝浇筑封闭时同时固定吊杆。不在预制板上钻洞破坏构件性能。详见图11。

机电管路优化及碰撞检查

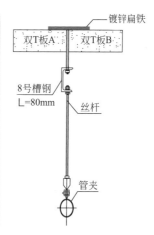
梁板无损式机电管路支吊架

图11 梁板无损安装机电管路

三、健康环保

通过本项技术的应用提高了构件生产效率和模具周转率，采用的多项安装控制技术，有效保证关键施工节点质量控制，加快施工进度；利用BIM技术与物联网结合，进行装配产供装全流程的实时可视化管控，使项目工期、质量、安全等方面受控，符合当下国家绿色、可持续、科学健康发展的理念。

四、综合效益

1. 经济效益

本项目优化梁柱接头处钢筋1300处，节约人工费2万元。通过构件模数优化及厂家组合式模具化生产，减少定制模具20套。根据梁板柱构件模具不同，平均价格5万一套，共计节约100万。通过整体构造蜂窝状脚手架支撑优化，较传统的满堂式脚手架支撑体系，工程量减少一半，共计节约成本28.6万。通过双T板板缝优化节约维修成本8.8万元。共计产生经济效益139.4万元。

2. 工艺技术指标

通过本项技术的研发与应用，共获实用新型专利9项、软件著作权1项，山东省建设科技创新成果一等奖1项，山东省建筑节能科学技术三等奖1项，山东土木建筑科学技术三等奖1项，中国施工企业管理协会绿色施工水平评价二星成果1项，山东省工法1项，安徽省QC成果1项，济南市优秀工法8项，中国建筑业协会BIM大赛三等奖1项。

3. 社会效益

济南万达文化体育旅游城停车楼项目作为整个万达文旅城的配套停车设施，接待着来自全国各地的游客，社会关注力度大。超大超长全装配式停车楼施工技术的成功应用，保证了整个工程快速高质量地完成，确保了整个文旅城按时开业，具有极大的社会效益。同时整个技术体系的成功应用，给国内整个行业的发展提供了一种可参考、可实行的新方式，为行业整体技术水平提升提供有力支撑。

嘉定行政服务中心新建工程建筑应用创新

完成单位：中国五冶集团有限公司、五冶集团上海有限公司
完 成 人：陈明充、张大勇、刁腾达、周林玲、林逸、唐圣国、王昆

一、项目背景

本技术成果以嘉定行政服务中心新建工程项目为依托，将BIM技术与装配式钢结构建筑体系结合并运用于工程。BIM技术因其强大的可视化、模拟性等特点，可以预先设计完成复杂节点，并进行虚拟施工，提前发现施工过程中可能出现的隐患，确保施工过程顺利进行，节约了施工成本，提高了施工效率，保证了安全和质量，取得了良好的社会效果。

二、科学技术创新

创新1. 钢结构深化设计与物联网应用技术

本工程钢结构包括箱形截面钢柱和钢梁、H型钢支撑、隔撑、钢楼梯、压型钢板、钢筋桁架楼承板等，节点形式多，构件数量和种类多，钢梁最大跨度达16.2m，深化设计要满足受力的合理性和施工的可行性，同时综合考虑制作、安装的实际要求进行深化设计，将构件的流程管控与二维码技术结合，提升信息化管理水平。以TEKLA软件建立钢结构三维模型，合理进行隔板、焊缝、坡口等设计，根据现场吊装方案合理分段，导出构件加工图、构件安装图及各类报表，并指导加工厂进行相应加工。钢结构深化模型中，一个零构件号对应一种零构件，确保零构件模型信息的唯一性。详见图1。

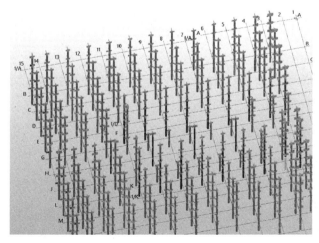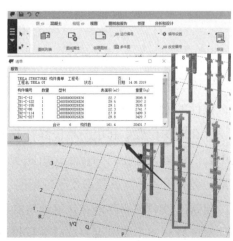

图 1　钢结构深化设计图

以定制版网络版草料二维码软件为基础，通过人机界面录入信息，实现材料出入库管理和零构件过程管理，随时随地读取钢材入库、存储、出库等相关信息，获得零构件的过程状态、安装信息以及成品检验情况等信息内容，提升管理效率。详见图2。

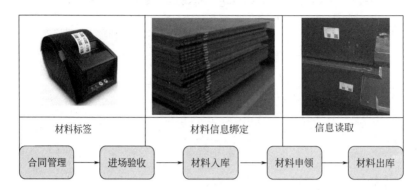

图2 "收、发、存、领"材料管理流程

本项目以互联网云平台为中心，基于模型形成数据库，二维码与钢结构模型一一对应链接，一构件一码，各部门管理人员及班组根据工作实际从平台中获取信息、提供信息，形成高效的沟通和信息共享。详见图3。

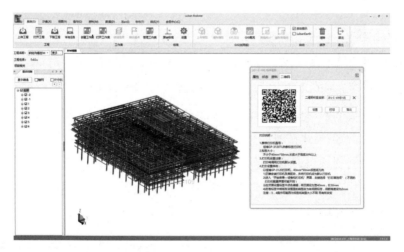

图3 在云平台实现钢结构信息的管理

创新2. 钢结构虚拟预拼装技术

主体钢结构安装工程应用了钢结构虚拟预拼装技术。结合圆孔洞快速测量工装技术，采用机械设计的方法，将无形的圆孔洞用有形的底座复现出来，同时，将圆孔洞的中心和底座的中心设计在同一位置；利用全站仪红外测量的原理，测量反射片上的定位标识位置，该位置和底座中心的位置设计在同一位置，由此实现了圆孔洞中心快速测量，简化了测量步骤，减少了计算量，提高了现场测量效率及测量精度。详见图4、图5。

创新3. 陶棍格栅幕墙深化设计与安装技术

本项目研究了陶棍格栅幕墙深化设计与安装技术，提出了角度可调的大跨度陶棍装配式安装方法，解决了陶棍格栅吊运及安装的垂直度控制难题。为了保证陶棍格栅幕墙的安装质量和安装速度，对细部节点进行了深化优化。详见图6、图7。

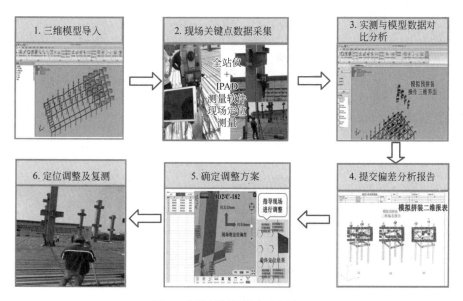

图4 虚拟预拼装技术应用流程

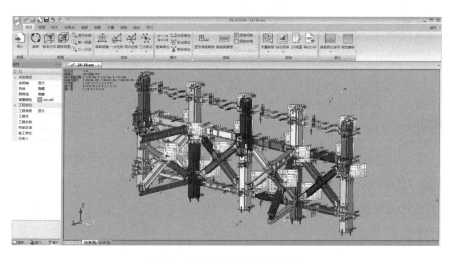

图5 模拟预拼装三维分析图

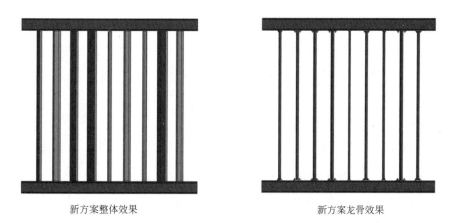

新方案整体效果　　　　　　　　　　新方案龙骨效果

图6 陶棍格栅幕墙节点优化

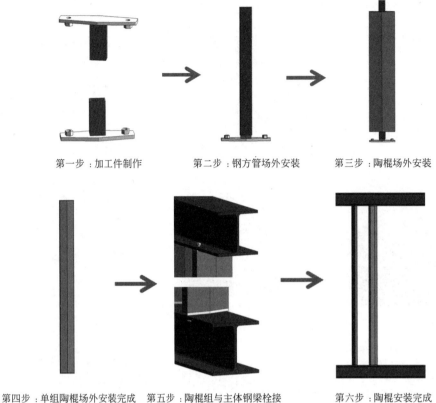

第一步：加工件制作　　　第二步：钢方管场外安装　　　第三步：陶棍场外安装

第四步：单组陶棍场外安装完成　　第五步：陶棍组与主体钢梁栓接　　　第六步：陶棍安装完成

图7　陶棍格栅幕墙施工流程图

三、健康环保

该项目采用了如下绿色施工技术：基坑施工封闭降水技术、施工现场水收集综合利用技术、施工现场太阳能光伏发电照明技术、空气能热水技术、施工扬尘控制技术、施工噪声控制技术、绿色施工在线监测评价技术、工具式定型化临时设施技术、建筑物墙体免抹灰技术，并获评上海市建设工程绿色施工达标工程。

四、综合效益

1. 经济效益

本项目总体工期加快了约2个月，节省了人工费约50万元、塔式起重机租赁费30万元、电梯租赁费4万元，合计约84万元。通过该技术创新，确保了工程质量，缩短了施工总周期，降低了施工成本。

2. 工艺技术指标

（1）通过利用BIM技术，充分将钢柱分节和现场吊装一起分析研究，精确确定分节位置，合理安排构件分区吊装，比原设计焊口减少了134个。

（2）BIM深化完成后经多方审核，出图交付班组按图施工，公共部位净高均达到了最低3m的要求。在32处管线密集区域，采用综合支吊架设计，节约空间，减少吊架的数量。

（3）主体采用钢框架—屈曲约束支撑和粘滞阻尼器组合体系，共采用107根屈曲约束支撑和20套粘滞阻尼器，其中屈曲约束支撑单根最大屈服承载力为8803kN，长度4100mm，增加了结构的刚度要求并控制结构整体位移比及扭转，减小了框架的用钢量，降低成本造价，并为防范地震作用提供更多的安全储备。

3. 社会效益

通过该技术创新，确保了工程质量，缩短了施工总周期，降低了施工成本，获得了监理、业主及政府相关部门的认可。嘉定行政服务中心新建工程是上海市"一网通办"示范性项目，是全嘉定区综合性的对外服务窗口，所有功能区既集中统一，又相对独立，有效缓解了民众办事"排长队""多头跑"的现状。中心数据机房IDC及城市运行综合管理中心，满足嘉定区未来10年政府信息化基础设施要求，是未来嘉定区智慧政务网络、政务数据和运输运营的信息枢纽。

建筑材料应用创新类

唐大明宫丹凤门遗址博物馆墙板

完成单位：北京宝贵石艺科技有限公司
完 成 人：张锦秋、张宝贵、苏和平、韩书海、李云利

一、项目背景

本项目以张锦秋院士的设计为依托，联合科研、设计、施工等多家单位和多名科研人员，通过科研攻关和工程实践，取得废料再利用的高端效果，解决再生混凝土与艺术相结合的问题，建立了一系列制作关键技术，实现了经济、美观、适用、绿色的综合效益。

二、科学技术创新

创新1. 独特的装饰层模具成形技术

（1）选用自熄式聚苯乙烯作为成模材料可丰富造型的品种。

（2）利用聚苯乙烯的材料特点，可破坏性脱模，不受造型角度的限制。

（3）装饰层模具成形成本低，可大批量投入模具，以满足市场对于品种和工期的要求。

创新2. 再造石挂板成形胶凝材料的选择

（1）装饰层为装饰混凝土，结构层为GRC，一方面表现了石材效果，另一方面增强了韧性，减轻了重量。

（2）装饰层为混凝土，结构层为GRC，由于同为一种胶凝材料，又是在初凝前一次成形，从理论计算和实践检验的角度证明是合理的，经应用到工程实例中检测也是合理安全的。

详见图1～图3。

创新3. 再造石装饰混凝土层物料的选择

（1）由于选用了彩色工业废料作为装饰层混凝土的骨料，使表面的色彩更加自然逼真。

（2）选择彩色工业废料，板材成形后剔凿，通过暴露骨料表现彩色达到了耐久的目的，避免了涂料和色浆年久反复喷涂的管理和投资。

（3）装饰层中掺合了PP纤维，解决了水泥制品通常情况下的龟裂问题。

详见图4～图6。

图 1　样板确定

图 2　板形设计

图 3　模具加工组装

图 4　装饰层配料

图 5　结构层配料

图 6　装饰层搅拌

创新 4. 成形工艺的确定

（1）根据再造石装饰混凝土轻型墙板的特点，确定反打工艺一次成形，即装饰层先振捣成形，结构层后喷射成形。

（2）装饰层采用振捣成形的方法，可提高物料在模具中的密实度，减少气孔增加强度确保外观质量，为后期凿毛提供了条件。

（3）结构层采用喷射成形的方案，选用了我国 GRC 双保险技术路线（即玻璃纤维增强水泥），使制品达到高强的性能，并增强韧性，便于后期凿毛。

（4）装饰层在初凝前进行结构层的制作，使界面层能够融为一体，提高制品的整体性能。

详见图 7 ~ 图 9。

图 7　装饰层成形

图 8　结构层成形

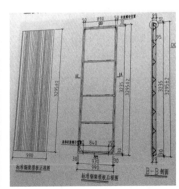

图 9　结构设计

创新5. 结构层及预埋件的设计

（1）在保证结构层有一定的强度前提下，设计了"T"形肋状结构，以增强结构力学性能。

（2）"T"形结构肋的设计，增加了制品强度，降低了成本。

（3）在"T"形结构肋中埋设经防腐处理的钢筋，解决了钢材锈蚀的问题。

（4）将安装用金属件事先预埋入制品中，预埋件与板材尺寸、重量和建筑墙体有关，一般借鉴石材干挂的方式或根据建筑需要另行设计。

创新6. 部分产品装饰层的再加工

（1）再造石装饰混凝土轻型墙板达到70%强度时可以进行剔凿等深加工作业。

（2）充分暴露骨料，增强装饰效果。

详见图10～图15及表1。

图10　钢架下料

图11　钢架制作

图12　与结构层链接

图13　养护

图14　脱模

图15　表面仿石处理

再造石装饰混凝土轻型墙板主要技术指标　　　　　　　　　　　　　　　表1

项目	主要指标
容重（g/cm³）	≥1.80～2.20
抗弯破坏（均布）荷载（kN/m²）	≥4.2
抗冲击强度	20kg沙袋冲击3次无开裂破坏现象
抗冻性	50次循环无裂纹、分层、剥落现象
干缩率（mm/m）	≤0.6

三、健康环保

项目近6000m²外墙，使用了近360t建筑废弃物，与传统墙板相比减少了480t二氧化碳排放量。建筑外墙采用低碳混凝土产品，这是以特种水泥为胶凝材料，以废石渣、废石粉为原料的装饰制品，以建筑废弃物为主要原材料，各项指标经过检测均达到国家环保产品的要求，是国家免检产品、绿色环保推广产品。

四、综合效益

1. 经济效益

传统的石材价格很高，特别是1500mm×4000mm的大板，成本很高，本项目降低了成本近5倍，大明宫丹凤门外墙减少了制作费用120万。

2. 工艺技术指标

用混凝土制作出夯土墙效果，其抗压强度达到30kg/cm²，这符合行业标准，使用年限可达50年。唐大明宫丹凤遗址博物馆的低碳混凝土墙板采用聚乙烯苯板制成阳模，然后翻制石膏模具，机器打压喷射成形，后再用快硬水泥复合材料制后背面，使其快速成型，从而更快地凝固成形，接着剔除表面石膏模具，用机械钢刷浇出表面肌理，使其表面达到夯土墙的艺术表现效果，形成更短的生产周期，降低成本，提高效益。

3. 社会效益

大明宫丹凤门项目通过夯土外表肌理表面展示西北大唐当时的风貌繁华，让后人们了解中国发展的历史，包括文化建筑艺术等多方面，使其更好地传承下去。

北京市南水北调东干渠项目建造关键技术研究

完成单位：北京东方雨虹防水技术股份有限公司

完成人：王超群

一、项目背景

本项目以南水北调工程——北京市内配套东干渠工程为依托，通过采用东方雨虹预铺反粘防水系统及双面胶带粘结铺贴法对大型输水隧洞进行防水系统的施工，解决了输水隧洞内水外渗难题，绿色环保且符合生活饮用水卫生相关标准等形成应用成果授权发明专利11件，实用新型专利3件。

项目中首创盾构隧洞用无钉铺设防水系统，开发了同幅宽双面自粘辅材，实现了多材多层高分子卷材与管片的无损连接。项目系统防水主、辅材料均以高分子材料为基本成分，无毒无味，符合饮用水输配要求，满足了南水北调北京段东干渠工程"结构内壁无损、内外水不混流、绿色环保"的高要求。施工后该隧道未发生渗漏，方案得到设计、施工方的一致认可，为南水北调等国家重大项项目工程建设做出了重大贡献。

二、科学技术创新

项目采用东方雨虹高品质HDPE高分子自粘胶膜防水卷材及预铺反粘施工方法，对该大型输水隧洞进行防水系统的施工，并针对盾构管片内壁混凝土基面特点，采用铺贴专用双面胶粘带满粘法铺设高密度聚乙烯自粘胶膜防水卷材，既不影响盾构管片一衬结构，又能加快卷材防水层施工速度，卷材与后浇混凝土二次衬砌更可形成复合防窜水防水体系，更好地保证输水隧洞不出现渗漏。详见图1。

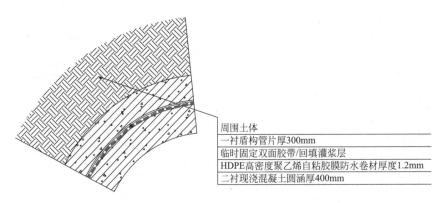

图 1　施工工艺

创新1. 项目产品成套技术及工程应用推动了我国建筑防水行业技术进步，带动了国内防水企业开展地下空间工程防水防护产品开发及生产，解决了我国地下空间防水防护难题，并形成应用成果授权发明专利11件，实用新型专利3件。

创新2. 项目采用东方雨虹PMH-3040高分子自粘胶膜卷材，以白色高密度聚乙烯（HDPE）片材为主体防水层，产品具有高强度、高延伸变形、耐磨、耐穿刺、耐化学品腐蚀等优良工程性能，可与后浇筑混凝土及胶膜层紧密结合，达到防水层与主体结构的永久结合，满足地下百年防水需求，与建筑同寿命。卷材产品共由四层复合而成。详见图2。

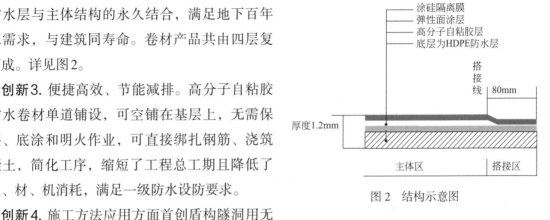

图2 结构示意图

创新3. 便捷高效、节能减排。高分子自粘胶膜防水卷材单道铺设，可空铺在基层上，无需保护层、底涂和明火作业，可直接绑扎钢筋、浇筑混凝土，简化工序，缩短了工程总工期且降低了总人、材、机消耗，满足一级防水设防要求。

创新4. 施工方法应用方面首创盾构隧洞用无钉铺设防水系统，开发了同幅宽双面自粘辅材，采用"一环一卷"铺贴方案，减少卷材短边搭接，实现了多材多层高分子卷材与管片的无损连接，满足了南水北调北京段东干渠工程"结构内壁无损、内外水不混流、绿色环保"的高要求。详见图3。

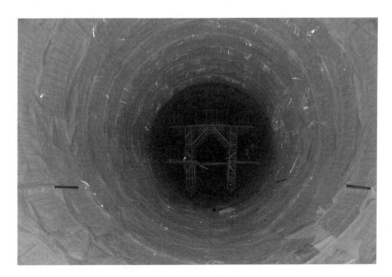

图3 卷材铺设及搭接施工

（1）采用"一环一卷"铺贴方案，减少卷材短边搭接。大面积卷材铺设施工前应先进行基准定位，分段施工时每段均应做基准定位，当沿隧洞顺序施工且长度超过100m时应重新做基准定位。定位环应与隧洞轴线垂直，卷材搭接边位置应避开盾构管片环向拼接缝、封锚孔。

（2）先进行基准定位环粘接施工，后续卷材以该定位环为基准进行边缘搭接及与管片内壁的满粘施工。

（3）定位环卷材铺贴时，揭去专用搭接胶带隔离层，将防水卷材HDPE面粘接在专用铺贴胶带上；并用力辊压防水卷材，确保高密度聚乙烯自粘胶膜防水卷材与专用铺贴胶带粘接牢靠。

（4）定位环卷材铺贴完毕后，揭开自粘胶搭接边一侧隔离膜，将后续卷材对齐定位环卷材80mm自粘搭接边标记线，进行粘接施工，其余部分粘接于专用铺贴胶带上，并用力按压或辊压防水卷材，确保搭接边及大面卷材粘接牢靠。搭接边宜用专用盖口条覆盖。

（5）当大面卷材铺贴至下一定位环最后一幅卷材时，如有位置偏差，应进行调偏，需按照偏差裁切卷材并用专用搭接胶带、专用盖口条做卷材长边搭接。

（6）细部节点

① 长边卷材自粘搭接做法（图4）

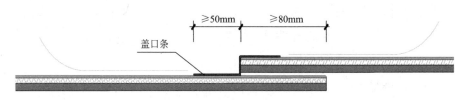

图4　长边卷材自粘搭接做法

② 短边卷材胶带搭接/细部裁剪修补后做法（图5）

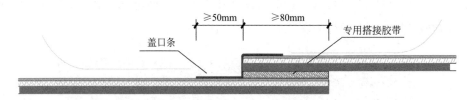

图5　短边卷材胶带搭接／细部裁剪修补后做法

创新5. 简化工序、节能减排。高分子自粘胶膜卷材本身力学性能优异，能直接承受作用其上的施工荷载，直接绑扎钢筋、浇筑混凝土，无需保护层，缩短了工程总工期，未浇筑5cm厚保护层每平方可节省混凝土0.05m³，符合建筑施工工艺节能减排发展思路。

三、健康环保

采用产品的各项性能指标均达到《预铺防水卷材》GB/T 23457—2017的指标要求，性能优异、绿色环保，其防水卷材及施工方法的应用，为盾构管片作为初期支护的复合式衬砌结构防水层设计提供了全新选择。

1. 耐久环保，应用性好

（1）材料本身耐久性好，专用于地下工程环境，满足地下百年防水需求，与建筑同寿命。

（2）对环境友好，高密度聚乙烯无毒无味，结晶度接近80% ~ 90%，属于环保材质。

（3）后期维修成本低。采用预铺反粘HDPE产品，具有传统材料不具备的防窜水功效，极端情况下，也只会点状渗漏，且渗漏点即为卷材破损点，维修方便、成本低。

2. 制造精密，生产环保

该生产线是目前国内最先进的现代合成高分子防水卷材生产线，所生产的产品性能稳定、优异，生产过程绿色、安全、环保。产品符合《绿色建材评价技术规范 防水与密封材料》CTS 07011—2018的AAA级及《绿色产品评价 防水与密封材料》GB/T 35609—2017的要求，其产品涉及的工厂保证能力符合《绿色建材认证实施规则 防水与密封材料》CTC—TVe—0P08/1.0的要求，并具有绿色产品认证证书、中国环境标志产品认证证书、中国绿色产品认证证书等。

3. 材料绿色环保，环境友好，对水质无影响

所有主、辅材料均以高分子材料为基本成分，配方中无溶剂，在长期浸水的情况下无重金属离子释放及有毒害小分子的扩散，对水质无影响。并且本产品已通过《生活饮用水输配水设备及防护材料的安全性评价标准》GB/T 17219—1998的检测。

四、综合效益

1. 经济效益

本项目解决了我国地下空间防水防护难题，为南水北调等国家重大项目工程建设做出了重大贡献。PMH预铺反粘卷材以HDPE膜为主体卷材，具有高强度、高延伸变形、耐磨、耐穿刺、耐化学品腐蚀等优良工程性能，具有优越的耐环境损伤、耐老化性能。卷材自粘胶膜层与液态混凝土浆料反应固结后，形成防水层与混凝土结构的无间隙结合，杜绝层间窜水隐患，能有效提高防水系统的可靠性；即使卷材局部遭遇破坏，也会将水限定在很小范围内，有效提高了地下空间防水层的可靠性。

2. 工艺技术指标

本项目推动了我国建筑行业进步，带动了国内防水企业开展地下空间工程防水防护产品开发及生产。东方雨虹PMH预铺反粘被工业和信息化部列入"建材工业鼓励推广应用的技术和产品目录"，被住房和城乡建设部列入"建筑业10项新技术"。项目产品还被科学技术部、生态环境部、商务部、国家质量监督检验检疫总局列为国家战略性创新产品。

3. 社会效益

本项目打破了垄断，提升了品牌的国际竞争力。东方雨虹已陆续建成生产线14条，年总产能约7000万m^2，产品合格率99.74%，2020年销量约4000万m^2。本项目产品年复合增长率超80%，行业排名第一，并持续增长。

低碳硫（铁）铝酸盐水泥在国家
重大工程中的创新应用

完成单位：建筑材料工业技术情报研究所、建筑材料工业技术监督研究中心
完 成 人：齐冬有、汪智勇、何昌毓、王建黔、张钰、张标

一、项目背景

本项目以高速铁路、机场等重大交通基础设施建设和维护工程为依托，在充分发挥硫（铁）铝酸盐水泥快硬早强、抗冻、微膨胀特性的基础上，通过材料设计与性能优化开发出适用于高速铁路预应力混凝土箱梁架桥机快速架设用的支座灌浆材料、机场跑道修补用快速混凝土修补材料等。这些材料在我国高铁主干线路如武广高速铁路、哈大高速铁路、郑西高速铁路以及首都机场、某军用机场等工程中应用。

二、科学技术创新

本项目针对高速铁路建设、机场跑道维护维修等工程特点，在充分研究和发掘硫（铁）铝酸盐水泥所具有的快硬早强、抗冻、水化放热集中等特性的基础上，研制出一批以硫（铁）铝酸盐水泥为主要和核心组分的专用材料，在高速铁路桥梁架设、机场跑道修补等交通基础设施工程中创新性应用，取得了良好的技术效果和经济效益。

创新1. 开发了高流态、高早强、微膨胀的高铁支座灌浆材料

研发了适合北方冬季负温下使用的支座灌浆材料和专用防冻剂技术，开发了低温型支座灌浆料，可在−20℃～−10℃温度条件下满足高铁支座灌浆料所有的技术要求，不需要除热水拌合和简单保温以外其他保温加热措施，为高铁桥梁的快速装配、实现高铁桥梁修建的"中国速度"起到了关键性作用。详见图1。

创新2. 开发了混凝土快速修补材料

以硫（铁）铝酸盐水泥为核心原材料的ZK-J141混凝土快速修补料，施工时间为15min以上，浇筑后3h强度超过30MPa，与被修补混凝土之间的粘结力1.5MPa以上。修补过程中无需加热，不产生环境污染，修补材料与被修补材料的物理性能和颜色也基本一致，具有比沥青混凝土修补更好的性能，实现了民用和军用机场跑道维修快速修复，保障了国内外航班起降和重大军事活动的进行。详见图2。

支座定位　　　　　　　　　　　　　　　　　　　　灌注浆料

图 1　高铁预制箱梁支座灌浆

沥青混凝土修补　　　　　　　　　　　　ZK-J141 混凝土快速修补料修补

图 2　沥青混凝土与 ZK-J141 混凝土快速修补料修补对比图

三、健康环保

硫（铁）铝酸盐水泥在交通基础设施建设中的应用，符合低碳环保和可持续发展的理念。它与其相关产品具有节能低碳的特点，符合可持续发展和循环经济的要求，可取得良好的健康环保效果。

四、综合效益

1. 经济效益

硫（铁）铝酸盐水泥在武广高铁、郑西高铁、哈大高铁、首都机场、军用机场等交通基础设施中创新性应用，先后为相关材料技术研发和生产供应单位产生直接经济效益 8000 多万元。同时为施工单位节约了材料费、措施费，为建设单位节约了工程造价。

2. 工艺技术指标（表1、表2）

高铁支座灌浆料的性能　　　　　　　　　　　　　表1

项目		要求	检验值
流动度（mm）	初始流动度	≥320	365
	30min保留值	≥240	325
抗压强度（MPa）	2h	≥20	28.2
	28d	≥50	89.2
	56d	≥50	91.2
抗折强度（MPa）	1d	≥10	11.2
自由膨胀率（%）	28d	0.020～0.100	0.034
弹性模量（GPa）	28d	≥30	36.7

ZK-J141混凝土快速修补料的性能　　　　　　　　表2

	初凝时间（min）	抗压强度（MPa）		粘结强度（MPa）
		3h	7d	
指标要求	≥15	≥20	≥60	≥1.0
ZK-J141	26	32	76	1.5

3. 社会效益

硫（铁）铝酸盐水泥在交通基础设施中的创新性应用产生了广泛的社会效益。高铁支座灌浆料不仅保障了高速铁路的建设速度和建设质量，还为我国高铁总旅程的快速增长并成为国家名片提供了关键材料保障；混凝土快速修补材料则为机场国际国内航班的安全持续运行提供了重要保障。通过高铁、机场应用的示范效应，推广到了装配式建筑、道路维修等更加广泛的工程领域，推动了相关行业工艺指标的提升和技术的进步，产生了难以估量的社会效益。

君实生物科技产业化临港项目
外喜防水保温一体化系统

完成单位：深圳市卓宝科技股份有限公司、湖北卓宝建筑节能科技有限公司

完 成 人：邹先华、林旭涛、蒋继恒、谭武

一、项目背景

随着社会的进步，建筑屋面的要求也从初期的"遮风挡雨"到现在的"保温隔热、美化环境"，这对屋面构造做法、建筑材料的选择、施工工艺等要求也越来越高。深圳市卓宝科技股份有限公司研发了外喜防水保温一体化系统，它突破了防水、保温行业的界限，通过特殊的生产工艺将优异的防水材料和保温材料进行结合，实现了"1+1＞2"的效果，起到了更优异的防水和保温效果。

二、科学技术创新

创新1. 将防水与保温合并

防水保温一体化板，是将优质防水卷材、硬泡聚氨酯保温隔热芯层和水泥基防水卷材，经特殊生产工艺复合成板材，防水和保温两种功能主材珠联璧合，功能互相强化。该系统既保证了屋面防水效果，消除了保温隔热层与基层、保温隔热层与防水层之间的窜水层，一站式解决了保温隔热和防水的问题，又简化了施工工艺，降低了系统风险，极大地提高了综合节能效果，给屋面系统带来了一场全新的革命。详见图1。

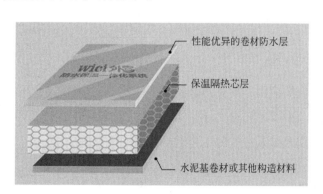

图1　防水保温一体化板构造图

创新2. 提高了屋面系统的可靠性

防水保温一体化系统将防水层与保温层复合在一起，消除了防水层与保温层之间的窜水层，

通过板材湿铺工艺解决了保温层与结构基层之间窜水的问题。整个系统即使上表面防水层有破损，由于没有窜水层，保温层不进水、不吸水、不窜水，整个系统也不会渗漏，保温功能也能持久高效。

创新3. 简化了屋面构造做法

防水保温一体化板湿铺施工技术只需要经过一个工序施工就可以完成屋面的防水、保温、找平等功能。该技术大大简化了施工工艺和构造层次，极大地提高了综合节能效果，而且还降低了屋面工程的综合造价，加快了施工速度。

创新4. 强化了节能环保性能

该板材在生产环节、施工环节和后期的维护保养环节，都具有节约能源和环保的性能。硬泡聚氨酯具有高效的保温隔热功能。防水保温一体化板减少了屋面工程中的隔气层、找平层、保护层等，减少了建筑材料的用量和人力、物力的投入，不使用挥发性的溶剂，水泥砂浆一道湿铺即可得到防水、保温两种功能，安全便捷，真正达到了节约资源、环保减排的目的。

创新5. 创新了防水、保温技术理念

本项目将防水、保温有机结合，可大大提升屋面系统的防水保温效果，是传统防水、保温行业技术发展的新理念，促进了行业的技术发展。

三、健康环保

在防水保温一体化系统中，保温层不进水、不吸水、不窜水，所以保温隔热效果能够持久高效地发挥作用。而且该系统能极大地简化屋面构造，省去了屋面工程中的找平层，还将找坡与保护层合并，大大减少了建筑材料的用量和人力、物力的投入，同时也减少了屋面的碳排放量。经测算，外喜防水保温一体化系统较传统屋面构造做法每平方米减少碳排放 $64.16\text{kgCO}_2\text{e}$。该系统施工时也无需使用挥发性的溶剂，无明火施工，水泥砂浆一道湿铺即可得到防水、保温两种功能，安全便捷，真正达到了节能环保的目的。

四、综合效益

1. 经济效益

新型节能一体化系统的应用，具有明显的经济效益：

（1）由于该一体化板材集合了防水和保温功能，特殊的产品构造可以保证持久有效的防水和保温效果，避免了后期因渗漏造成的工程返修带来的巨额的成本。

（2）在施工方面，由于该新型节能一体化系统简化了施工工序，不仅降低了人工成本，还节省了施工中的材料成本，相比于传统屋面造价更低。

（3）在工期方面，将过去的防水、保温两道工序精简为一道工序，简化了屋面构造层次，减少了工序，大大降低了施工周期，也间接地节约了工程成本。

（4）屋面耐久性得到显著提高，防水保温效果更优，屋面系统稳定性更高。

2. 工艺技术指标

外喜防水保温一体化板尺寸偏差、外观质量应符合表1的要求。

尺寸偏差、外观质量要求 表1

序号	项目		保温层允许偏差值	防水层允许偏差值
1	长度（mm）		±2.0	
2	宽度（mm）		±2.0，搭接边宽度≥7.5	
3	厚度（mm）	保温层厚度≤50	±1.5	±0.3
		保温层厚度>50	±2.0	±0.3
4	对角线差（mm）		±3.0（不包括防水层的搭接边）	
5	外观质量		表面应平整、边缘整齐，无裂纹、孔洞、粘结、气泡和疤痕，切口平直，切面整齐，无毛刺，芯材密实	

外喜防水保温一体化板物理性能指标应符合表2的要求。

物理性能指标 表2

序号	项目	聚氨酯（PU）	挤塑聚苯板（XPS）
1	覆面材料与芯材的拉伸粘结强度（MPa）	≥0.1，且破坏部位不得位于粘结界面	
2	燃烧性能等级	不低于B_2级	
3	保温芯材表现密度（kg/m³）	≥35	25～35
4	导热系数（23℃±2℃）（W/m·k）	≤0.024	≤0.030
5	压缩性能（形变10%）（MPa）	≥0.15	
6	保温芯材吸水率（V/V%）	≤3	≤1.5

3. 社会效益

防水保温一体化系统在节能减排、保温隔热方面有着出色的表现，还能简化屋面构造层次，降低屋面建筑材料的使用，同时具有质量轻、导热系数低、耐热性好、耐老化、容易与其他基材粘结、燃烧不产生熔滴等优异性能。且防水与保温复合在一起后，保温层能长期高效地发挥保温隔热的效果，因此能为建筑更好地发挥节能减排的作用，在合理利用资源、保护环境、节省能源和劳动保护等方面都将取得极大的社会效益。

低热硅酸盐水泥在国家重大水电工程中应用

完成单位：中国建筑材料科学研究总院有限公司

完 成 人：文寨军、王敏、张坤悦、马忠诚、黄文、王显斌、王晶、郭随华、刘云

一、项目背景

本项目在国家重点研发计划与自主科研课题的支持下，依托国家重大水电工程建设，深入开展低热硅酸盐水泥制备与应用关键技术攻关，发明了高性能低热硅酸盐水泥、高强低热硅酸盐水泥、微膨胀低热硅酸盐水泥等一系列水电工程用低热硅酸盐水泥，并形成了水电工程用低热硅酸盐水泥制备和应用成套技术。项目成果首次实现在乌东德、白鹤滩水电站两座300m级特高拱坝的全坝应用，共浇筑1000余万立方米混凝土，未发生"温度裂缝"，建成了真正的"无裂缝"精品特高拱坝，为攻克水工混凝土"温度裂缝"这一世界难题提供了新的解决方案。

二、科学技术创新

项目在不断优化低热硅酸盐水泥制备和应用关键技术的同时，开展产学研用联合攻关，大幅提升了低热硅酸盐水泥及混凝土的综合性能，形成了多项科学技术创新成果。

创新1. 研制出高强低热硅酸盐水泥

研究了 $CaO-SiO_2-Al_2O_3-Fe_2O_3$ 体系下多种微量元素与低热硅酸盐水泥中贝利特矿物的固溶及对其多晶转变的影响规律及机制，形成了低热硅酸盐水泥中贝利特矿物活性调控技术，解决了贝利特矿物活化及高活性晶型稳定的技术难题，显著提高了贝利特矿物的早期水化活性；揭示了离子掺杂和熟料矿物匹配对低热硅酸盐水泥熟料中贝利特晶型、熟料微结构和水化活性等的影响机理，成功研制出高强低热硅酸盐水泥。详见图1、图2。

创新2. 研制出微膨胀低热硅酸盐水泥和方镁石定量分析方法和生产控制技术

通过熟料中间相和硅酸盐相的分步选择性溶解，分离并富集了方镁石，建立了基于三步选择性溶解的方镁石含量定量分析方法，解决了国内外现有的方镁石定量方法不能有效区分熟料矿物中固溶 MgO 和方镁石矿物的技术难题；揭示了不同制备工艺条件对熟料中方镁石含量、晶粒大小的影响规律，提出"高镁配料、低温煅烧、短时保温、慢速冷却"的调控技术；通过揭示不同矿物含量、不同 MgO 含量对低热硅酸盐水泥强度、水化热和膨胀性能的内在关系，优化设计了低热硅酸盐水泥熟料矿物组成，成功研制出微膨胀低热硅酸盐水泥。详见图3、图4。

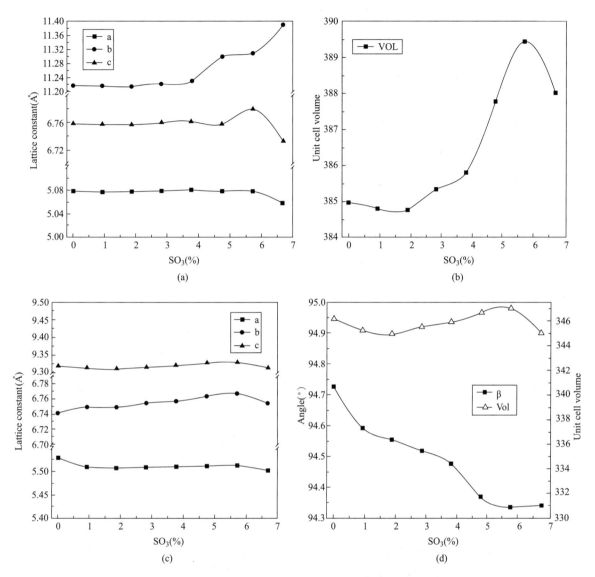

图 1　γ-C₂S（图 a、图 b）、β-C₂S（图 c、图 d）的晶格常数及晶胞体积变化图

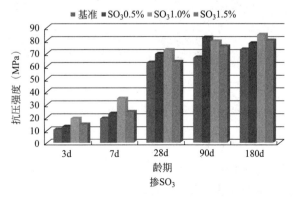

图 2

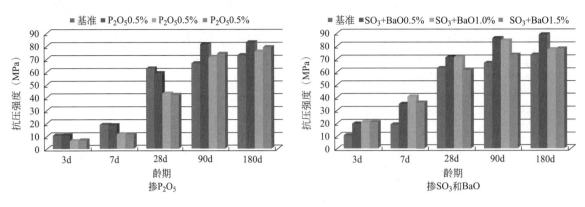

图 2　离子掺杂对低热硅酸盐水泥强度的影响

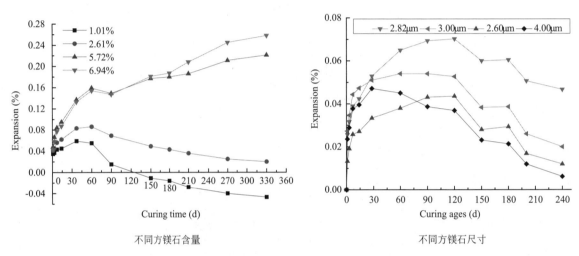

图 3　微膨胀低热硅酸盐水泥净浆膨胀率

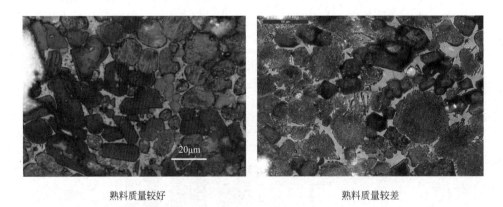

熟料质量较好　　　　　　　　　　　　　　　　熟料质量较差

图 4　微膨胀低热硅酸盐水泥熟料岩相图

创新3. 实现了低热硅酸盐水泥的产业化

　　系统阐明了生料分解率、窑内火焰温度、冷却速度等关键工艺参数对水泥熟料烧成和质量的影响规律，形成了低热硅酸盐水泥工业化制备技术，并成功实现了在2000t/d以上规模水泥生产线工业化稳定制备。制备的高强低热硅酸盐水泥3d抗压强度大于17MPa，微膨胀低热硅酸盐水泥28d膨胀率大于0.08%，其余性能指标优异。详见图5、图6。

图 5　低热硅酸盐水泥生产线

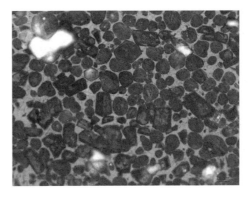

图 6　产业化生产低热硅酸盐水泥熟料岩相图

创新 4. 开发出低热硅酸盐水泥大坝混凝土制备技术

基于大坝混凝土的设计要求，优化设计了大坝混凝土配合比，研制出高性能低热硅酸盐水泥大坝混凝土，并成功实现在白鹤滩、乌东德、溪洛渡、向家坝、大岗山、枕头坝和沙坪等国家重大水电工程中应用。详见图 7、图 8。

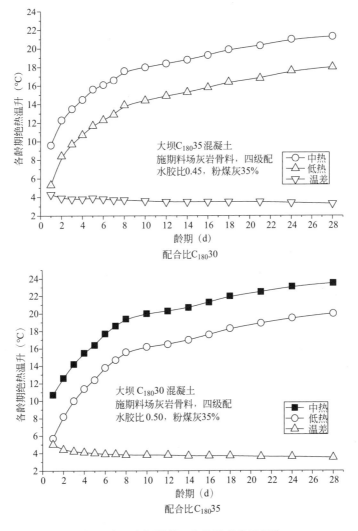

图 7　水工大坝混凝土绝热温升发展规律

乌东德水电站   白鹤滩水电站

图 8　低热硅酸盐水泥在国家重大水电工程中应用

三、健康环保

低热硅酸盐水泥属于低碳水泥，有效降低水泥生产过程中的资源能源消耗，减少 CO_2、SO_2、NO_x 等气体排放。按 2500t/d 新型干法水泥生产线计算，熟料产能为 60 万 t/年，生产低热硅酸盐水泥可降低煤耗 11.19%，吨熟料石灰石消耗量减少 11.27%，CO_2 减排 10.17%，每年可节约石灰石用量 9.17 万 t，节约煤炭数万吨，减少 CO_2 排放 5.8 万 t，符合国家健康、环保、低碳、可持续发展理念，对实现我国"双碳"宏伟目标具有十分重要的意义。

四、综合效益

1. 经济效益

低热硅酸盐水泥制备及应用技术，可满足国家重点工程对水泥基材料提出的高抗裂、高耐久性要求。水泥企业生产低热硅酸盐水泥可显著提升效益和利润，仅以嘉华锦屏水泥公司为例，2016 ~ 2020 年累计生产低热硅酸盐水泥 113.96 万 t，实现新增产值 54700.80 万元，新增利润8205.12 万元。低热硅酸盐水泥规模应用于水电工程，可降低水工大坝混凝土开裂风险，减少裂缝修补费用，提高工程质量，节约工程投资和维护费用，同时还可简化温控措施和减少裂缝修补费用。每方混凝土节约制冷费用 15 元；提升施工效率 4.6%，降低冲毛耗损 33.3%，直接经济效益总计约 10.0 亿。

2. 工艺技术指标

低热硅酸盐水泥已具有国家产品标准《中热硅酸盐水泥、低热硅酸盐水泥》GB/T 200—2017，具体性能指标要求详见表 1。

低热硅酸盐水泥技术指标　　　　　　　　　　　　　　　　　　　　　　　　表 1

强度等级	抗压强度（MPa）			抗折强度（MPa）		水化热（kJ/kg）		
	7d	28d	90d	7d	28d	3d	7d	28d
32.5	≥ 10.0	≥ 32.5	≥ 62.5	≥ 3.0	≥ 5.5	≤ 197	≤ 230	≤ 290
42.5	≥ 13.0	≥ 42.5		≥ 3.5	≥ 6.5	≤ 230	≤ 260	≤ 310

3. 社会效益

低热硅酸盐水泥及其混凝土制备技术已经大规模应用于乌东德和白鹤滩两座超大型水电工程，至今未发现"温度裂缝"，取得了显著的温控防裂效果，首次攻克了筑坝史上"无坝不裂"的难题，助力优质高效建成300m级无裂缝特高拱坝，推动了行业科技创新与技术进步，为世界坝工混凝土温控防裂提供了中国方案，具有引领作用，意义重大、影响深远，具有显著的经济、社会等综合效益。

低收缩高强自密实混凝土制备与应用测试研究

完成单位：中建一局集团第五建筑有限公司、北京中超混凝土有限责任公司
完 成 人：余成行、刘嘉茵、汤德芸、吴学军、庞玉洁、刘东超

一、项目背景

项目团队成立课题组，开展"低收缩高强自密实混凝土及其制备方法"研发活动，自2012年成立课题组以来，依托甘肃会展中心项目钢管混凝土柱自密实混凝土浇筑，针对自密实混凝土配合比设计、自密实混凝土浇筑工艺选择（高抛法或者顶升法）对成形效果的影响、膨胀变形理论等开展前期试验和研究。2013年起，依托北京市朝阳区CBD核心区某工程开展"低收缩高强自密实混凝土及其制备方法"应用试验，"低收缩高强自密实混凝土及其制备方法"于2017年4月完成研发，并在课题示范工程中应用，各项试验数据满足现行国家及行业标准的相关要求。项目团队向国家知识产权局申请发明专利授权，于2019年1月29日获得发明专利授权，专利号：ZL2017102804453。低收缩高强自密实混凝土投入生产与应用，在应用工程中顺利实施，并取得良好效果。

二、科学技术创新

创新1. 研发了一种低收缩高强自密实混凝土，可降低混凝土由于自收缩而导致裂缝的概率

低收缩高强自密实混凝土技术方案包括由以下重量份数表示的组分：水泥510～600份；粉煤灰100～140份；硅粉20～30份；矿粉70～90份；细骨料700～800份；粗骨料810～900份；聚羧酸减水剂8～10份；硫铝酸钙–氧化钙类膨胀剂40～50份；丙烯酸改性氯醚树脂20～30份；水150～175份。加入聚羧酸减水剂、硫铝酸钙–氧化钙类膨胀剂和丙烯酸改性氯醚树脂，减少混凝土由于自收缩而导致裂缝的概率。

混凝土配合比设计，对于高强混凝土，采用"高标号水泥+超细矿物掺合料+高效减水剂+优质骨料"的技术路线进行配合比设计和生产。对于自密实混凝土，配合比设计的基本技术路线是：适宜的粗骨料用量和粒径，同时以适宜的砂浆量来提供流动性，以适宜的浆体黏度来保证拌合物的稳定性。通过以下试验实现配合比优选工作（表1）。

根据试验需要和当地材料的供应现状，综合考虑材料性能、供应、规范和设计要求以及价格等因素选择适宜的原材料。首先进行正交试验设计，以对混凝土配合比进行初次筛选，试验所用的材料通过原材料试验确定。通过水胶比与矿物掺合料掺量试验、单方用水量和胶凝材料总量试验、体积稳定性控制试验等确定优选配合比，并开展混凝土优选配合比验证。

主要试验项目　　　　　　　　　　　　　　　　　　　　　　　　表1

编号	试验名称	试验项目	试验目的
1	原材料试验	选取几种原材料	优选原材料
2	混凝土配合比试验	选取几组配合比	保证混凝土强度，选择水化热较低的配合比
3	绝热温升试验	测定水化热	确定混凝土的绝热温升
4	自收缩试验	测定高强度等级混凝土的自收缩	估计裂缝出现的概率
5	开裂敏感性试验	测定温度—应力关系曲线	分析混凝土的开裂敏感性
6	足尺模型试验	模拟巨柱浇筑的施工环境，测定柱体内部的最高温度、最大温差和温度应力、收缩变形	验证相关防裂措施下，混凝土是否会开裂；检验混凝土的施工性能
7	混凝土耐久性试验	测定混凝土的氯离子渗透系数	评价混凝土的耐久性

根据优选出的最佳参数组合，微调后形成施工配合比进行复验，并同时进行其他相关性能试验。此次试验采用标准尺寸试件进行混凝土抗压强度复验（表2）。

混凝土性能试验　　　　　　　　　　　　　　　　　　　　　　表2

试验分类	试验项目	试验要求	单位	数量	依据
拌合物状态（自密实性能）	黏度	扩展时间 T_{50}、V形漏斗	个	1	《自密实混凝土应用技术规程》JGJ/T 283
	流动性填充性	坍落扩展度	个	1	
	工作性保持	坍落扩展度经时损失（2～3h）	个	1	
	初终凝时间	缓凝6～8h（初凝为14～17h）	个	1	
	抗离析性	筛析法	个	1	
	间隙通过性	U形箱试验或J环试验	个	1	
绝热温升试验		初始温度为25～35℃，试验历时10～14d	样	2	《水工混凝土试验规程》SL 352
力学试验	抗压强度	标准养护3d、7d、28d、60d	组	2×3	《普通混凝土力学性能试验方法标准》GB/T 50081
	弹性模量	标准养护3d、7d、28d、60d	组	2×3	
	劈拉强度	标准养护3d、7d、28d、60d	组	2×3	
耐久性与长期性能试验	RCM法测氯离子扩散系数	标准养护28d	样	2	《普通混凝土长期性能和耐久性能试验方法标准》GB/T 50082
	干燥收缩	10cm×10cm×51.5cm带钉头的混凝土试件检测到90d	组	2	
	自收缩	10cm×10cm×30cm混凝土试件，检测到7d	组	2	

创新2. 系统总结了钢管混凝土顶升法施工中低收缩高强自密实混凝土原材料要求、深化设计与构造要求、混凝土配合比设计与性能要求、混凝土生产与运输要求、混凝土顶升施工等相关技术内容，发布地方标准，规范了北京市行政区域内房屋建筑工程的钢管混凝土顶升法施工及质量验收，填补了行业空白

施工过程中，商品混凝土搅拌站根据天气条件、天气影响条件（降雨等）、运输时间（白天或夜间）、运输距离、混凝土原材料（水泥品种、外加剂品种等）变化、混凝土坍落度损失适当

调整基准配合比，保证浇筑混凝土的质量满足要求，在钢筋密集区域和钢结构纵横隔板交错部位，辅以一定的振动措施，保证混凝土的密实。对试验巨型柱混凝土配合比设计、浇筑全过程及浇筑完成后3个月内的相关数据进行了跟踪测试。结合管壁侧压力等方面的测试结果，混凝土的收缩并未导致核心混凝土和钢管壁之间的脱空，也未在核心混凝土和管壁接触的关键部位处造成裂缝。

三、健康环保

低收缩高强自密实混凝土生产和使用过程健康、环保，产品生产、应用等环节对环境的影响极小，符合可持续发展的理念。

从生产过程看，采用既有生产线和生产设备，无需再次增加生产线投资。在低收缩高强自密实混凝土及其制备方法指导下，完成配合比设计，即可投入生产。原设备无需拆除和改造，节能环保。低收缩高强自密实混凝土具有良好的流动性，减少混凝土对搅拌机的磨损，延长设备使用时间。

从使用过程看，混凝土浇筑无需振捣，相同工程量需要的浇筑时间大幅度缩短，工人劳动强度大幅度降低，需要的工人数量大幅减少，提高生产效率并可在一定程度上减少人工投入。没有振捣噪声，避免工人长时间手持振动器导致的"手臂振动综合症"，改善工作环境，提高安全性。同时避免了振捣对模板产生的磨损，有助于增加模板的周转次数，减少施工现场废弃物的产生。

从材料创新发展看，低收缩高强自密实混凝土应用适用性强，增加了结构设计的自由度，更好地适应成形形状复杂、薄壁和密集配筋的结构浇筑需求。

四、综合效益

1. 经济效益

完成配合比设计，采用既有生产线，即可投入生产，具有良好的流动性，减少混凝土对搅拌机的磨损，延长设备使用时间，同时减少浇筑过程中人工投入。其适用性强，可增加结构设计的自由度，适应成形形状复杂、薄壁和密集配筋的结构浇筑需求。成型效果好，结构密实，强度提高，渗透性低，提高了其耐久性能，降低了结构缺陷风险。其综合效益突出，以北京地区为例，近年平均每年的低收缩自密实混凝土用量约30万 m^3，实现混凝土免振高强，保证质量，预估可产生直接经济效益和间接经济效益不低于500万元。

2. 工艺技术指标

低收缩高强自密实混凝土在降低了裂缝发生概率的同时，延续了自密实混凝土在物理性能方面的特点，硬化后具有常态混凝土一样的良好物理力学性能。其黏性好，泌水少，不需要振捣，减少了微泌水，水泥石的孔隙率尤其是界面区的孔隙率显著低于普通混凝土，而且均匀分布于界面区和水泥石本体之中。同时掺入了较多的粉煤灰，水化中消耗了较多的氢氧化钙，大大减少了界面区氢氧化钙晶体的形成。减少了氢氧化钙这一软弱晶体的形成，进而改善了自密实混凝土的界面区结构。结构密实，强度提高，渗透性低，从而提高了其耐久性能。

3. 社会效益

在材料应用中可提高施工速度、满足环境对噪声限制要求、减少人工投入、降低裂缝维修风险等，在诸多方面有利于成本控制，降低工程整体综合成本。从成形效果看，混凝土无需振捣即可良好地密实，改善混凝土的表面质量，不会出现表面气泡或蜂窝麻面，不需要进行表面修补，能够逼真呈现模板表面的纹理或造型，可在适当时减少装饰装修中的找平和饰面施工工序，呈现"原汁原味"混凝土结构观感，符合绿色施工的可持续发展的理念。

雄安市民服务中心CPC非沥青基防水系统应用

完成单位：深圳蓝盾控股有限公司
完 成 人：童祖元

一、项目背景

本项目以雄安市民服务中心为依托，联合科研、设计、施工等多家单位和多名科研人员，通过科研攻关和工程实践，防水工程选用蓝盾CPC非沥青基防水系统，对防水工程的"大面+细部节点"进行双重双道设防设计，选用与建筑构造节点特征、建筑物所在地气候环境匹配的防水产品，打造针对性的防水系统，形成完备的防水系统解决方案。

二、科学技术创新

CPC非沥青基防水系统，采用预铺反粘工艺，变形缝采用蓝盾变形缝防水技术解决方案，达到密封防水和变形缝自由位移的效果。

创新1. 采用CPC非沥青基防水系统

蓝盾CPC非沥青基防水系统为客户提供一站式防水系统解决方案。详见图1。

图1　CPC非沥青基防水系统

创新2. CPC非沥青基防水材料绿色更环保

CPC非沥青基耐久反应型高密度聚乙烯自粘胶膜防水卷材由CPC非沥青基自粘胶料、高密度聚乙烯（HDPE）片材和独特配方的砂面防粘层组成。可预铺在垫层上，CPC非沥青基自粘胶料直接与后浇筑的混凝土发生物化交联双向反应，可与后浇混凝土剥离强度更高，抗窜水性能更好，且不易滋生霉菌，抗腐蚀性更强，耐老化性能更优，防水更耐久，同时还具备超强抗穿刺性能。详见图2。

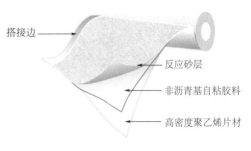

图 2　产品结构

创新3. 采用预铺反粘施工工艺

CPC非沥青基耐久反应型高密度聚乙烯自粘胶膜防水卷材等防水材料采用预铺反粘工艺。详见图3。

图 3　预铺反粘施工工艺

创新4. 变形缝防水技术

管廊变形缝防水采用特种环氧胶粘剂，把柔性的高分子防水卷材（变形缝用粘锚式止水带）嵌缝、粘接、锚固在变形缝两侧的混凝土结构体内，形成无缝防水体系，有效抵御外界水的进入，同时柔性的粘锚式止水带亦可追随变形位移，达到密封防水和变形缝自由位移的效果。详见图4。

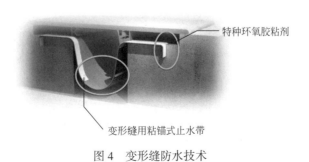

图 4　变形缝防水技术

三、健康环保

CPC非沥青基系列防水材料及施工工艺顺应了节能减排降碳绿色环保的发展趋势，绿色、低碳、环保。

在原材料选择上，非沥青基系列不采用沥青原料，物质粘结性、低碳环保等指标更优越；在生产工艺上，采用RTO蓄热式焚烧法烟气处理工艺，最大限度回收燃烧产物中的显热，使废气在燃烧室内充分氧化、热解、燃烧；在项目施工上，施工环境兼容性更强，冷施工工艺，无明火无污染，绿色低碳更环保。

四、综合效益

1. 经济效益

相较于传统的"3+3"自粘卷材做法，采用CPC非沥青基耐久反应型高密度聚乙烯自粘胶膜防水卷材预铺反粘施工，无需保护层和找平层，工序更少、工期更短、综合造价更低。

2. 社会效益

CPC非沥青基系列是不含沥青成分、耐久性强、冷施工的环境友好型防水材料，适应绿色建筑发展的需求及防水行业健康发展的趋势，也是深入贯彻可持续发展道路及建设节约型社会宗旨的体现。

国家核与辐射安全监管技术研发基地建设项目+低本底实验室大体量特种混凝土结构施工技术

完成单位：中国建筑一局（集团）有限公司

完 成 人：金晓飞、杜小乐、丁益民、赵艳波、李运闯、李松伟、崔婧瑞、于辉、朱佳乐、李晋谦

一、项目背景

本项目以国家核与辐射安全监管技术研发基地建设项目为依托，联合建设、检测、设计单位科研人员及多名行业专家，通过科研攻关、专家论证研讨和工程实践，形成了一种低本底特种混凝土及其制备方法专利、大体量特种混凝土结构冬期施工工法等创新，建立了低本底实验室大体量特种混凝土结构施工关键技术，实现了结构建成后室内最高空气吸收剂量率实测评定值已达到原设计室内屏蔽系统安装后的控制目标和理论上可取消30mm厚铅板屏蔽的超预期效果，实验检测能力建成后是我国行业内目前体量最大、本底值最低、配置最先进、精度最高的国内领先、世界一流的低本底实验室。

二、科学技术创新

创新1. 设计通过多次调研考察、多次模拟分析和多次建模计算，并结合现场实际情况最终确定设计方案。本项目依托的国核基地站设计本底值控制目标：低本底铅室采取屏蔽措施后房间正中心位置距离地面1m处空气吸收剂量率≤25nGy/h。详见图1。

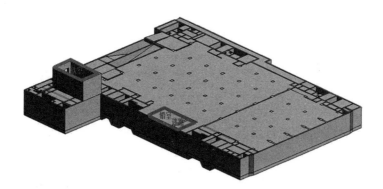

图1　低本底铅室、铁室位置模型图

设计通过"增加实验室的地下埋深+加大混凝土结构构件截面尺寸+自身低辐射值的建造材料+内部设置屏蔽系统隔离外部辐射"相结合进行本底值控制，同时对实验室内部采取通风和除

氡措施降低氡及氡子体对本底的影响，进一步控制本底值。在现有条件下控制影响铅室内本底值即空气吸收剂量率的因素主要是建筑材料放射性核素本底水平以及房间铅屏蔽体厚度。

铅室、迷路六面体结构通过后浇带与四周结构分开施工，环形后浇带内筏板基础、地下三层墙柱、顶板全部用低本底专用混凝土。铅室通过施工缝与周边结构分开施工，环形施工缝内地下二层楼面板、墙体、顶板全部用低本底专用混凝土。工艺设计要求六面结构主体尽可能不留或少留施工缝，最好一次性浇筑成形，所有工艺埋件一次全部埋设到位，严禁后期剔凿。详见图2。

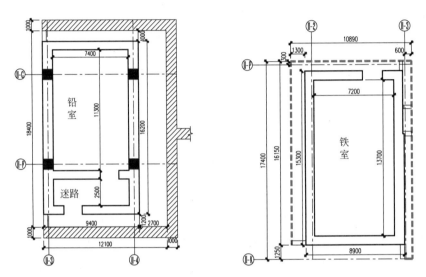

图2 低本底铅室、低本底铁室平面图（单位：mm）

创新2. 低本底实验室本底值控制技术

（1）借助行业现有检测数据库，经过全国30多次实地考察寻找初选、现场放射性粗测比选、精选取样、实验室二次精测、最终比选出放射性低于设计要求限值原材料（表1）。

原材料放射性水平（材料放射性核素比活度）（单位：Bq/kg）　　　　　　表1

序号	原材料	Ra-226	Th-232	K-40	产地
1	水泥	19.4	18	174	河北金隅鼎鑫水泥（核电专用）
2	骨料	<0.91	<1.6	<6.5	灵寿县石英矿石（发白）
3	外加剂	3.3	5.9	130	北京瑞斯RSW-02D聚羧酸复合减水剂
4	钢材	<0.94	<0.17	<6.2	北河敬业

（2）结合本底值和原材料选材过程，混凝土结构用原材料对本底值的影响程度如下：拌合物用水影响最小，可忽略不计；辅材影响可忽略不计；钢材影响较小；砂子、石子影响较大，水泥对本底值影响最大；外加气虽用量小但影响仅次于水泥。

（3）低本底实验室特种混凝土结构施工用材料专供专用，且必须全部使用经检测合格的原材料。混凝土拌合用水泥、石英砂、石英石原材料由专业厂家供货且在商混站设置单独的仓库存储，独立堆放，单独使用，防止风雪侵蚀，确保原材料专供专用。

（4）低本底特种混凝土结构施工完成后，由业主委托具有相应检测资质的第三方检测，低本底铅室内最高空气吸收剂量率实测值降低至22nGy/h，小于原设计实验室正中心位置本底值低于25nGy/h的预期限值，已达到最终要求效果，达到理论上可取消30mm厚铅板屏蔽的超预期效果。

创新3. 低本底值特种混凝土配合比设计及配制技术

通过正交试验法20多次反复试配，最终采用粒径2.36～25.00mm且连续级配的石英砂作为粗骨料、粒径0.18～2.36mm且连续级配的石英砂（中砂）作为细骨料、低水化热和低辐射的核电专用水泥作为唯一的胶凝材料、聚羧酸复合减水剂作为唯一的一种外加剂，配制出强度满足设计要求、本底值低、可泵送、保水性、流动性等工作性稳定的低本底值特种混凝土，攻克低本底值特种混凝土泌水、和易、泵送性等难题。详见表2、图3。

低本底值特种混凝土配合比 表2

强度	水泥	水	石英砂	石英石	砂率	外加剂掺量	外加剂用量	坍落度
C35	400	140	775	1071	0.42	3.6%	10.9	180～200

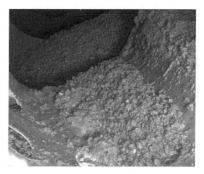

图3 低本底值特种混凝土实验室试配、坍落度试验、出罐车状态

创新4. 大体量特种混凝土结构超厚顶板与超高超厚墙体一次浇筑施工技术

（1）选用高强覆膜多层板模板和镀锌方管型钢龙骨加强模板加固，全部采用M20止水螺杆。新进模板侧面及切割的边角刨光，使模板边角顺直，刨光侧面涂刷模板封边漆；模板边若出现锯齿、毛刺，必须切除破损部位，刷好封边漆后重新加以利用。模板拼缝严密，防止漏浆。

（2）墙体与顶板混凝土一次浇筑，内、外墙及顶板浇筑时统一采用抗渗混凝土C35P8。

基础底板、顶板采用推移式连续浇筑，从一个角向另一个斜对角整体推进、自然流淌分层、分层厚度400mm，墙体分层浇筑、分层厚度400mm。采用插入式A50振动棒呈梅花形振捣，振点间距加密到500mm。严格分层浇筑，控制浇筑顺序和浇筑速度及振捣时间，避免冷缝。

为减少混凝土表面收缩裂缝，确保混凝土施工质量，结合冬期施工要求，混凝土筏板、楼板浇筑时边浇筑边用抹子抹压收面，随抹随盖塑料布，墙体顶部泌水浮浆及时刮除后，用抹子抹压收面，在楼板混凝土快初凝前，揭开塑料布，用收面机二次收面，二次收面后再覆盖塑料薄膜、电热毯、阻燃棉毡、塑料布进行保温养护。详见图4。

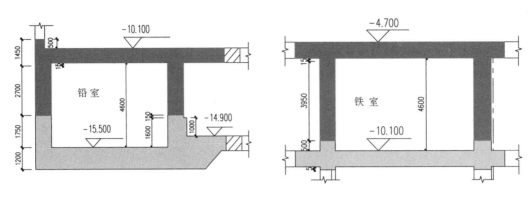

图4　低本底铅室、铁室分两次浇筑示意

（3）通过"冬期施工和大体积混凝土施工"双重标准控制施工过程质量，混凝土搅拌用"热水＋掺加RSW–02D聚羧酸复合外加剂"，混凝土浇筑后采用"暖棚＋电热毯＋覆盖"相结合的综合蓄热养护措施，严格测温、控制温度，严防内外温差过大。详见图5。

图5　低本底值特种混凝土现场浇筑面状态、低本底实验室特种混凝土结构观感质量

三、健康环保

低本底值特种混凝土原材料比选、混凝土配制、浇筑、养护等全过程遵循节能减排、绿色环保、健康可持续发展的理念。通过技术攻关实现泵送浇筑，降低劳动强度，节省人力资源；通过用热风机和电热毯相结合的暖棚保温，减少煤炭和天然气等常规暖棚加热物资的使用，节约不可再生自然资源；通过低辐射值混凝土原材料选择和本底值控制，有效减少铅屏蔽厚度，节省贵金属铅板的使用，降低工程整体建造成本造价。

四、综合效益

1. 经济效益

与目前国内行业内已建成的2个低本底实验室相比，低本底实验室大体量特种混凝土结构施工技术应用于基地低本底铁室、低本底铅室建造后，通过攻克技术难题、改进施工工艺，实现混凝土可泵送性、超厚顶板与超厚墙体一次浇筑和特种混凝土结构一次成优，减少结构施工缝及相应部位的处理措施，低本底铅室设计核算后将30mm厚铅屏蔽改为10mm厚铅屏蔽，累计节约成本约450万元。

2. 工艺技术指标

低本底值特种混凝土强度C35、坍落度180 ~ 200mm，强度稳定、本底值低、和易性、流动性等工作性能满足泵送要求。低本底特种混凝土结构施工完成后，低本底铅室内最高空气吸收剂量率实测值降低至22nGy/h，小于原设计要求房间正中心位置本底值低于25nGy/h的预期限值，超预期达到理论上可取消30mm厚铅板屏蔽安装的效果。为进一步将低本底铅室内的本底值降到20nGy/h以下，经设计核算后将30mm厚铅屏蔽改为10mm厚铅屏蔽。

3. 社会效益

通过专业技术攻关研究与工程应用，顺利完成国内最大、低本底值最低的低本底实验室特种混凝土结构施工，各项技术应用安全可靠、进度可控、质量优良、绿色环保。"低本底实验室大体量特种混凝土结构施工技术"科技研发的成功经验，可以为国内后续的核与辐射监管类低本底实验室建造工作提供有力的技术创新支撑和借鉴。本项目技术研究应用于国家核与辐射安全监管技术研发基地建设项目后，得到建设单位生态环境部核与辐射安全中心及其上级单位国家核安全局和生态环境部的认可与好评。

延崇高速公路（北京段）高分子（HDPE）自粘胶膜防水卷材应用

完成单位：远大洪雨（唐山）防水材料有限公司
完 成 人：贾志军、薛春来、李娜、卢艳平

一、项目背景

本项目以延崇高速公路（北京段）工程第二标段+［高分子（HDPE）自粘胶膜防水卷材］为依托，联合公司多名技术人员，针对延崇高速穿妫水河隧道防水工程具有工期紧、深基坑、高水位等特点，进行专项技术攻关，得出复杂环境下防水层与结构层满粘结是解决后期渗漏隐患的结论，解决了柔性防水层与结构层间渗漏后窜水问题。优化了现有高分子（HDPE）自粘胶膜防水卷材（简称高分子预铺防水卷材）复杂环境下可施工性、长期外露环境下耐久性、抗施工破坏等综合性能，并建立了预铺防水系统标准化施工关键技术。实现了防水层与结构层之间真正的满粘结，消除窜水通道，进而避免产生层间"窜水"，预防渗漏。

二、技术创新

创新 1. 防水系统设计

本项目底板防水采用了高分子预铺防水卷材预铺反粘法施工，形成保护防水层的满粘系统。侧墙部位根据施工空间确定了外防外贴及外防内贴两种施工工艺，将防水卷材通过暗钉圈或自粘胶带临时固定于围护结构表面基面，卷材接缝处理采用自粘粘结，接缝密实强度大，系统整体性好，与后浇混凝土形成牢固粘结效果。详见图 1、图 2。

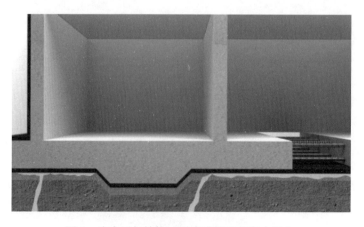

图 1　防水层与结构层形成满粘避免窜水发生

图 2　侧墙防水卷材外防内贴法施工

创新 2. 防水材料

地下工程预铺高分子预铺防水卷材，调整优化了高分子预铺防水卷材主体片材强度，非沥青基自粘胶料耐久性及表面防粘减粘颗粒，综合提高了预铺卷材对该项目的适应性，在保障与后浇混凝土粘结的情况下抵御后续施工破坏能力。详见图 3。

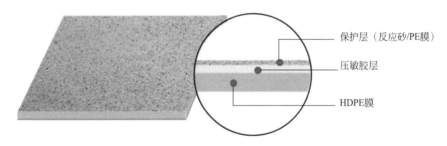

保护层（反应砂/PE膜）

压敏胶层

HDPE膜

图 3　卷材结构层次

创新 3. 防水施工

（1）防水卷材铺设前，预先在基层上安装机械固定垫片或用带垫片钢钉将单面自粘胶带机械固定于基层表面，对卷材进行临时固定。垫片布设原则：依据卷材宽度方向，采用梅花形布置固定。详见图 4。

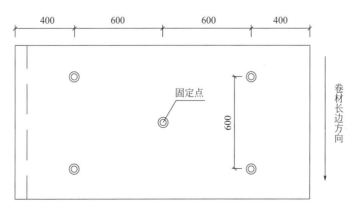

400　　600　　600　　400

固定点

600

卷材长边方向

图 4　预设垫片布置示意图（单位：mm）

（2）卷材长边搭接宽度为80mm，采用自粘粘结（搭接边覆胶）或焊接（搭接边无覆胶）；正式搭接处理施工前，将搭接处卷材表面清理干净，以保证粘结质量；自粘粘结温度较低时，亦可采用热风焊枪辅助加热粘结；保证搭接顺直，搭接尺寸符合要求。卷材短边接缝采用对接处理，下铺搭接带160mm，与两侧卷材各搭接80mm，自粘或焊接；上覆砂面盖口条80mm，自粘粘结。详见图5、图6。

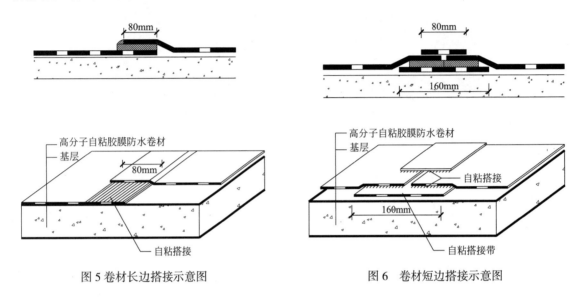

图5 卷材长边搭接示意图　　　　　图6 卷材短边搭接示意图

三、健康环保

高分子预铺防水卷材原材料主要为环保型的聚乙烯原生树脂，整个生产过程做到了自动化，无烟尘、异味产生，产品自身环保性能指标优异。主要施工方法有预铺反粘法、外防内贴法及满粘法，采用冷粘结的方式，无需动用明火，提高了施工安全性，避免了对环境的污染。产品本身的稳定性好，耐化学腐蚀，耐霉菌生长，可抵抗复杂环境的影响。

四、综合效益

1. 经济效益

产品应用范围广泛，生产及施工工艺成熟，基层平整、坚实，无明水即可施工，有效保障了关键节点施工工期。项目的整套防水系统更加科学、先进，真正地使防水层与结构层紧密粘结，大大降低渗漏隐患，减少渗漏维修成本。在底板防水设计施工时，单道高分子预铺防水卷材即可达到一级防水设防要求，无需保护层，降低工程造价。

2. 工艺技术指标

高分子预铺防水卷材性能指标详见表1。

3. 社会效益

本项目中高分子防水卷材为环保型材料，对环境友好，施工过程中、应用时均不会产生对环境有害的物质，充分规避了污染问题。

性能指标   表1

序号	项目		指标
1	拉伸性能	拉力［（N/50mm）］	≥600
		拉伸强度（MPa）	≥16
		膜断裂伸长率（%）	≥400
		拉伸时现象	胶层与主体材料无分离现象
2	钉杆撕裂强度（N）		≥400
3	抗穿刺强度（N）		≥350
4	抗冲击性能（0.5kg·m）		无渗漏
5	抗静态荷载		20kg，无渗漏
6	耐热性		80℃，2h无滑移、流淌、滴落
7	低温弯折性		主体材料–35℃，无裂纹
8	低温柔性		胶层–25℃，无裂纹
9	抗窜水性（水力梯度）		0.8MPa/35mm，4h不窜水
10	不透水性（0.30MPa，120min）		不透水

21工程（中国共产党历史展览馆序厅大型漆壁画《长城颂》）

完成单位：清华大学美术学院、北京新醒狮艺术有限责任公司

完 成 人：程向军

一、项目背景

史上最大的室内漆壁画《长城颂》是为中国共产党历史展览馆序厅创作的大型环境艺术作品。这幅壁画高15m，宽40m，共由100块2m×3m铝蜂窝板组成，是该馆最重要的艺术作品。

壁画创作于2020年4月至2021年5月，历时一年多时间完成，是中国共产党建党100年庆典重大建设项目。作品以长城为主题，运用传统及现代漆画表现手法，采用中国绘画鸟瞰式构图，表现了气势磅礴的长城意象。整幅壁画以抒情性、象征性的手法呈现，画面分近景、中景、远景三个层次，近景以古松及明长城烽火台、山石造型构成，中、远景以绵延不断的群山构成，以表现长城东方巨龙般越群山起伏在崇山峻岭之巅的雄姿。山中溪水汇聚河流寓意中华民族生生不息，源远流长。壁画工程创作历时一年多，安装耗时45天，最终完美呈现在中国共产党历史展览馆序厅。详见图1。

图1　《长城颂》壁画图

二、科学技术创新

创新1. 创作团队以可持续性发展为理念，为了减少大量使用天然木材加工壁画漆板，本次项目采用工业化程度较高的铝蜂窝板加工壁画的漆板以降低人工成本，是国内首次运用新材料

加工漆壁画的胎板，较好地解决传统木质漆板加工尺寸误差大、受空间温湿度影响易产生变形等专业难题。由于采用铝蜂窝板绘制漆壁画，最终确保壁画完美呈现在中国共产党历史展览馆序厅。详见图2。

铝蜂窝板材工业化程度高，安装工艺平整美观，特别是这幅壁画共由100块2m×3m铝蜂窝板组成，采用建筑外墙干挂技术嵌入式安装，达到了艺术设计要求，较出色地解决了大尺度壁画安装工程难题，并且减轻了墙面的负荷承载力，安装技术及画面平整度均达到了理想的设计要求。这幅壁画也是国内首次选用新材料加工壁画胎板。

图2　铝蜂窝板制作漆层

创新2. 中国共产党历史展览馆序厅建筑环境特殊，壁画墙面是与之等大的玻璃幕墙，这对欣赏壁画产生干扰。创作团队通过科研攻关化解了传统漆媒材表面旋光的问题，使壁画能够全方位无死角地获得最佳欣赏效果。绘制团队通过材料肌理的特殊工艺处理，经过人工干预及特殊抛光处理，避免了传统漆画材料表面旋光，壁画的层次表现丰富，光泽柔和细腻。详见图3、图4。

图3　壁画绘制过程

图 4　壁画安装过程

三、综合效益

本次项目采用漆壁画新的工艺创作手法，确保了壁画在较短的工期内完成。壁画的加工处在冬季，温度较低不利于漆的干燥，在绘制过程中采用人工干预的方法，运用自制烘漆设备，缩短了漆壁画的制作工艺周期。

中国漆艺历史悠久，独树一帜，借用国家级项目推广传统漆画艺术，让更多的外界人士关心未来传统漆艺。此幅壁画体现了中国漆画的艺术精神，强调民族文化自信和中国气派；强调了中国漆画的学术传统，同时传承与创新互融和共生；强调了艺术与科学的结合，开阔创作思维和绘画表现力度。

大型漆壁画《长城颂》的诞生，对未来中国漆画艺术走进公共建筑空间提供了较好的工程示范，为今后中国传统漆画艺术服务于现代空间提供了参考。

雁栖湖国际会议中心景泰蓝工艺应用

完成单位：北京清尚建筑设计研究院有限公司、清华大学美术学院
完 成 人：马怡西、马踏飞、王涛、王佳、吕春、夏铭

一、项目背景

雁栖湖国际会议中心会客大厅即集贤厅是整个APEC峰会（以下简称峰会）的主会场，也是最重要的一个空间。其装修须体现中华文明的源远流长，又须展现当代中国人的文化自信。通过对景泰蓝工艺的改良及与建筑装饰装修的创新性应用，集贤厅不仅展现了中国传统艺术的华美，更体现了现代中国的文化自信和壮阔气势。

二、科学技术创新

集贤厅设计的峰会场景，其建筑基础是一个四壁实墙的巨大密闭空间。为了丰富"集贤厅"的空间表现力，在四周设计立体的18根圆柱形成内廊空间，并设置18个2.2m高的景泰蓝斗拱作为柱头。将中国传统建筑中的大木作代表形式——斗拱与小木作内檐装饰材料——景泰蓝相结合，统领整个建筑的内部空间。因为其不具备承重结构的意义，仅作为装饰，因此栌斗以上的十字交叉的木结构中心层层取消，只剩下特征明确的斗拱外轮廓，上方中空的顶部给以专用照明，强化了景泰蓝斗拱的独立审美价值。斗拱图案并没有采取传统建筑彩绘图案，而是提取现代写生花卉图案加新艺术风格曲线流布，赋予其时代的审美意义。详见图1~图7。

从技术上，集贤厅的景泰蓝斗拱解决了景泰蓝从传统工艺器皿转向大尺度建筑装饰构件的技术应用难题，同时结合建筑空间场景将传统景泰蓝的技法及图案进行创新。

三、健康环保

本技术改良了传统景泰蓝的鎏金工艺，改为黄铜直接抛光，减弱了对工匠身体健康的损害，同时也使景泰蓝工艺更大范围的推广变为了可能。

四、综合效益

经过国际峰会的洗礼，集贤厅的设计使得景泰蓝工艺在国内国际的知名度大大增加，同时也为传统工艺和文化的发展提供了全新的思路和场景。

图 1   APEC峰会主会场现场场景

图 2   集贤厅景泰蓝壁柱

图 3   集贤厅柱头斗拱（1）

图 4 集贤厅柱头斗拱（2）

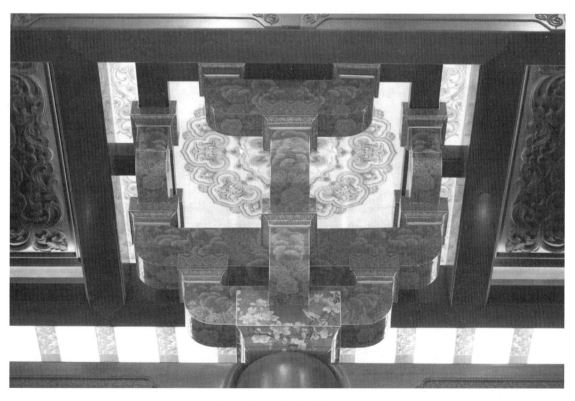

图 5 集贤厅柱头斗拱（3）

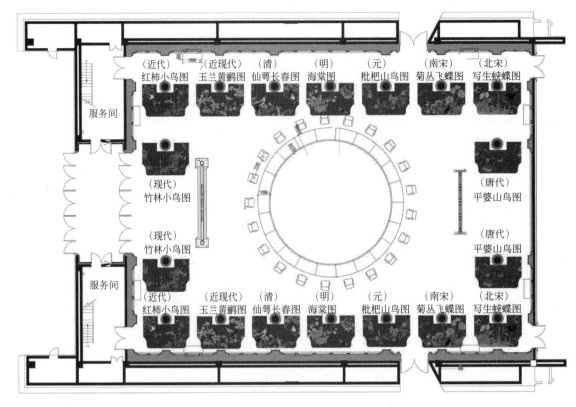

图6　18个景泰蓝柱头斗拱坐斗题材——唐、宋、元、明、清及近现代花鸟图案

图7　景泰蓝斗拱图案——月季、银杏、枫叶

建筑部品部件应用创新类

超低能耗建筑用铝木复合节能窗及耐火窗

完成单位：北京建筑材料科学研究总院有限公司、北京金隅天坛家具股份有限公司
完 成 人：路国忠、张佳阳、赵炜璇、岳德国、王爽、高恒垚、武占、尹志芳、丁秀娟

一、项目背景

窗是超低能耗建筑必不可少的重要组成部分，超低能耗建筑用铝木复合节能窗及耐火窗研发符合我国现阶段降低建筑能耗的要求。项目单位通过材料研究、结构设计及工艺研究，成功研发了超低能耗建筑用铝木复合节能窗及耐火窗，并实现了产业化生产和规模化工程应用。

二、科学技术创新

超低能耗建筑用铝木复合节能窗及耐火窗从材料、工艺及设计等方面进行研究，整窗传热系数 K 为 0.9W/（m^2·K），气密性 8 级，水密 6 级，抗风压 9 级，抗结露因子 10 级，空气隔声性能 4 级，露点 −60℃，耐火完整性大于 0.5h。超低能耗建筑用铝木复合节能及耐火窗结构设计方案及剖面图详见图 1、图 2。

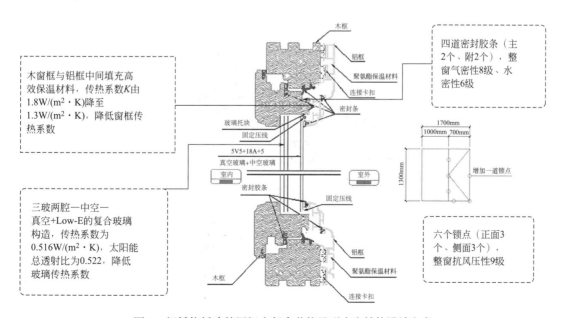

图 1　超低能耗建筑用铝木复合节能及耐火窗结构设计方案

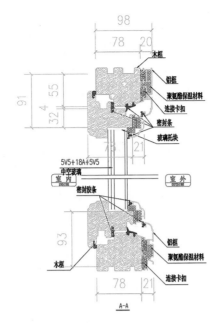

图2　超低能耗建筑用铝木复合节能及耐火窗剖面图（单位：mm）

创新1. 填充聚氨酯保温材料的铝木复合窗框将传热系数由木窗的1.8 W/（m² · K）降低至1.3 W/（m² · K）。

创新2. 采用三玻两腔一中空一真空 +Low–E白玻及铯钾防火玻璃的组合构造，传热系数为0.516W/（m² · K），太阳能总透射比为0.522，耐火完整性大于0.5h。

创新3. 采用Unimat 618四面刨，将木材四面刨成平滑的加工材；全自动电脑数控生产线，一次成形，直接生成框材及零部件。

创新4. 木框型材下料完成之后，进行组框，安装连接卡扣，然后安装玻璃，再安装覆铝型材，完成复合窗的组装。样角详见图3。

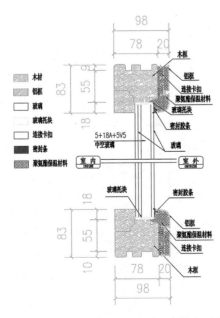

图3　超低能耗建筑用铝木复合节能及耐火窗样角（单位：mm）

创新5. 铝木复合窗中设计了独特的铝型材结构，优化了披水及暗排水技术，增强了防水及排水性能，铝合金外框及中挺部分采用直拼结构，加强了组装强度。

创新6. 框扇搭接的密封采用了四道密封胶条的设计，形成的3个密封腔室有利于减少气体的对流，大大提高了整窗的气密性。密闭性能均优于国家标准。

三、健康环保

该窗以实木为型材，木材表面采用水性木器漆，外侧辅以铝合金框为装饰保护层，玻璃采用白玻及铯钾防火玻璃，密封采用进口EPDM胶条，五金采用德国诺托五金件，整窗无甲醛、VOC及其他有毒有害物质释放，属于绿色健康环保产品，现已广泛应用于超低能耗、近零能耗建筑上。

四、综合效益

1. 经济效益

超低能耗建筑用铝木复合节能窗及耐火窗已成功应用于金隅西砂12号超低能耗公租房项目、冀东燕东装配式钢结构超低能耗住宅项目、长辛店辋川西园商品房项目以及其他办公楼、职工宿舍等多项多类工程，新增销售收入770.7万元。

2. 工艺技术指标

铝木复合节能窗及耐火窗传热系数K为0.8W/（m²·K），气密性8级，水密6级，抗风压9级，耐火窗耐火完整性大于0.5h。超低能耗建筑用窗的落叶松集成木材厚度为78mm，填充聚氨酯保温材料的铝木复合窗框将传热系数由1.8W/（m²·K）降低至1.3W/（m²·K）。采用三玻两腔一中空一真空+Low-E白玻及铯钾防火玻璃的组合构造，传热系数为0.516W/（m²·K），太阳能总透射比为0.522，耐火完整性大于0.5h。

3. 社会效益

超低能耗建筑用节能及耐火窗的研制成功和工业化生产及规模化应用，为超低能耗建筑提供优质的高效节能保温窗，促进超低能耗建筑更好地发展，为建筑行业的碳达峰、碳中和做出积极贡献。

浙江新昌县香格里拉项目北斗星集成灶应用

完成单位： 北斗星智能电器有限公司
完 成 人： 杨晓英、吕夏洪、张祥程、俞长春

一、项目背景

项目单位以浙江省新昌县香格里拉精装修项目为依托，联合北斗星研究院和香格里拉工程项目组，通过工程实践和市场调研，推广应用北斗星集成灶作为香格里拉项目开放式厨房的油烟解决方案。

图1　北斗星集成灶效果图

二、科学技术创新

北斗星集成灶解决了传统油烟机对油烟吸不干净、厨房油烟严重危害身体健康的痛点问题，提供了专业化、健康化、智能化的高品位厨房生活。详见图1。

创新1. 采用锅沿近吸、油烟下排技术，实现"零油烟"

更健康：北斗星集成灶运用微空气动力学原理，形成强大负压区域，将油烟和蒸汽不经人体呼吸、在未扩散前得到分离并彻底排除，油烟吸净率在99%以上，真正实现"零油烟"厨房。其原理详见图2。

创新2. 采用智能物联技术、"米家APP"智能管家功能

更安全：北斗星集成灶开发融入了"米家APP"智能家居生态圈。当出现燃气泄漏时，集成灶自动切断气源，并强制报警。北斗星集成灶还具备十大安全防护功能：智能防火墙功能、气敏热敏报警功能、防燃气沉积设计、双重过温保护、漏电保护、漏气保护、旋钮童锁、意外熄火保护、童锁功能、主板过热保护，确保使用安全。详见图3。

图2 北斗星集成灶工作原理效果图

图3 北斗星集成灶智能物联技术展示

创新3. 独创不锈钢台面一体成形工艺，解决清洁痛点

易清洁：首创"天一无缝"不锈钢台面一体成形工艺，无缝R角，使得集成灶的头部吸烟区和燃气灶之间的衔接没有缝隙，避免了油烟杂物渗漏进灶具内的可能，避免滋生细菌，解决了厨房电器难以清洁打理的难题。详见图4。

一块钢板的艺术之旅

图4 不锈钢台面展示

三、健康环保

集成灶带给消费者的健康，主要体现在三个方面：

（1）没有油烟。采用北斗星集成灶后，真正实现"零油烟"厨房，解决了厨房油烟对人体的危害。

（2）节省空间。北斗星集成灶将油烟机、燃气灶、消毒柜、蒸烤箱等功能合为一体，集成化使厨房空间变大，做起饭来更舒心。

（3）节省时间。蒸烤集成灶可以上爆炒、下蒸烤，提高厨房效率。

四、综合效益

1. 经济效益

采用北斗星集成灶，为该项目节约装修成本85万元。开放式厨房优化了户型设计，使厨房与客厅之间完全打通，不仅节约了1m台面+橱柜、1扇移门+门套，而且还去除了厨房与客厅相连的墙壁。

2. 社会效益

项目采用集成灶作为开放式厨房的油烟解决方案后，吸油烟率达到99%以上，真正解决了厨房油烟的潜在危害问题，为用户健康"保驾护航"。

歇山式仿清代古屋面综合成套施工技术

完成单位：中建八局第一建设有限公司
完成人：宫哲、程飞、李硕、郭志鹏、王锡杰、修天翔、郭超、薛晓剑

一、项目背景

本项目以哈尔滨工程大学青岛创新发展基地一期项目为依托，联合科研、施工等多名科研人员，通过科研攻关和工程实践，解决了传统仿古建筑施工工艺效率低、工艺创新难度大等一系列技术问题，创新了歇山式仿清代古屋面综合成套施工技术关键技术，保证了安全和质量，缩短了工期，降低了成本，具有良好的推广前景。

二、科学技术创新

针对仿古屋面坡度高、跨度大，挑檐挑出长度大，仿古构件数量大、种类多、节点复杂、二次深化设计施工难度大，"复刻"仿古构件要求精度高，仿古建筑施工工艺创新难度大等一系列技术问题，本项目创新形成了歇山式仿清代古屋面综合成套施工技术。

创新1. 高空超大重载异形悬挑飞檐梁板支模施工关键技术

采用"上拉下撑"的悬挑型钢操作平台，和传统的落地式高支模和"水平悬挑工字钢+钢丝绳斜拉"方法相比，降低了工字钢的截面尺寸，受力明确，传力途径清晰，具有更高的安全系数，具有足够的刚度且构造简洁。详见图1。

创新2. 大跨度九举歇山式屋面结构施工技术

（1）举架点、线的精细化控制技术

通过举架点、线的精细化控制技术，在举架线模板部位使用自主研发的定形化异形钢框架，内部镶嵌异形木方，作为举折线部位的模板龙骨。且模板支设由两条举架线向内进行，确保举架线顺直，模板支设完成后对其标高进行严格控制，使举架线成为三维空间中的一条直线。详见图2、图3。

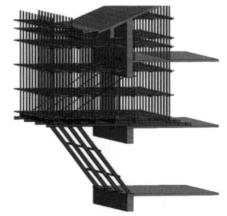

图1　支撑架体模型

（2）复杂节点部品化施工技术

仿古屋面构件采用部品化施工技术，使用预制GRC椽条代替混凝土现浇结构，减轻了挑檐结构荷载，提升了结构安全系数，节省工期60%。详见图4。

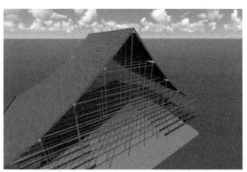

图2　举架异形龙骨支撑效果图　　　　　图3　仿古屋面支撑体系

U形椽条BIM模型　　　　　U形预制椽条安装　　　　　预制椽条及麻叶头安装效果

图4　GRC椽条施工及完成效果

创新3. 仿清代屋面琉璃瓦铺装技术

（1）新型琉璃瓦铺装技术——砂浆卧瓦+铜丝挂瓦

通过自主研发的T形固定钢筋，在不破坏防水的前提下将试验段屋面瓦体系加固。详见图5。

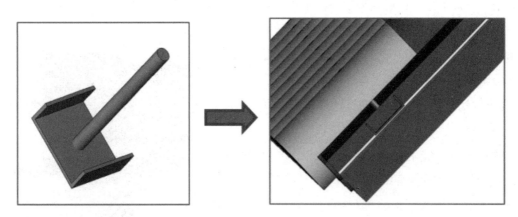

图5　T形固定钢筋

自主研发的机械化九举歇山屋面铺浆装置，达到均匀铺浆效果，减少了材料浪费，提升了施工效率，降低了安全风险。详见图6。

（2）九举屋面脊大跨度一体化施工技术

结构一体化：采用屋面脊一体化施工技术，屋面脊的结构与屋面板一次施工成形，极大地提升了屋面脊与屋面结构的整体性、安全性。

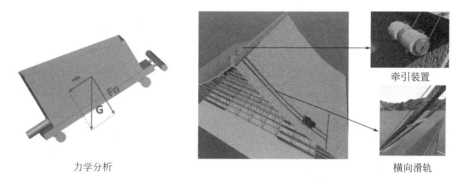

力学分析　　　　　　　　　　　　　　　　横向滑轨

图 6　机械化九举歇山屋面铺浆装置

装饰一体化：对屋面脊的装饰做法进行优化，将各项构件根据结构尺寸进行整体加工预制，在保证屋面脊外观造型的前提下，极大地提升了屋面脊装饰与屋面结构的整体性、耐久性。

（3）屋面脊兽的预制＋拼装技术

采用部品化施工技术，绘制吻兽图纸后在工厂进行塑性、烧制。在吻兽加工时将其分解为 8 ~ 12个单元，各单元预埋连接螺栓，在现场进行分块安装、拼接。详见图7。

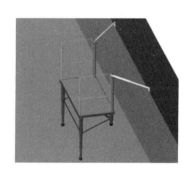

虎吻三维扫描　　　虎吻部品化拆分设计　　　虎吻安装　　　自主研发坡屋面操作平台

图 7　脊兽的预制＋拼装技术

创新4. 数字化技术助力仿古屋面构件精细化施工技术

（1）仿古构件的参数化建模＋数字化指导加工技术

采用参数化建模、参数化族装配技术，将原斗拱设计图纸进行拆分，高清出图，建立数字化模型，并将建造好的三维数字化模型发给工厂，指导工厂预制加工。详见图8。

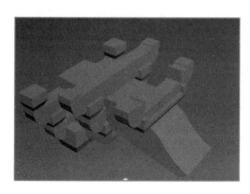

图 8　仿古构件的参数化建模、模拟拼装及效果展示

（2）仿古构件的拼装模拟+3D打印技术

将复杂构件分解为多个安装单元并进行拼装模拟，通过3D打印技术制作，进行实体拼装，对古建构件的安装方案进行可行性分析，生成指导现场施工的交底书，提升古建构件安装一次成形率。详见图9。

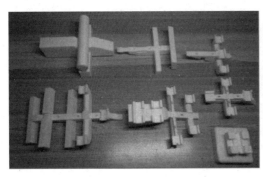

图9 3D打印效果展示

三、健康环保

本技术严格遵循可持续发展理念，对仿古建筑全周期施工工艺进行精细化，积极采用新型材料，做到仿古建筑与现代技术的完美结合，从而将仿古建筑施工对环境的影响降至最低。

四、综合效益

1. 经济效益

"上拉下撑"悬挑钢平台替代落地式架体，节约12.8万 m^3 架体搭设人工费，实现创效12.8×26=332.8万元。

通过"压六漏四"挂瓦方案优化，增加瓦件12万块，单块瓦件原材+施工效益5.2元，实现创效12×5.2=62.4万元，且节省后期维修费用34万元，共计96.4万元。

采用预制GRC椽条代替混凝土浇筑方案，节省支模、敷设钢筋人工费、模板材料费用73元/根，实现创效126.29万元。

2. 社会效益

"歇山式仿清代古屋面综合成套施工技术"对仿古建筑由结构至装饰进行全周期指导，在工期保障、成本控制及构件成形质量方面更具优势，为我国仿古建筑行业的发展提供重要的参考和示范，满足建筑行业长远发展需求，极具应用前景，促进了仿古建筑领域的技术革新，对于后续类似项目具有很强的借鉴意义。

装配式架空地面系统产品

完成单位：北京国标建筑科技有限责任公司、中国建筑标准设计研究院有限公司
完 成 人：董元奇、魏素巍、何易、魏曦

一、项目背景

项目单位科研人员通过对装配式架空地面体系构造层的单项实验与组合实验，进行典型验证、优化、创新的类比实验，创新了干法地面架空系统，可结合干法地暖，形成干法地暖架空地面系统和干法地面架空支撑螺栓产品，解决了脆性面材（瓷砖、石材）与架空地面结合时开裂的问题，首次提出地脚支撑上调平、通过后注胶与结构地面连接等新的施工工艺。

二、科学技术创新

创新1. 系统构成

装配式架空地面系统分为无地暖架空系统和有地暖架空系统，详见图1。其具有以下特点：

（1）适用于各种类型面层材料，如木地板、瓷砖、石材、WPC/SPC地板等，解决了脆性面材（瓷砖、石材）与架空地面结合时开裂的问题。

（2）可结合干法地暖，形成干法地暖架空地面系统。

（3）架空地面系统与结构地面之间采用粘结，提高水平方面的稳定性。

（4）橡胶底座可以减少人在走动过程中对地面的冲击，起到减振、隔声作用。

（5）调平方式简单，施工速度快。

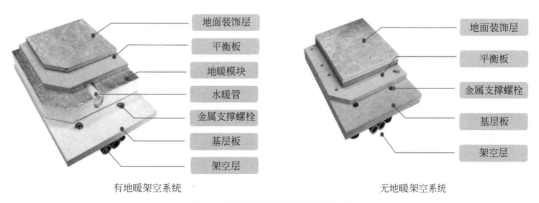

有地暖架空系统　　　　　　　　　　　　　无地暖架空系统

图1　装配式架空地面系统构成

创新2. 安装支撑技术

研发了两种类型的金属地脚螺栓，详见图2。其具有以下特点：

（1）高强度：金属支撑螺栓的最大抗压强度达到22.46kN。

（2）调平速度快：敷设基层板之前进行初步调平，敷设基层板以后工人可站在架空基层板上进行精细调平，大幅度提高了调平速度。

（3）与结构楼板连接牢固：将支撑螺栓与结构地面粘结在一起，提高整个架空体系的稳定性。

（4）橡胶底座起到减振、隔声效果。

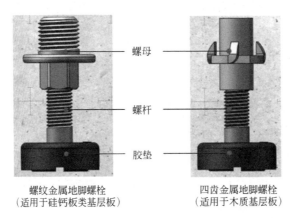

螺纹金属地脚螺栓 　　　　　　　四齿金属地脚螺栓
（适用于硅钙板类基层板）　　（适用于木质基层板）

图2　地脚支撑构成

创新3. 施工工艺

该装配式架空地面系统配套施工工艺详见图3。

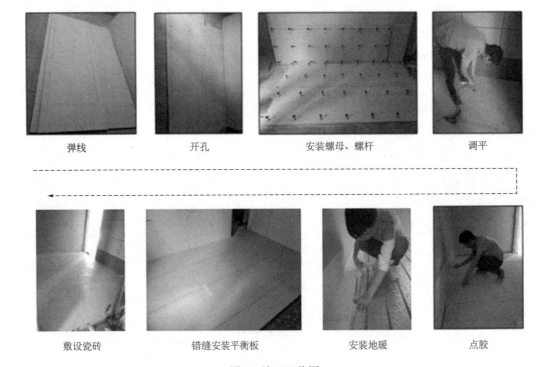

弹线　　　　　开孔　　　　安装螺母、螺杆　　　　调平

敷设瓷砖　　　错缝安装平衡板　　　安装地暖　　　点胶

图3　施工工艺图

三、健康环保

采用装配式架空地面产品，在架空层内敷设管线设备，可以实现管线与结构主体分离，避免了传统管线敷设在主体结构中所带来的现场剔凿破坏主体结构的问题，且便于后期维护检修。具有隔声保温性能好，有弹性、缓冲性好，地面设置检修口、维修不破坏主体结构等特点。

四、综合效益

1. 经济效益

随着装配式内装快速发展，市场上装配式架空地面体系相关的新技术、新产品层出不穷。该产品的开发有效丰富了产品市场，具有较好的市场前景和社会效益。

2. 工艺技术指标（表1）

装配式架空地面系统工艺技术指标　　　　　　　　　　　　表1

检测项目		技术指标
石棉成分		不得检出石棉成分
表观性能	厚度不均匀度	厚度≤10mm，≤6%； 10mm＜厚度≤20mm，≤3%； 厚度＞20mm，≤3%
	平整度	如有砂光需求，砂光面≤0.3mm
	开孔直径	以下料单为准，开孔直径偏差≤0.2mm
		不应出现变形翘曲等现象，螺栓安装时，不应出现板材破裂分层现象
常规物理性能	表观密度	不小于制造商文件中表明的规定值
	湿涨率	≤0.25%
	不燃性	不燃性A级
抗折强度	等级	不小于制造商文件中表明的规定值
抗冲击强度	厚度≤14mm	落球法试验冲击1次，板面无贯通裂纹
荷载性能	极限集中荷载	20mm厚，≥3500N，跨距应≥400×400
均布荷载	均布荷载	20mm厚，≥9000N，挠度≤2mm
其他力学	饱和胶层剪切强度	≥345KPa（仅作为面砖的地板时需测试）

3. 社会效益

装配式内装本质是以部品化的方式解决传统装修质量问题。因此，装配式内装部品是实现装配式内装的重要支撑，也是提升装修精度、速度和品质的重要保证。其中，装配式架空地面系统是装配式内装部品体系的重要组成部分，也是装配式内装技术体系中的难点和重点。该系统有效解决了架空地面复合脆性面材后开裂的问题，满足了装配式架空地面系统复合任意饰面材料的需求，对推动装配式内装发展具有重要意义。

设备设施应用创新类

机电安装施工机器人研究与应用

完成单位：中建八局第一建设有限公司

完 成 人：季华卫、路玉金、李红彪、李磊磊、陈宇航

一、项目背景

项目单位自主研发的便携式管道焊接机器人、混凝土楼板钻眼机器人、橡塑保温板下料机器人、管道自动定位焊接机器人及风管自动合缝机器人等5款建造机器人，分别在20余个项目进行了应用，提升了项目在管道焊接、楼板钻眼作业、保温板下料和风管合缝等的施工效率，节省了人工成本，在智慧建造方面进行了有益的探索。

二、科学技术创新

创新1. 便携式管道焊接机器人

（1）实现交互式的参数调整，控制小车移动速度、焊枪左右摆动幅度及焊缝离焊枪距离、焊接电流和电压、焊丝输送速度等；（2）焊枪灵活移动；（3）焊缝跟踪、焊缝精准定位；（4）使用永磁滚轮，断电不掉落。详见图1～图3。

图1　第一代便携式管道焊接机器人

图2　第二代便携式管道焊接机器人

创新2. 混凝土楼板钻眼机器人

（1）实现自动上升与回落，作业高度最高达10m；（2）精确定位；（3）顶端限位器设置，实现触动限位器即自动钻眼；（4）触碰到钢筋自动返回；（5）设置顶端粉尘收集装置。详见图4。

图3　便携式管道焊接机器人现场应用

图4　混凝土楼板钻眼机器人

创新3. 橡塑保温板下料机器人

（1）设置集成控制面板，自动计算切割角度及切割尺寸；（2）设置光电传感器实现割刀自动感知、回收；（3）可同时横向切割及纵向切割；（4）设置碎料回收装置，实现切割碎料及时收集；（5）设置转辊，保证保温棉输送过程中保持平整不产生褶皱。详见图5。

图5　橡塑保温板下料机器人

创新4. 管道自动定位焊接机器人

（1）对管段与法兰、弯头、三通等进行自动定位焊接；（2）机械加持管件自动校正对准，避免人工对缝，焊接过程中自动匀速转管；（3）焊枪左右上下位置可自动调节；（4）支撑机构上的滚轮减少管道转动期间的摩擦力。详见图6。

图6 管道自动定位焊接机器人

创新5. 风管自动合缝机器人

（1）适用于直线形合缝及曲线形合缝；（2）气量调节阀控制高压气流的压强，确保板材合缝严密平整；（3）油箱快速进行润滑，保证合缝过程顺畅；（4）排气通孔中设置防尘网，避免排气通孔被堵塞；（5）把手及握纹方便手持使用。详见图7、图8。

图7 风管自动合缝机器人　　　　　　图8 风管合缝效果

三、健康环保

机电安装施工机器人研究与应用贯彻健康、环保、可持续的发展理念，保证施工质量，减少材料浪费，余料回收利用，降低对空气环境的污染，保证绿色施工。

四、综合效益

1. 经济效益

本系列机器人，总计初始投资约8万元，根据目前已使用项目从人工、材料等方面的测算效益，累计增加效益逾200万元，且后续其他项目应用过程中将持续产生经济效益。

2. 工艺技术指标

机电安装施工机器人的研究与应用中，焊接机器人提高焊接作业效率5倍以上，混凝土楼板钻眼机器人比人工钻眼提高作业效率10倍以上。

3. 社会效益

该技术在四川文林污水厂机电安装全国观摩活动、潍坊妇幼项目省质量月活动等全国及省级和局级观摩活动中多次进行展示，得到了协会、省及局领导的关注与支持；在"新华网""搜狐网""中国机电网"等多家网站进行了报道，提升了企业在行业内的品牌影响力。

附着式升降脚手架（TSJJ50型）

完成单位：北京韬盛科技发展有限公司、乾日安全科技（北京）有限公司
完 成 人：郝海涛、李改华、王大明、孙亚婷、尹正富、齐虎

一、项目背景

本项目在传统脚手架的基础上，联合研发、设计、施工等单位，通过科研攻关和工程实践，在北京韬盛科技总部完成设计研究，在河北邯郸邱县完成加工及试验。本项目在2019年通过建筑业行业科技成果评估，解决了传统脚手架在使用过程中的材料用量大、人工成本高、施工效率低、安全性差、对结构削弱大等问题，建立了附着式升降脚手架关键技术，实现了大幅度降低施工成本，节约材料，操作人员的安全性高，施工效率高，符合文明施工、绿色环保等理念，具有良好的社会和经济效益。

二、科学技术创新

创新1. 附着式升降脚手架防坠落附墙支座设计

创新设计防坠落附墙支座，集成导向防倾、防坠落和承重等多项功能于一体，采用环抱滑动套接方式与导轨配合；多点多重防坠设置，各点受力均衡。详见图1～图3。

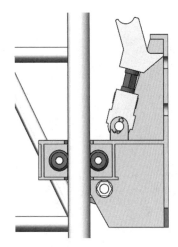 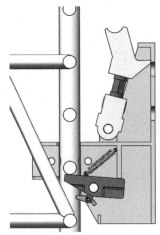 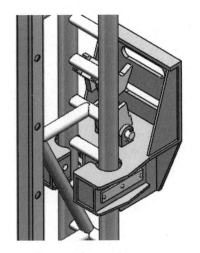

图1　附墙支座防倾状态　　　　图2　附墙支座防坠状态　　　　图3　附墙支座承重状态

创新2. 智能化系统

具有荷载同步控制、编组控制、单点控制、主控与分控、遥控控制等多种功能。详见图4～图6。

图 4　主控箱　　　　　　　图 5　分控箱　　　　　　　图 6　遥控器

创新3. 全自动机械化防坠落装置

无论提升下降还是使用过程，全天候备用。

创新4. 创新积木式构件设计

积木化理念设计，构件工具化、标准化，适用于各种楼型和层高，构件重复周转使用率高达95%，减少了大量的沉淀资本。

三、健康环保

本项目秉承绿色环保可持续的理念，使用的附着式升降脚手架（TSJJ50型）表面热浸锌处理，构件水洗再循环使用，减少每次周转喷漆维护的人工费用和环境污染；产品周转率能够达到95%以上，提高使用率，降低材料浪费率。本项目产品截止到2020年累计节约钢材40万t，累计节约1000万度电。

四、综合效益

1. 经济效益

附着式升降脚手架（TSJJ50型）的提升方法简单，而且利用效率高，故受到很多建筑工程商的青睐，尤其在面对一些高层建筑施工时，该脚手架发挥出的作用可以体现出更多的优势，成本的降低和管理费用减少为建筑工程节省了预算，同时还能够在一定程度上保证施工的质量以及效果，有效提升了经济效益。

（1）节约塔式起重机成本

附着式升降脚手架（TSJJ50型）与传统的楼层式脚手架相比，节省了很多的材料，因为附着式升降脚手架（TSJJ50型）只需要搭建大约4层的高度就能够实现高层人员以及建筑材料的运输，而且还能够根据建筑外部的不同结构特点进行搭建调整，不会因为建筑特点而影响垂直运输的设备运作，并直接节约塔式起重机成本。

（2）节省材料费用

传统脚手架在搭建时需要用到脚手管以及安全网来完善架体结构，如果是采用附着式升降脚手架（TSJJ50型），则可以减少这些周转材料的使用，提高利用率，且有口皆碑的全钢架搭建还直接减少了人工高层运输的危险，直接节省了约40%～60%的建筑材料，故能够降低材料的费用。

（3）降低材料损耗费用

由于采用附着式升降脚手架（TSJJ50型）能够直接节省搭建的材料，也不需要经常运送，那么就间接节省了运输工具的损耗，并保护各种材料的循环利用，工期缩短进而直接降低了安装的费用。

2. 工艺技术指标（表1）

项目工艺技术指标 表1

序号	项目		规范要求	实际参数
1	架体高度		≤5倍楼层高	20m
2	架体宽度		≤1.2m	0.6m
3	支承跨度		直线≤7.0m，曲线或折线≤5.4m	≤5.0m
4	支撑面积		架体高度与机位跨度的乘积＜110m²	＜110m²
5	架体悬挑端长度		≤2.0m	≤1.9m
6	机位平均间距		无	
7	架体最小离墙距离		≤200mm，顶部两步允许≤300mm，底部必须全部密封	0.3m
8	防坠装置		每个升降点不得少于1个防坠装置	每个机位处保证3个独立装置
9	架体自重		每延米约4.0～5.0kN	4.5kN
10	电动葫芦		无	7.5t，一次行程距离为8m，吊钩速度为14cm/min，功率为500W
11	架体提升控制方式		无	1个主遥控（工长持有）；4个小遥控（操作人员持有）
12	架体同步提升荷载控制		限制荷载自动控制系统应具有超载15%时的声光报警和显示报警机位功能，超载30%时，应具有自动停机功能	
13	预埋孔允许偏差		无	±25mm
14	操作层承载能力		允许三步同时作业，允许2.0kN/m²；允许两步同时作业，允许3.0kN/m²	
15	附着支座数量		每个竖向主框架所覆盖的每一楼层处应该设置1道附墙支座	使用过程中每榀主框架上保证不少于3个，提升过程中不少于2个
16	与结构连接	附着支座	M30螺栓副，两端各1垫双螺母	M30螺栓副
		吊挂件	M30螺栓副，外侧螺母焊牢，内侧1垫双螺母	M30螺栓副

本技术具体工艺流程如下：

架体组装工艺流程：搭设找平架→组装架体→吊装导轨→安装附墙支座→拉结架体→架体密封（包括底部密封和作业面防护）→架体与结构间隙防护（包括架体内立杆与结构间空隙、架体底部与结构间隙）→组间防护→特殊部位防护。

架体提升工艺流程：准备工作→升（降）架前检查→上吊点悬挂葫芦→葫芦预紧→松开附着支座上的固定扣件→升（降）架→过程监控→临时停架→取下（上）附着支座→安装上（下）附着支座→提升（下降）到位→安装附着支座上的固定扣件→松开葫芦→恢复组间连接及安全防护→检查验收。

架体拆除工艺流程：清理架体垃圾→拆除电器设备及提升设备→拆除顶部4步架体（包括顶部横杆、防护网、脚手板、立杆、连接撑和顶部第1个附墙支座）→拆除底部3步架体（包括第2和第3个附着支座）。

3. 社会效益

该工程项目使用的附着式升降脚手架（TSJJ50型）是建筑工程领域亟待创新的技术，具有低碳性、安全性、经济性、高科技等特点，契合了我国建设节约型、低碳型社会和以人为本的战略方针，符合国家节能减排的产业发展方向，将成为我国未来10～20年快速发展的朝阳产业。其社会效益具体体现在：

（1）安全性高。从安全性角度看，附着式升降脚手架（TSJJ50型）组装后一直用到施工完毕，用升降作业代替普通脚手架的临空搭设作业，脚手架操作由临空作业环境变为在全封闭的环境中进行，安全操作风险大为降低。

（2）工作效率显著提高。附着式升降脚手架（TSJJ50型）低空安装、高空使用，不再需要其他工种和塔式起重机的配合，避免大量高空临空作业，因而工时大幅度减少，有利于缩短工期，安全性能好，保障施工安全和人员安全。

（3）符合环保理念。附着式升降脚手架（TSJJ50型）顺应了绿色施工的理念，构件设计节约大量钢材物料，节约能源，整洁美观，文明环保。

（4）推动技术进步。附墙支座和电控系统的创新设计定型化、专业化、自动化，推动爬架行业技术进步，产品更新。

其他应用创新类

五方科技馆——近零能耗公共建筑示范应用

完成单位：河南五方合创建筑设计有限公司
完 成 人：崔国游、陈先志、王伟、贠清华、宣保强、晁岳鹏、何晓亮、张吉红、李斌、张晶、吕栋、李莹莹、张晓沛、桂启照、阮先锋、叶小贝、杨亚鹏、仲舒、李红玲

一、项目背景

本项目以五方科技馆近零能耗建筑示范项目为依托，通过科研攻关和工程实践，探索出了适合中原地区地域特点的近零能耗建筑技术体系，促进了寒冷地区近零能耗建筑技术的推广和发展，对建筑领域碳减排及碳达峰的实现做出了积极的贡献。

二、科学技术创新

五方科技馆立足中原地区气候特点，采用适宜的近零能耗建筑技术，最大限度降低建筑能耗，更加充分利用可再生能源，同时保证建筑室内环境高舒适度，其技术创新体现在以下几个方面：

创新1. 高标准外墙保温隔热系统

图1 外保温层施工

五方科技馆突破常规节能建筑外围护结构设计指标，大幅度增加非透明围护结构保温层厚度，结合经济性分析，最终确定设计指标，如外墙采用了150mm厚的石墨聚苯板，使外墙平均传热系数低至0.18W/（m^2·K）；屋顶采用150mm厚挤塑聚苯板，平均传热系数低至0.16W/（m^2·K）。详见图1。

创新2. 高性能门窗

五方科技馆全部采用高性能被动门窗，玻璃采用内充氩气的三玻两腔中空玻璃（5+18Ar+5+18Ar+5），双银分别位于中间及

内侧玻璃的外侧,传热系数0.60W/（$m^2 \cdot K$）,太阳能总透射比0.43,采用玻璃暖边技术,窗框采用铝包木型材,整体传热系数低于0.8W/（$m^2 \cdot K$）。详见图2。

图2　外窗安装

创新3. 良好的气密性

建筑门窗及各种穿墙套管的气密性较大程度地影响着建筑室内环境及建筑能耗水平,五方科技馆依靠建筑设计的不断优化以及施工的精细化,其气密性取得了良好的效果,设计值为$N_{50}=0.6$/h,实测则达到$N_{50}=0.17$/h,此项性能在近零能耗建筑案例中位居前列。详见图3。

创新4. 近无热桥设计

五方科技馆通过性能化设计,最大限度减少热桥部位,采用外挂件加装隔热垫块以及断热桥锚栓的方式减少热桥面积,通过Flixo软件对各热桥部位进行模拟计算,保证各节点热桥传热系数满足要求。详见图4。

图3　防水透气膜施工　　　　　　　图4　外窗断热桥处理

创新5. 高效热回收新风系统

五方科技馆采用高效新风系统，有效过滤空气污染物，且新风机组显热回收效率可达77.3%。

创新6. 自然通风和自然采光的综合运用

五方科技馆采用大面积落地窗以及天窗，可以很好地达到自然采光的要求，同时项目还设计了中庭，对自然通风起到了加强的作用。详见图5。

创新7. 可再生能源的利用

五方科技馆屋面设计安装了大量光伏发电组件，通过将屋面设计为坡屋面，很好地保证了光伏发电组件拥有较佳的光照照射角度，提高发电效率，建筑可再生能源利用率达40%以上。详见图6。

图5　建筑正立面　　　　　　　　　　图6　屋面光伏发电系统

创新8. 智控云平台

五方科技馆配套有能源管理系统，对可再生能源发电及市电应用进行统一管理，在保证建筑用电安全可靠的前提下，充分利用可再生能源，降低对市电的依赖和消耗，减少建筑碳排放。详见图7。

图7　能源管理云平台

三、健康环保

五方科技馆——近零能耗建筑严格控制能耗指标，大幅降低能源需求，减少化石能源的消费，尽可能使用可再生能源，降低碳排放，减少对环境的破坏，助力我国建筑领域早日实现碳达峰碳中和目标。

四、综合效益

1. 经济效益

近零能耗建筑在减少建筑本体能源消费的同时，可带动上下游产业链的不断优化升级，刺激并产生新的产业及经济增长点，带来显著的经济效益。

2. 工艺技术指标

五方科技馆关键技术指标详见表1。

五方科技馆关键技术指标　　　　　　　　　　　　　表1

项目		指标值
热工性能	外墙	0.18 W/（m² · K）
	屋面	0.16 W/（m² · K）
	门窗	0.80 W/（m² · K）
综合节能率		75.8%
建筑本体节能率		58%
可再生能源利用率		42.4%
建筑气密性（换气次数N_{50}）		0.17

3. 社会效益

五方科技馆项目对于我国中部地区南北气候过渡区域的近零能耗建筑的实践推广具有积极的现实意义和示范作用，为近零能耗建筑在河南的本土化提供了可贵的先行实践样本，对于实现健康、舒适、节能的室内居住环境，以及现代建筑的创新发展起到了重要的推动作用。

基于信息化和BIM的无人机三维实景技术

完成单位：广东精宏建设有限公司、广东筠诚建筑科技有限公司

完 成 人：张伟生、朱东烽、陈琪荣、颜新星、潘建明、汪爽、梁奕铭、刘荣坤、聂勤文、
王欢、练水泉

一、项目背景

本项目以黄冈中学新兴学校项目为依托，联合多家单位和科研人员，结合无人机倾斜摄影技术、云计算技术和BIM技术，将场地或建筑转换为信息化模型，并通过开发BIM 4D三维实景进度管控平台，实现项目三维实景展示、远程项目进度管控、工程回溯以及远程工程测量，以可视化、实景化的方式保证施工进度和工程质量。

二、科学技术创新

创新1. 突破二维信息介质传递的局限性，将场地或者建筑实体转为数字化模型

提出基于信息化和BIM的无人机三维实景技术，突破设计图纸、施工现场照片等二维信息介质传递的局限性，将场地或者建筑实体转换为具有时间、空间和地理信息的数字化模型，提供一种高效施工信息管理化工具。详见图1。

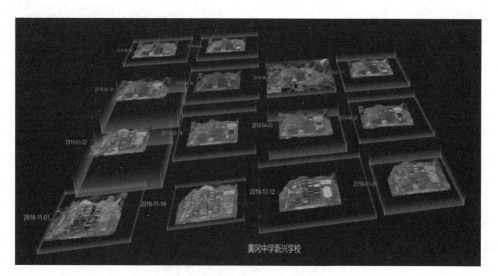

图1　黄冈中学新兴学校施工全过程实景模型

创新2. 形成了适用于土木建筑领域的无人机数据采集理论和作业流程

基于无人机采集作业和影像建模的研究成果，形成无人机影像数据采集流程和建模流程，

编制无人机指导手册，实现项目的实景化展示、可视化技术交底。

创新3. 研究并开发一种基于BIM技术的云端信息化管控平台

基于无人机三维实景重建技术研究成果，开发无人机信息化平台，用于企业级管理，充分挖掘互联网技术优势，实现企业对项目的高效管理，进一步加强对项目管控的透明度。

创新4. 实现建筑项目规划阶段、施工进度与质量管控的"虚实结合"或"实景融合"技术应用、水平距离与建筑面积测量和高程测量等智能化工程应用，提高施工效率，保证施工质量。

三、健康环保

利用无人机三维实景技术建立项目模型，用于模型展示、技术交底等，克服偏远山区、地理环境复杂的劣势，为项目建设提供大量实景数据，减少工程技术人员的外出高强度作业，避免复杂、恶劣环境的作业风险，为工作人员安全提供保障。此外，在工程各个阶段协助安全文明施工管理，减少现场巡查时间，有利于提高工作效率。

四、综合效益

1. 经济效益

采用该技术进行项目全生命周期管理，降低工程综合建设成本，为项目各参与方提供真实准确灵活且成本低、门槛低的工程项目信息化管理手段。技术自2018年至今已新增无人机技术服务合同10个，为企业产生直接经济效益57.98万元、间接经济效益144.03万元，为施工企业创造了新的市场竞争力。

开发BIM 4D三维实景进度管控平台，迄今已为集团实现28个建设项目的周期性记录监管、回溯检查及跨地域时间管控，每年可为集团28个项目产生约302万元经济效益。

2. 工艺技术指标

该技术可快速获得平面距离、建筑高度、平面面积以及土方量，测量精度达到厘米级，满足工程测量要求。人工测量所消耗的时间一般为0.5 ~ 1天，采用本技术仅需几分钟即可轻松获取测量数据，缩短工期，减少时间成本。

与传统的工程项目管理相比，通过信息化的平台管理，该技术实现了项目的可视化溯源，管理员可调阅、对比过往模型，准确掌控项目从规划到实施的全过程。

3. 社会效益

本技术采用高空飞行的方法获取地面地理信息，克服偏远山区、地理环境复杂的劣势，为山区道路建设提供大量实景数据，减少工程技术人员的外出高强度作业，避免复杂、恶劣环境的作业风险。通过地形图绘制软件可提供初步地形图，测绘作业效率约提高50%，缩短生产周期，降低成本。该项目应用技术具有重要的推广意义。

北京城市副中心项目智慧工地
精细化管控平台应用

完成单位：中建一局集团第二建筑有限公司
完成人：高建军、李金元、刘剑涛、孙慧颖、吴博康、徐有越、高冉、高鹤、马乾根

一、项目背景

本项目以北京城市副中心行政办公区 B1、B2 工程为依托，联合科研、设计、施工、信息化等多家单位和多名科研人员，通过科研攻关和工程实践，成功应用了基于 BIM 技术的智慧工地精细化管控平台，建立了基于工程工序资料的管理和 BIM 模型相结合的关键技术，实现了工程管理能力的提升。

二、科学技术创新

创新 1. 基于建筑工程工序资料的管理技术

经过数十个项目的应用，从开工前期准备工作、建立资料档案盒到跟踪，按工程进度、施工工序一一展开详解，由各系统部门按资料导向要求同步形成工程资料，建立施工工序与工程资料相结合的数据库。详见图 1、图 2。

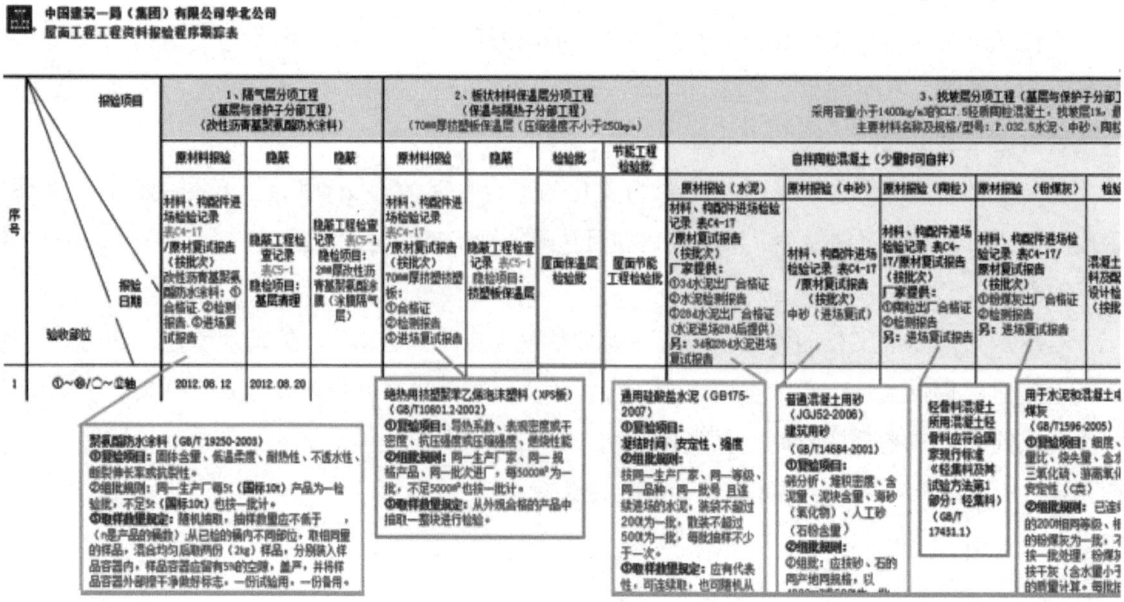

图 1　工程资料报验程序跟踪表（仅示意）

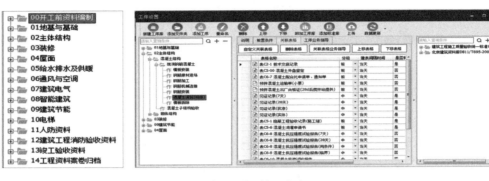

图 2　项目的工序库

创新2. 施工资料表格电子文件线上电子签章技术

将现场各岗位的人员信息收集并录入到平台中，同时按照正规的电子签章流程申请各自的电子签章U-Key，实现将现场人员的用户分配到相应的岗位，将岗位分配到工作流签审流程中。详见图3。

		DeploymentID	事件ID	事件名称	创建时间
1	○	1121	sid-D8753F87-9009-479B-948E-B6EFEEC56DA4	一级审核	2018-03-26 22:49:09
2	○	1121	sid-4BC90665-8537-4444-84A1-960692D5ECBE	二级审核1	2018-03-26 22:49:09
3	○	1121	sid-03563AEB-CC73-444B-8AD9-5F16EE38F173	二级审核2	2018-03-26 22:49:09
4	○	1121	sid-C5A209CB-04A4-4733-B250-5440F9E8EFF4	二级审核3	2018-03-26 22:49:09

图 3　工作流签审流程

创新3. 施工资料签审流程自动化流转技术

根据工程资料签审流程分解表、签审层级和签审模式建立标准的签审模型。通过应用线上流转技术，使企业能够及时检查资料编制过程。详见图4。

工作流管理 -> 模型管理

添加　删除

		模型名称	KEY	版本号	模型描述	创建时间	最后更新时间	操作
1	☐	M-LS1	K-LS1	1	{"name":"M-LS1","revision":1,"description":"流水一审"}	2018-03-09 10:19:09	2018-03-09 10:20:28	修改｜部署｜导出
2	☐	M-LS2	K-LS2	1	{"name":"M-LS2","revision":1,"description":"流水二审"}	2018-03-09 10:20:56	2018-03-09 10:22:34	修改｜部署｜导出
3	☐	M-LS3	K-LS3	1	{"name":"M-LS3","revision":1,"description":"流水三审"}	2018-03-09 10:23:12	2018-03-09 10:26:13	修改｜部署｜导出
4	☐	M-LS4	K-LS4	1	{"name":"M-LS4","revision":1,"description":"流水四审"}	2018-03-09 10:27:01	2018-03-09 10:36:24	修改｜部署｜导出
5	☐	M-LS5	K-LS5	1	{"name":"M-LS5","revision":1,"description":"流水五审"}	2018-03-09 10:38:20	2018-03-09 10:58:37	修改｜部署｜导出
6	☐	M-LS6	K-LS6	1	{"name":"M-LS6","revision":1,"description":"流水六审"}	2018-03-09 11:00:04	2018-03-09 11:04:43	修改｜部署｜导出
7	☐	M-LS7	K-LS7	1	{"name":"M-LS7","revision":1,"description":"流水七审"}	2018-03-09 11:05:40	2018-03-09 11:11:18	修改｜部署｜导出
8	☐	M-LS8	K-LS8	1	{"name":"M-LS8","revision":1,"description":"流水八审"}	2018-03-09 11:11:59	2018-03-09 11:20:31	修改｜部署｜导出
9	☐	M-LS9	K-LS9	1	{"name":"M-LS9","revision":1,"description":"流水九审"}	2018-03-09 11:30:21	2018-03-09 11:37:19	修改｜部署｜导出
10	☐	M-LS10	K-LS10	1	{"name":"M-LS10","revision":1,"description":"流水十审"}	2018-03-09 11:37:59	2018-03-09 11:46:41	修改｜部署｜导出

首页　1　2　3　下一页　末页

图 4　签审流转技术

创新4. 施工资料与BIM模型构件的智能化关联技术

（1）根据数据标准利用Revit模型设计软件对现有的BIM模型进行深化设计，使模型与工程资料的数据进行关联。

（2）深化设计完成的BIM模型同步到平台后，自动完成BIM模型轻量化转换，实现BIM模型的在线展示。

创新5. 实现基于BIM轻量化模型的施工资料可视化跟踪检查技术

根据BIM模型构件属性中内置的数据标准参数，通过数据算法实现构件与工程资料电子文件的数据关联，进而实现基于BIM模型对工程资料的跟踪检查等管理功能。详见图5。

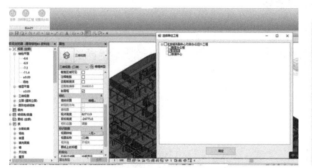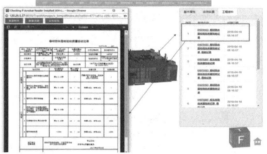

图5 构件与工程资料电子文件的数据关联

创新6. 智慧工地平台信息集成管理技术

通过将各类信息集成到一个平台上，使信息的检查变得容易，进度、安全、质量、劳务等管理工作效果提升。详见图6。

图6 智慧工地管理平台

创新7. 智慧工地平台BIM标准研究

项目编制了智慧建造标准，为施工过程的高度信息集成方案提供了很好的参照，填补了该领域的空白。

三、健康环保

项目通过基于BIM技术的智慧工地精细化管控平台的研究与应用，实现了从BIM到BIM+的升级，不仅将BIM与物联网、云计算等信息化技术集合，还将机械监控管理系统、劳务实名制管理系统、物资管理系统、环境监控系统等模块化应用，实现项目管理业务在线化协同、过程资料电子化，紧紧围绕建造过程的人、机、料、法、环进行智慧建造综合管理，将健康环保理念作为工程的重要目标，并取得社会各界的高度关注与好评。

四、综合效益

1. 经济效益

（1）节省成本，提高效率

本技术从实际应用中节省环节7大项，直接省去的环节就有2项，通过功能合理分解的有5项。根据设计中的数据测算，综合效率提高了40%。同时提高了企业的质量管理能力。

（2）提高企业精细化管理能力

通过应用智慧平台相关的技术，提高了企业的精细化管理能力。详见表1。

资料管理系统应用产生的效益　　　　　　　　　　　　　　表1

项目	效益
节省人员配置	4个项目共计6人
节省工时	34000h
节省人工费用	125万
节省纸张	超过10万张
节省硒鼓、墨盒等打印耗材	超过100个
节省打印纸张、耗材等费用	2万元
因信息及时反馈减少拆改	20万元
减少工期延迟12天	61万元
合计	208万元

2. 社会效益

智慧建造平台及资料管理系统在北京城市副中心的应用为质量监督站、档案馆等主管部门提供了管控工作的新渠道，便利了施工管理工作。对施工资料数字化、无纸化流转的创新研究，并依托BIM技术解决施工资料跟踪检查的便捷化、可视化，解决了智慧建造平台的标准问题，实现了信息集成化，具备一定的示范意义。

成都露天音乐公园大跨度拱支双曲抛物面索网结构建造关键技术应用

完成单位：中国五冶集团有限公司

完 成 人：姜友荣、陈文渝、罗恩洪、程静波、刘长江、杨猛、齐贵军、李国明、郭浩

一、项目背景

本项目以成都露天音乐公园项目为依托，联合科研、设计、施工等多家单位和多名科研人员，通过科研攻关和工程实践，创新大跨度拱支双曲抛物面索网结构建造方法，建立了超厚（18m）大体积混凝土与巨型钢构件一体化施工裂纹控制、大跨度五边形断面钢结构双曲斜拱信息化精准安装控制、双曲抛物面索网提升张拉及巨型斜拱协同卸载关键技术，实现了复杂空间索网结构的精准施工及信息化建造技术突破。

二、科学技术创新

创新1. 超厚（18m）大体积混凝土与巨型钢构件一体化施工技术

提出了超厚（18m）大体积混凝土与巨型钢构件一体化施工工艺，基于设置约束、补偿收缩的理念，通过控制混凝土原材料，优化配合比、温度，优化水平施工缝布置位置，复合保温养护与遮阳防雨及温度监控措施，构建了一体化施工结构体系，创新超厚大体积混凝土与巨型钢构件一体化裂纹控制技术。

创新2. 大跨度五边形断面钢结构双曲斜拱信息化精准安装控制技术

通过对拱段部件的拆解放样，实现零部件的精确加工，外轮廓空间曲面板采用整板下料，然后利用可调节拼装胎膜、设置临时空间定位件、控制电流、预热保温及多层多道焊等工艺，研发了拱段小变形加工技术。详见图1。

创新3. 斜拱安装过程信息化控制技术

研发了斜拱安装过程信息化控制技术。设计了装配式支撑架体系，通过施工过程的时变力学分析，结构与支撑体系之间进行耦合绑定，分析得选出最优的分段、吊装及合拢方案，并输出施工各阶段结构、支撑体系的应力和变形值，结合BIM模型，对变形值大于30mm的位置实施反向预偏措施，同时，在拱段安装过程中进行理论数据和实测数据对比分析，详见图2。

创新4. 双曲抛物面索网提升张拉及巨型斜拱协同卸载技术

研发了双曲抛物面索网提升张拉及巨型斜拱协同卸载工艺。采用最贴近模拟分析的整体提

升张拉的方式来实施，索网及斜拱达到了最终的设计位置形态，应力、变形、索拉力监测结果符合规范要求，创新了张拉过程的双曲抛物面正交索网、钢结构斜拱精确控制技术。

图 1　拱段加工控制技术

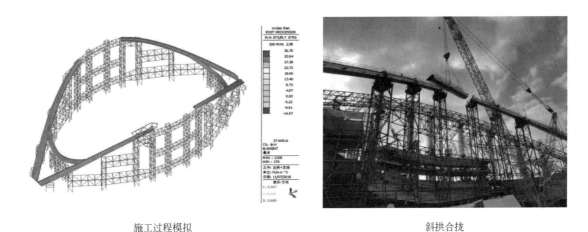

施工过程模拟　　　　　　　　　　　　　　　斜拱合拢

图 2　斜拱吊装控制技术

三、健康环保

项目采用GIS生态识别技术划定生态保护分区，明确设计、施工要素，构建园区全域生态保护网络，施工过程中通过地形植被梳理留出城市风廊，通过微地形设计并结合海绵城市技术，构建由湖泊、绿地、雨水花园、绿化屋面、透水铺装、雨水植物、植草浅沟、暗渠等组成的生态海绵花园，形成"渗、滞、蓄、净、用、排"的良性循环，设计和施工过程均在园区内实现了雨水的综合循环利用，达到良好的景观效果，同时缓解改善片区城市热岛效应。是低影响开发生态海绵城市设计理念的积极探索和成功实践，具有典型代表性。

四、综合效益

1. 经济效益

成都露天音乐公园主舞台应用创新技术后，施工成本节省约5118.8万元，减少施工过程管理及相关费用230万元，减少幕墙、膜结构安装成本632.18万元，为本工程创造经济效益5981.22万元。

2. 工艺技术指标

项目实施过程中异形截面钢构件加工尺寸偏差均控制在±2mm以内，安装轴线偏差在±3mm以内，对口偏差在±2mm以内；施工过程拱线性最大偏差10mm以内，索网中心点位形最大偏差40mm以内，承重索最大索力偏差相差7.5%，优于规范要求。

3. 社会效益

大跨度拱支双曲抛物面索网结构建造关键技术的创新应用，实现了项目的高质量建设，形成了系统性的研究与实践成果，促进了拱支双曲抛物面索网结构建造技术的进步。成都露天音乐公园主舞台建成后承担了2019年中日钢结构应用与发展国际研讨会的唯一工程观摩交流；项目作为成都建设国际音乐之都的重要支点，成功助力成都公园城市建设案例入选联合国2019年度《中国人类发展报告特别版》；园内金钟广场也成为国内音乐最高奖项——金钟奖首次落地西南的永久纪念地；此外，其作为第31届世界大学生运动会闭幕式场地，向世界展示成都魅力和中国风采。

延安宝塔山游客中心大型纤维艺术陈设《宝塔山·黄土魂》

完成单位：清华大学美术学院
完 成 人：林乐成

一、项目背景

本项目以延安宝塔山景区保护提升项目工程为依托，联合清华大学美术学院等多名艺术大师，以缝合山水、修复生态作为设计的出发点，保留并修复场地内有价值的建筑遗存，让原有场地的记忆贯穿于整个设计中。其中，游客中心室内面积最大的"宣誓大厅"，又是一个有仪式感与功能性的象征场域。"宣誓大厅"高大的四壁、宽敞的空间，为艺术陈设带来了创作中的激情荡漾。《宝塔山·黄土魂》的主题创作是基于清华大学美术学院纤维艺术研究所20年的产学研实践探索经历以及国家社科基金项目——纤维艺术应用之美课题研究成果，在主题定位、材质选择、工艺制作、形式特征、功能作用等方面做了深度的思考与探讨，融合汇聚了当代建筑师、室内设计与纤维艺术家的思想、理念、情感，倾力营造出有西北乡土气息、有黄土高原氛围、有地域文化特色的诗意空间与精神家园。详见图1。

图1 《宝塔山·黄土魂》整体效果

二、科学技术创新

创新1. 构思引领

作品实现创作主题、材料与技术相统一的原则，将中国纤维艺术与传统、当代文化相结合，辅以绿色理念、环保材质、古老技艺、当代工艺，这几种元素浑然一体，气韵生动，如同一曲耳熟能详的信天游，宏壮中不失细腻，助力了纤维艺术教育及研究，根植于民间文化沃土的薪火承传。详见图2。

图2　《宝塔山·黄土魂》实景图

创新2. 材料创新

以麻与毛为媒材，区别于传统的快干性的植物油调和颜料，开辟毛麻产业等传统产业新思路，选择天然羊毛和黄麻纤维为主要材料，完全为手工编织和安装现场再创作，本身就是绿色的、环保的、可持续性的。详见图3。

图3　材料近景图

创新3. 传统工艺与西方技法相结合

采用西北传统手作中的缂毛及栽绒簇绒、毛绣等起花方法，一改艺术设计创作对西方技法的借鉴使用，整个作品完全使用当地特色的编织技术。

创新4. 形式创新

在艺术表现上突出两种媒材（粗麻与温润羊毛天然媒材）的本质特征，作品保留了媒材的自然肌理，具有天然的艺术性，使作品在纵横交织中不仅有起伏跌宕的视觉肌理，更在人声鼎沸时有吸声降噪的物理功能。详见图4。

图4 媒材近景图

创新5. 装饰新颖

作品将材料美、工艺美、形式美、应用美与功能性、主题性、时代性、创新性的中国纤维艺术融入建筑应用空间和多种多样的文化创意推广平台，为建筑装饰行业科技创新扩宽了新的发展思路。详见图5。

三、健康环保

选择天然羊毛和黄麻纤维为主要材料，完全为手工编织和安装现场再创作，绿色环保、可持续。材质与工艺在创新应用中不仅具有强烈的视觉肌理，而且更有突出的吸声降噪功能。

四、综合效益

1. 经济效益

本项目设计与制作合同额为680万元。

图5 《宝塔山·黄土魂》设计图

2. 社会效益

本项目入选第十三届全国美术作品展览并成为2019年UIA（国际建筑设计师协会）第四届巴库国际建筑大奖最佳实践三等奖《延安宝塔山游客中心暨宝塔山景区保护提升工程》的陈设艺术部分。

智能建筑管理系统开发和应用

完成单位：中国五冶集团有限公司

完 成 人：杨汉林、邓杨军、张学智、申新亭、杨柳、云志鑫

一、项目背景

本项目以重庆仙桃数据谷工程为载体，利用现代信息技术将各独立子系统连成一个有机的整体，重点对构建分布式系统、实时处理智能建筑海量数据交互、实现基于 Web 的跨平台跨终端人机交互三方面技术难题进行攻关，最终形成了新一代智能建筑管理系统。本开发和应用项目 2018 年 12 月 31 日完成。

二、科技创新成果

创新 1. 研发高效的 RPC 通信技术

基于传统 RPC 和现代 Restful 通信框架概念，开发了一种新的 RPC 通信框架，实现了分布式应用程序在远程方法调用时兼顾通信效率、协议开放性、开发效率的需求。研发的 RPC，可读性好，支持防火墙，同时兼顾了程序的性能和开发者的习惯，使程序能够像访问本地系统资源一样去访问远端系统资源，降低了程序的复杂性，提升了开发效率，减低了开发成本，可作为网络通信基础构架广泛应用。

创新 2. 研发满足百万级点位的数据交互物联网平台

开发了一套满足百万级点位的数据交互物联网平台。借鉴工业自动化中 OPC 的多个思路，基于分布式总线、负载均衡技术和树形节点的平台结构设计，通过采用 HTTP 长轮询的方式进行请求订阅，形成高效的数据订阅机制，提高通信效率；通过增加或缩减物联网平台应用部署的数量，形成与项目应用大小相匹配的业务集群，利用 Nginx 对外提供服务，为底层设备和 Web 组态平台提供数据支持，满足整个系统数据交互的要求，实现更大的数据容量、更快的程序响应速度。详见图 1。

创新 3. 研发智能建筑多平台人机界面显示功能的 Web 组态软件

基于 HTML5 标准和 SVG 技术，运用面向对象设计思想，设计图元编辑操作界面，实现一套能在多种 PC 浏览器支持下运行的组态编辑画面；运用 HTML5 的 Canvas 技术，实现在客户端层面进行监控画面的绘制。基于 HTML5 的人机界面组态技术，内置支持多种图元，支持自定义矢量图形，支持 SCADA 和电子地图组态，实现了智能建筑管理系统跨平台跨终端人机互动的功能特点。详见图 2。

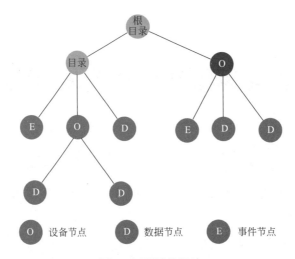

图1 树形结构设计

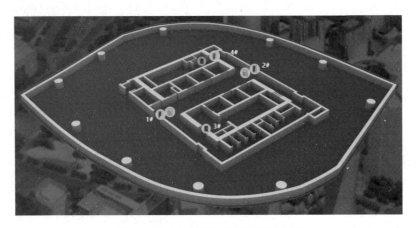

图2 某建筑某楼层门禁系统展示图

三、创新环保

项目开发的IBMS系统可以对单个照明灯具、单个空调实现精确智能控制，从而实现单个设备的最佳运行模式及最佳能效模式；可以按不同应用场景，对局部环境的照度、温度设置不同的运行模式，达到对多个照明灯具组、多个空调机组的智慧控制，从而实现局部环境的最佳节能状态。

四、综合效益

1. 经济效益

（1）直接经济效益

本项目技术研究成果适用于各楼宇智能化，包括存量市场改造及新增市场的楼宇智能化。2014 ~ 2020年，已在宜宾市翠屏区人民医院建设项目、成都露天音乐广场EPC项目、四川理工学院白酒学院项目等28个项目中成功应用，带动建筑智能化业务创收116701.96万元，成果创效651.4万元。

（2）间接经济效益

① 节能：与传统建筑相比，可节能5% ~ 15%。

② 减员增效：智能建筑管理系统（IBMS）可提高大厦的运行管理效率，减少管理人员，从而节省人力成本。

③ 通过及时发现和处理设备故障，并在故障发生前及时预警，减少设备故障带来的不必要的损失。

④ 通过合理地安排设备工作负荷，提高设备使用寿命，节约企业对机电设备的投入。

2. 工艺技术指标

系统主要指标详见表1。

系统主要指标　　　　　　　　　　　　　　　　　　　　表1

分类	指标	指标参数
数据采集	典型设备状态反馈速度	500ms
数据采集	典型设备控制指令执行速度	500ms
数据采集	物联网平台（单域）数据点位数	100万点
平台特性	系统冗余	支持
平台特性	负载平衡	支持
平台特性	并发用户数（单域）	5000人
平台特性	全年故障时间	小于10min
平台特性	开放性，二次开发	支持
平台特性	矢量图元组态	支持

3. 社会效益

本项目研究成果解决了智能建筑管理系统（IBMS）现有痛点，促进了行业本身发展，将有力推动建筑设备的提档升级，推动智能建筑综合管理水平的提高。随着智能建筑管理系统的推广应用，必将有力促进智慧城市的建设，提升我国城市现代化管理水平。

光辉伟业　红色序篇——
中国共产党早期北京革命活动主题展

完成单位： 北京清尚建筑设计研究院有限公司

一、项目背景

《光辉伟业　红色序篇——中国共产党早期北京革命活动主题展》是为纪念中国共产党成立一百周年而举办的大型革命历史展览，是中国共产党早期北京革命活动纪念馆永久性的基本陈列。本馆以一条红色主线贯穿展览的整体内容，表现在一百年前，一批先进知识分子在北大红楼积极传播马克思主义，为中国共产党的建立做出了光耀史册的伟大贡献。

展览的主办单位与展览筹备组为北大红楼主题展览撰写了20多万文字大纲，展陈中使用了958张图片、1357件文物、16组珍贵的历史影像、20组交互触摸屏和40多件艺术品、3D艺术场景、壁饰景观等，构建了有关中国共产党早期革命活动完整的知识体系，全景式展开"北京成为新文化运动的中心、'五四'运动的策源地、马克思主义在中国早期传播的主阵地、中国共产党的孕育地之一"的历史篇章，使北大红楼成为纪念和宣传中国共产党成立的最重要的纪念馆和爱国主义教育基地之一，使本展览成为向党的百年诞辰重要的献礼。

二、科学技术创新

创新1. 内嵌隔板梯形桥架的应用

内嵌隔板梯形桥架的应用，既兼顾到展馆照明、多媒体演示、智能中控、语音导览、安防、消防等系统专业对强、弱电的敷设需求，又明确了各系统专业间的路由分区，以此实现不同管线间各行其道、互不干扰的目的。此外，各分区线槽架内相互并联集成为一体，也更利于运营维护中统一管理和排查检修。详见图1、图2。

创新2. 可开启式格栅的应用

创新研发两种可开启式格栅结构，一种为滑轨平开推拉式格栅，另一种为压杆气动支杆式格栅，两种格栅在兼顾展陈使用需求的同时，将技术与艺术有机结合，巧妙解决了格栅背后外窗开启的问题，以此实现了采光、通风的功能需要。推拉式格栅详见图3、图4。

压杆气动支杆式格栅详见图5。

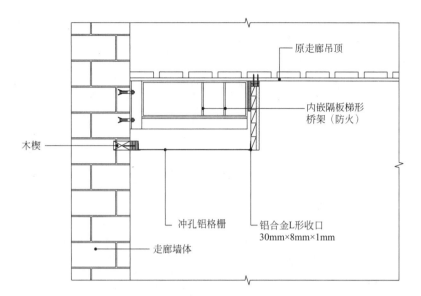

图 1 内嵌隔板梯形桥架剖面图

图 2 内嵌隔板梯形桥架实际应用效果图

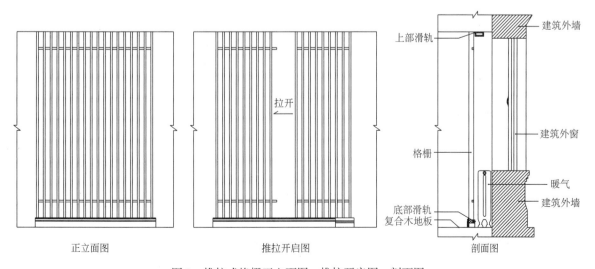

图 3 推拉式格栅正立面图、推拉开启图、剖面图

图4 推拉式格栅实际应用效果图

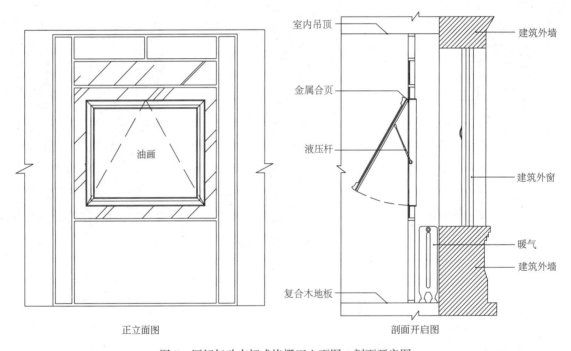

正立面图 　　　　　　　　　 剖面开启图

图5 压杆气动支杆式格栅正立面图、剖面开启图

三、健康环保

（1）本工程涉及的装饰材料的燃烧性能等级，符合文物建筑的消防安全保护级别和相关防火规范的要求，采用不燃或难燃材料。

（2）本工程选用的装饰材料均为国家绿色环保认证的优质产品。相应放射性、挥发性有机化合物（TVOC）、游离甲醛、苯等指标符合国家现行规定的限量要求。

（3）工程所用材料满足相应防火、防蚀、防滑、经济、耐久、无毒、环保、无异味、防静电的要求，且便于施工、维护和清洁，所选建筑装饰材料均要求采用优等品。

四、综合效益

1. 工艺技术指标

本项目是在革命历史遗址建筑内的装饰布展工程，采用科学先进的设计思想，倡导参观展览与瞻仰遗址建筑并重的理念。整体设计不拘泥于传统的展示方式，采取不同以往的营造方式，运用多种材质的格栅、网架以及各类创意造型结构，相互组合搭配创建出丰富多变的展示效果。同时，采用创新型可开启式格栅形式，巧妙解决了门窗、暖气等部位使用功能的需求，使整个展览有机地融入建筑本体之中，最大限度地保持了北大红楼原有的历史文脉和建筑风貌，已成为此类遗址建筑布展工程的典范之作。

2. 社会效益

中国共产党早期北京革命活动纪念馆的落成，其展览免费对社会开放，使广大民众能更加深入系统地学习了解中国共产党的发展历程。本次提升改造后的北大红楼是集多种社会功能为一体的综合主题展馆，其已成为中国共产党创建时期革命活动重要的纪念遗址地、"不忘初心、牢记使命"党性教育基地、学习党史新中国史的大课堂、北京红色文化主题体验区等，为公众提供宣传、教育、培训等社会服务。

苏州中心——"未来之翼"超长异形网格结构

完成单位：中亿丰建设集团股份有限公司、中衡设计集团股份有限公司、江苏沪宁钢机股
份有限公司、苏州金螳螂幕墙有限公司

完 成 人：宫长义、李国建、路江龙、傅新芝、牟永来、李建华、闫俊忠、杨国松、满建政

一、项目背景

苏州中心——"未来之翼"设计有世界最大的整体式自由曲面钢网格屋面，建造技术难度
大、安全性要求高。课题组联合设计、施工等单位通过数字仿真、科研攻关和工程实践，解决
了柔性无缝钢结构设计难，周边环境复杂施工难，大曲率幕墙设计、建造难的问题。创新了超
大跨度异形网格结构设计、建造一体化关键技术。详见图1。

图1 苏州中心——"未来之翼"

二、科学技术创新

创新1. 超长异形网格结构的形态设计技术

研创了抗放结合、刚柔相济的新型结构体系及单板铰接节点技术，基于悬链面的形效结构
实现55m无柱大空间技术和异形曲面参数化找形分析技术，基于建筑轮廓拟合最优受力形态，
同时控制四边形网格的曲率在合理范围内。详见图2。

创新2. 超长异形网格结构的数字化分析技术

研创了全方位的数字化设计技术，包括不同设计软件数据转换接口、地震多点激励分析、
数值风洞模拟、屋面水流形态模拟、三维精细化设计和自动化出图等技术。详见图3、图4。

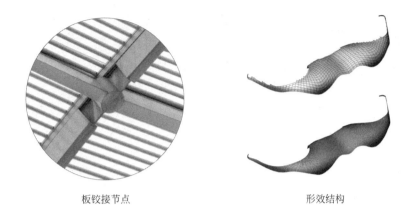

板铰接节点　　　　　　　　　形效结构

图 2　异形网格结构设计

抗震单体模型　　　　　　　　　抗震整体模型

图 3　数值风洞模型

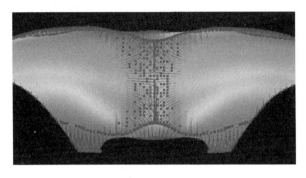

图 4　屋面排水路径优化

创新 3. 超长异形曲面网格结构建造技术

提出了基于计算机虚拟安装的分析方法和现场单元安装与杆件补缺相结合以避免安装误差累积的综合解决方案，施工全过程采用有限元软件进行了有限元分析，通过分析确定合理的安装顺序，设置合理的临时支撑体系，对卸载过程进行监测，使得整个建筑体系造型美观、结构安全。详见图 5。

创新 4. 跨运营地铁钢结构建造技术

创新跨运营地铁区大跨度移动式钢桁架平台安装技术，移动式钢桁架平台上部跨运营地铁桁架安装技术，解决了跨地铁区域多专业密集交叉重叠施工对地铁运营的影响，保证了地铁的安全运行。详见图 6。

图 5　苏州中心——"未来之翼"施工图

图 6　跨运营地铁钢结构滑动转换平台

创新5. 超长异形网格结构自由曲面玻璃幕墙数字化适应性分析技术

自由曲面与四边形板块的形体分析技术，利用BIM技术实现了屋面上万个板块空间点位的统计与分析；自由曲面玻璃板块的冷弯成形技术，创造性地对平面翘曲值小于60mm的玻璃板块（占总数80%）采用冷弯工艺实现曲面造型；幕墙系统对主体结构适应性技术，解决幕墙受主体结构变位的影响。详见图7。

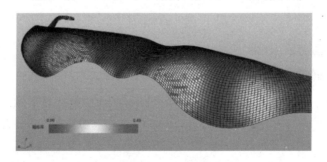

图 7　玻璃网格曲面翘曲率分布图

创新6. 超长异形网格结构自由曲面玻璃幕墙数字化施工技术

超长异形网格结构自由曲面玻璃幕墙数字化测量放线技术、超长异形网格结构自由曲面玻璃幕墙数字化施工技术，及轨道式屋面材料运输技术，成功解决了异形空间曲面幕墙技术难题。

详见图8。

图8 屋面轨道运输技术

三、健康环保

苏州中心——"未来之翼"超长异形网格结构采光顶是世界上最大的开放式双曲面采光顶体系，是世界上最大的无缝连接多栋建筑采光顶。本课题在研究过程中取得了多项的科技成果，项目通过LEED设计金奖、中国绿色建筑二星级认证。项目在运行过程中，通过能源中心进行能源统一调度监控，达到了节能减排的效果，符合国家"双碳"目标的要求。

四、综合效益

1. 经济效益

本工程设计研发了适用于跨越多个单体结构的超长异形网格结构的性能化设计和节点优化设计技术，既保证结构安全，又能充分释放各种复杂变形与效应对超长结构的影响；采用了"未来之翼"异形网格及下部跨运营地铁钢结构施工技术及超长异形网格结构自由曲面玻璃幕墙数字化适应性分析和施工技术，为业主节约建造成本4500余万元。

2. 社会效益

项目被评为第四批全国建筑业绿色施工示范工程以及"江苏省工人先锋号"，并获得中国建设工程"鲁班奖"；技术成果总体达到国际先进水平。项目自启用以来，各项功能运行情况良好，得到了政府、监理、业主等部门和单位的一致好评，受到广大苏州市民喜爱。

上海市上生新所

完成单位：上海万科企业有限公司、上海建筑装饰（集团）有限公司
完 成 人：胡秉、冯蕾

一、项目背景

本项目对场地内原有优秀历史保护建筑与工业遗存建筑经过修缮、改造与新建建筑有机结合，通过不同的设计手法将其改造成符合当下审美需求及空间场景的活力空间，开创性地将历史保护建筑与新建建筑有机统一地结合成潮流趋势空间，为城市文脉的延续创造新场所。

二、科学技术创新

创新 1. 黄砂水泥鱼鳞状拉毛粉刷清洗和局部墙面修补

清洗：采用清水清洗表面污垢、水渍等，水枪压力不超过20kg，用尼龙碳硅刷边洗边轻刷。用EDTA泥敷法清洗锈斑、变色粉刷墙面，泥敷时间最长不超过48h。用D10脱漆剂进行脱漆处理人为污染和涂料。

局部墙面修补：采取局部铲除、清理酥松饰面，用1：2配比黄沙水泥做基层，采用与原墙面相同黄砂水泥鱼鳞状拉毛粉刷翻做面层。湿透底层，抹上水泥石灰罩面砂浆，随即用硬棕刷或铁抹子延纹路进行批嵌拉毛。详见图1。

图 1　清洗、修补后的鱼鳞状拉毛

创新 2. 古建筑百叶窗联动系统

百叶窗联动系统，包括百叶窗、滚轴卷管、皮带盘、卷绳器、皮带引导头等部件。百叶窗

顶部固定连接有皮带组件，皮带的另一端缠绕并固定在滚轴卷管上；卷绳器与皮带盘通过升降皮带相连，升降皮带一端固定并缠绕在卷绳器上，另一端通过皮带引导头穿出向上延伸至皮带盘，固定并缠绕在皮带盘上；升降皮带部分外露并贴合于窗框侧部，通过向上向下拉动升降皮带以实现百叶窗的升降，并通过皮带引导头限位固定。详见图2、图3。

图2 滚轴卷管、皮带盘、皮带

图3 卷绳器、皮带引导头

三、综合效益

1. 经济效益

项目开放后取得了较好的社会反响，政府、社会各界、媒体高度认可和关注，平均每天接待游客量超过3万人次，产生了巨大的社会公共影响力。

2. 社会效益

上生新所整体规划，旨在完善社区配套服务半径，完善地区功能，吸引时尚创意产业入驻，以交互、多元、丰富的建筑形态满足该类型企业的场所需求。上生新所为2021年上海城市艺术季主题演绎展区，联动重点样本社区包括新华社区、曹杨社区，以及全市13个区的其他18个社区，邀请市民了解和体验各类社区服务设施和便民服务，参与各类社区营造、公共艺术活动，以共建、共治、共享的方式邀请全社会共同打造宜居、宜业、宜游、宜学、宜养的美好生活。

橡树智慧工地AI平台应用

完成单位：河南橡树智能科技有限公司、开大工程咨询有限公司

一、项目背景

橡树AI智慧工地系统通过为工地部署摄像头矩阵及相关传感设备，即可进行多项数据的自动采集、自动检测、自动识别、自动处理，有效实现了工地现场的实时监测；利用计算机视觉（CV）、自然语言处理（NLP）等算法，针对现场的各种危险情况，进行提前预警和及时告警，实时分析解读施工计划与进度，及时准确找出施工进度问题，从而有效降低事故率，保障施工安全，并提高项目管理效率，最终实现工地管理的数字化与智能化。

二、科学技术创新

该系统以"一站式智能化"的思想，统一采集工地各智能设备数据，集成标准化数据，对数据进行自动储存、上传与分发，对项目基础信息进行更新维护，对智能设备进行统一的管理配置，形成了项目侧唯一的数据集成管理端。

创新1. 搭载多种安全识别算法，实现标准化施工管理

通过实时视频流结合云端服务器上包括孔洞识别、明火烟雾识别、塔式起重机防碰撞、升降机闭门、临边防护稽查等在内各种AI算法，对工地异常进行实时监测识别，通过系统实时信息分发、推送至管理者。详见图1。

孔洞智能识别　　明火烟雾智能监测　　塔式起重机安全智能监测　　升降机安全智能监测　　临边防护稽查

图1　工地安全隐患识别功能

通过搭载包括安全帽监测、反光衣监测、安全带识别、人员抽烟监测、越界入侵防盗监测等工地管理识别算法，可对现场违规行为进行快速反应处理。详见图2。

创新2. 系统实时联动环境监测与除尘设备，实现智能绿色施工

通过联动工地现场的围墙、塔式起重机、雾炮喷淋与洗车系统，进行快速减尘、除尘。通过环境监测单元可对PM2.5、PM10、噪声、湿度、温度、风速、风向等数据进行24h实时建模分析，扬尘报警与自动喷淋完成的智能管理闭环，实现扬尘与喷淋联动的良好管理。详见图3。

安全帽智能监测　　反光衣智能识别　　安全带智能识别　　抽烟智能监测　　越界入侵防盗检测

图2　工地施工标准化管理功能组

围墙喷淋联动　　塔式起重机喷淋联动

环境监测一体化单元管理　　智能雾炮联动　　洗车系统联动

图3　环境监测及喷淋系统功能

创新3. 采用国际领先的动态人脸识别技术，大大提升识别效果

通过自主研发的人脸识别技术、精确的人脸检测及特征点定位、人脸的三维特征向量模型、人脸角度估计，进行人脸三维变换和低失真变形，提高识别精度。

创新4. 一站式智能布控应用，标准化管理项目现场

布控系统提供简洁、完善的人、车、物实时监控界面，实现身份信息采集、人脸建库、单张或多张人脸搜索、人员轨迹追踪、外来访客登记、陌生人/黑名单入侵布控、车辆管理、机构化查证、区域广播、员工考勤统计、岗前培训、安全培训等功能的智能管理。详见图4。

劳务人员智能管理　　人员轨迹智能追踪　　外来人员智能管理　　班前培训智能　　安全培训

图4　人、车、物智能布控管理功能组（部分）

创新5. 项目施工进度智能分析管理

系统将工地的计划进行拆分并录入系统节点，对各节点工作计划的状态进行更新和标注，系统再按列表以及树节点形式展示工地进度计划。详见图5。

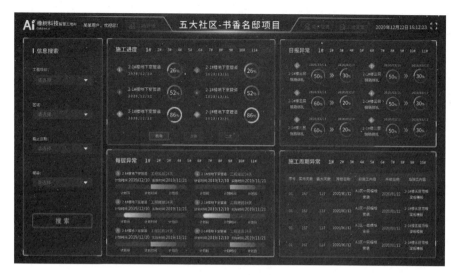

图 5　施工进度管理

创新6. 自然语言准确分析工程进度

系统采用自然语言处理算法对工地人员上传的日报进行分析，实时分析出工地每个工序当前进度以及历史某一天的进度，生成时间段界面图，供管理人员进行后期的问题跟踪与管理。详见图6。

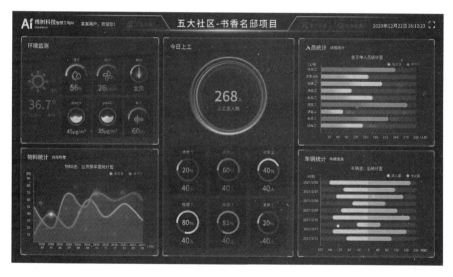

图 6　施工人员管理

三、健康环保

扬尘监测监管系统的建设充分展现了智慧化、科技化在建筑工地和环保行业的综合应用，实现24h对建筑工地的实时监控，有效地解决了建筑工地环境管理和管控，实现了实时、远程、自动监控颗粒物浓度、噪声分贝及建筑工地文明施工情况，协助施工污染大大降低，从根本上改善城市环境面貌，提高群众健康生活指数，联动工地喷淋设备实现自动化除尘，降低人力及管理成本。

四、综合效益

1. 经济效益

该系统不仅使施工环境管理更加安全可靠，还能使智能化信息化管理流程达到更好标准，明确各种安全隐患，指定责任人进行提前预防，有效避免出现各种意外疏漏，能大程度降低施工环境出现的损失，提高施工安全性，使施工工程管理更加省心专业。

2. 社会效益

橡树智慧工地系统通过人工智能、互联网、物联网及大数据处理等科技手段实现了智能联动，不仅提升了工地科技管理的水平，还保证了施工现场的安全性，实现了"互联网+"与建筑工地的跨界交融，有效促进了建筑行业转型升级。

新建徐盐铁路宿迁站（异形空间偏载桁架曲面滑移施工工艺）

完成单位：中铁电气化局集团北京建筑工程有限公司

一、项目背景

新建徐盐铁路宿迁站工程架空层为钢筋混凝土结构，其余为钢结构。站房屋盖为空间倒三角钢桁架结构，由12榀纵向主桁架及9榀次桁架组成。项目通过科研攻关和技术实践，解决了现场一系列施工难题，保证了施工质量，缩短了施工工期。

二、科学技术创新

创新1. 利用数字化技术进行施工方案策划和模拟

结合现场混凝土楼面层实际情况与桁架结构特点，在BIM模型里模拟桁架在立面曲线轨道滑移过程，研究桁架滑移过程中空间姿态，确认滑移过程是否稳定。详见图1、图2。

图1　桁架 XZ（立面）极坐标

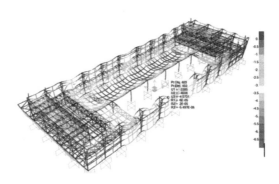

图2　结构受力模拟

创新2. 设计研发异形空间曲线滑移轨道与滑靴

依托既有框架结构设计合理的滑移工装系统，研发了异形空间桁架安装滑移轨道结构。详见图3。

图3 滑移轨道与滑靴

创新3. 异形空间偏载桁架曲面滑移施工工法

项目开发了异形空间偏载桁架曲面滑移施工工法，在桁架立面曲线累积滑移实施过程中，确保滑移工装系统的安全稳定性、桁架杆件在滑移过程中的结构安全稳定性，顺利完成屋盖施工。详见图4。

图4 桁架曲面滑移施工

三、健康环保

新建徐盐铁路宿迁站工程所涉及的技术创新、应用创新、管理创新及实用新型专利技术均在很大程度上提高了施工效率，节约了人、材、机等资源，符合当下绿色、低碳、环保的发展理念。

四、综合效益

1. 经济效益

项目研究创新的"异形空间偏载桁架曲面滑移施工工艺"与传统操作平台方案相比节约了

近200万元，与采用吊装方案相比节约了近100万元，同时也为后续其他类似工程提供了一定的参考和借鉴意义。

2. 社会效益

宿迁站的建成投入运营，使当地市民出行更加便捷，更省时省力，作为宿迁市的首个高铁一等站，进一步拉近了宿迁与国际大都市的距离，车站保质保量按期竣工，惠及民生，受到了业主、政府和当地老百姓的赞扬。该工程获得了中国钢结构金奖、全国优秀焊接工程一等奖、江苏交通优质工程奖等奖项，社会效益显著。

严寒地区汽车行业涂装车间废水处理工程关键技术研究与应用

完成单位：中国建筑一局（集团）有限公司

完 成 人：杨振宇、杨光、董清崇、齐晓力、杜兴、李哲、石帅、姜丰洋、

一、项目背景

本项目是以华晨宝马汽车建设项目污水处理站工程为依托，针对严寒地区冬季生物生化处理不理想、投入运营成本高等实际状况，对AO工艺进行优化和改进，大幅提高出水水质，出水指标达到一级A排放标准。

二、科学技术创新

课题组以华晨宝马沈阳工厂涂装车间废水为研究对象，对严寒地区汽车行业涂装车间废水处理工程关键技术进行攻关，并在实际工程中得以应用，取得如下创新成果：

创新1. 在满足国内规范标准的基础上，依据德国ATV标准，对工艺设计参数进行优化，使AO工艺设计计算更加科学合理，解决了严寒地区汽车行业涂装车间废水处理成本高、工艺复杂、效果不稳定等技术难题，出水指标达到一级A排放标准。

创新2. 研发了生物除臭系统中的气体升温循环装置和带加热恒温系统的多层生物滤池，提高了严寒地区生物除臭系统在冬天的除臭效果，有效地解决了严寒地区冬季生物除臭效果差的关键技术难题，实现有害气体达标排放。详见图1。

图1 加热装置

创新3. 将柔性轻量大角度弧形造型反吊膜技术应用于生化滤池主体结构中，使生化处理系统的臭气收集系统更加密闭，提高了臭气的收集率。详见图2。

图 2 膜结构加盖密闭系统

创新4. 通过对AO系统调试及曝气系统的技术改进，增加温控系统，改善生化调试条件，缩短了曝气池活性污泥培养与污泥驯化的时间，提高了污泥的性能。详见图3。

图 3 曝气池

三、健康环保

该成果创新研究各种废水处理工艺技术和回用技术，引进消化国外先进技术，优化废水处理技术，降低处理成本，推动工业废水处理技术向低消耗、质量高发展，具有显著的工程实用性、经济性和先进性，对严寒地区汽车行业涂装车间废水处理具有指导和推动作用。

四、综合效益

1.经济效益

基于ATV标准创新优化，严寒地区涂装废水处理设计技术降低运营成本约12万元/年；BOD

污染物去除率达到95%以上，具有低投入、高回报的效果。生物除臭系统中反吊膜结构在折旧使用、安装费使用、防腐处理及维护运输等费用投入上都大大减少。采用气体升温循环装置与其他装置相比，能够完美地与原设备融合，性价比较高，冬季加热时间按5个月计算，冬季多处理废气量4680万 m³。污水处理厂AO工艺调试技术节约成本26.6万元；污水处理管式微孔曝气系统与盘式可变微孔曝气器相比，施工技术节省投资可达30%以上，降低能耗和运行费用20%以上，臭气味达到零排放。

2. 工艺技术指标

创新严寒地区汽车行业涂装车间废水处理工程关键技术，基于德国ATV标准，优化AO工艺技术，充分利用好氧生物处理流程简单、成本低廉、具有良好的处理效果等优点，实现了COD从809mg/L降低到50mg/L以下，BOD_5从400mg/L降低到10mg/L以下，NH3-N、T-P、SS、PH等指标均达到了国家一级A标准，其处理后的废水已进行了二次回用。

3. 社会效益

本工程于2017年3月正式运行至今，深受使用单位及社会的好评，设备运行良好，可有效地解决服务区域的水污染问题，可改善城市市容，提高卫生水平，保护人民身体健康。同时，可改善区域投资环境，使工业企业不会再因水污染而影响发展，吸引更多的外商投资，促进城市经济发展。其社会效益是显著的，也受到社会各界及沈阳广大市民一致赞誉。

武汉轨道交通11号线盾构管片智能化生产关键技术应用

完成单位：中电建铁路建设投资集团有限公司、中国电建集团山东电力管道工程有限公司、兰州交通大学、中国水利水电第七工程局有限公司、中电建成都建设投资有限公司

完成人：曹玉新、霍曼琳、韩志强、郝永旺、祝建坤、张家贺、刘学生、张雯、付帮景、温付友、刘同军、韩旭东、文仁广、杨关军、单宇佳

一、项目背景

本项目以武汉市轨道交通11号线东段工程为依托，联合科研、设计、施工等多家单位和多名科研人员，通过科研攻关和工程实践，研发出混凝土管片生产的智能蒸养温度控制系统、管片全自动翻转运输机、管片外弧面自动抹光机和双层水养系统，创新了高性能地铁盾构管片生产关键技术，实现了管片生产的智能化和自动化、管片生产与管理技术的升级。

二、科学技术创新

本项目研发了混凝土管片生产的智能蒸养温度控制系统、管片全自动翻转运输机、管片外弧面自动抹光机、双层水养系统和地铁盾构管片生产智能管理系统，攻克了多项技术难题，成果在多条地铁线上进行了推广应用。详见图1。

图1 管片安装成形

创新1. 基于"1+3"型生产线布局和成套工艺流程，研发了双层水养系统，提高了管片生产效率，降低了管片养护能耗；提出了高性能混凝土配合比，降低了混凝土水泥用量，提高了管

片耐久性能。详见图2～图4。

图2　生产线全景图　　　　图3　"1+3"型两条生产线　　　　图4　双层水养池

创新2. 自主研发了地铁盾构管片生产智能管理系统，通过订单、计划、工序生产（含预警及纠正）、出库、安装等过程控制，业务互联、一键流转、自动排程、柔性生产、进度追踪，打造生产全程一体化管理，实现了全流程信息采集、生产管控与质量追溯。

创新3. 研制了管片全自动翻转运输机和混凝土管片外表面自动抹光设备，保证了管片外观质量，减少了人工生产成本。详见图5、图6。

 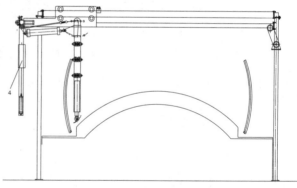

图5　管片全自动翻转　　　　　　　图6　混凝土管片抹光机结构

创新4. 研发了生产线柔性顶推技术和装置，提高了管片成形质量，延长了模具使用寿命；研发了附着式振捣器控制系统，实现了混凝土振捣的智能控制。详见图7。

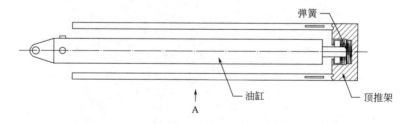

图7　生产线柔性顶推装置

三、健康环保

（1）通过信息化系统技术研究极大提高管理效率，缩短交货期，降低产品成本。

（2）盾构混凝土管片外弧面自动抹光技术研究实现机械全自动抹光，减少操作工人，提高产品质量。

（3）高性能管片混凝土技术研究优化管片混凝土的配合比，合理有效地降低生产中水泥用量，降低生产成本，这对于提高管片自身质量及企业竞争力有着很大的帮助。

（4）混凝土管片免蒸养技术研究针对蒸汽养护对混凝土性能的不利影响，试验优选出能够满足免蒸养生产的早强剂和聚羧酸减水剂，并设计出免蒸养管片高性能混凝土配合比。

（5）钢纤维混凝土管片研究有助于提高管片韧性，降低混凝土配筋率，延长地铁使用寿命。

四、综合效益

1. 经济效益

（1）智能蒸养控制系统、信息化系统、自动抹光机等智能系统的使用，提高了管理效率，减少人工数量，每年至少节省90万元人工成本。

（2）智能蒸养控制系统投入使用后温度控制精确，节省了蒸汽的浪费，节约成本约5万元；同时，减少了盾构管片产品的报废率，间接提高了经济效益，每年经济收益约5万元。

（3）生产信息化系统理顺了生产流程，提高了成品周转率，间接提高了经济效益，每年经济收益约15万元。

2. 工艺技术指标

本项目依据《预制混凝土衬砌管片》GB/T 22082—2017，混凝土强度设计等级不低于C50，抗渗等级符合工程设计要求；管片脱模时的混凝土强度，当采用吸盘脱模时不低于15MPa，当采用其他方式脱模时，不低于20MPa。管片混凝土水胶比不大于0.36，坍落度控制在30 ~ 70mm，氯离子扩散系数小于1.5×10^{-12}。本项目满足具有良好的触变性、不分层离析和泌水、低碱集料反应、体积稳定性好、无裂缝、对外观质量要求和几何尺寸要求高等特点。

3. 社会效益

（1）智能蒸养控制系统和信息化系统，使得本项目盾构管片质量优质并做到生产过程可控、可追溯，为公司在信誉评价方面获得了很好的声誉。

（2）智能蒸养控制系统的研究成果对我国同类行业蒸养控制技术的改进提供了有力的技术支撑，同时也对我国盾构管片质量在蒸养关键工艺方面提供了技术保障。

（3）推动管片生产工序设备改进。抹光机先进的控制系统和抹光产品的精美效果，推动了企业其他管片生产工序设备的改进。